全国环境监测培训系列教材

水环境监测技术

中国环境监测总站　编

中国环境出版社·北京

图书在版编目（CIP）数据

水环境监测技术／中国环境监测总站编．—北京：中国环境出版社，2014.3（2017.3 重印）
全国环境监测培训系列教材
ISBN 978-7-5111-1754-0

Ⅰ．①水… Ⅱ．①中… Ⅲ．①水环境—环境监测—技术培训—教材 Ⅳ．①X832

中国版本图书馆 CIP 数据核字（2014）第 036132 号

出 版 人　王新程
责任编辑　曲　婷
责任校对　尹　芳
封面设计　陈　莹

出版发行　中国环境出版社
（100062　北京市东城区广渠门内大街 16 号）
网　　址：http://www.cesp.com.cn
电子邮箱：bjgl@cesp.com.cn
联系电话：010-67112765（编辑管理部）
发行热线：010-67125803，01067113405（传真）

印　　刷　北京中科印刷有限公司
经　　销　各地新华书店
版　　次　2014 年 3 月第 1 版
印　　次　2017 年 3 月第 2 次印刷
开　　本　787×1092　1/16
印　　张　16.75
字　　数　388 千字
定　　价　50.00 元

《全国环境监测培训系列教材》

编写指导委员会

《全国环境监测培训系列教材》编审委员会

《水环境监测技术》
编写委员会

主　编：刘廷良

副主编：孙宗光　刘　京

编　委：（以姓氏笔画为序）

仝　青　白　雪　刘　允　刘　跃　李中宇

李东一　李文攀　汤　琳　郁建桥　姚志鹏

徐东炯　嵇晓燕　翟崇治

序

党的十八大把生态文明建设纳入中国特色社会主义事业总体布局，提出建设美丽中国的宏伟目标。环境保护作为生态文明建设的主阵地和根本措施，迎来了难得的发展机遇。环境监测是环保事业发展的基础性工作，“基础不牢，地动山摇”。环境监测要成为探索环保新路的先锋队和排头兵，必须建设一支业务素质强、技术水平高、工作作风硬的环境监测队伍。

我国各级环境监测队伍现有人员近6万人，肩负着“三个说清”的重任，奋战在环保工作的最前沿。我部高度重视监测队伍建设和人员培训工作，先后印发了《关于加强环境监测培训工作的意见》、《国家环境监测培训三年规划(2013—2015年)》，并启动实施了环境监测大培训。

为进一步提升环境监测培训教材的水平，环境监测司会同中国环境监测总站组织全国环境监测系统的部分专家，编写了全国环境监测培训系列教材。这套教材深入总结了30多年来全国环境监测工作的理论与实践经验，紧密结合当前环境监测工作实际需要，对环境监测各业务领域的基础知识、基本技能进行了全面阐述，对法律法规、规章制度和标准规范做了系统论述，对在监测管理和技术工作中遇到的重点和难点问题进行了详细解答，具有很强的科学性、针对性和指导性。

相信这套教材的编辑出版，将会更好地指导全国环境监测培训工作，进一步提高环境监测人员的管理和业务技术能力，促进全国环境监测工作整体水平的提升。希望全国环境监测战线的同志们认真学习，刻苦钻研，不断提高自身能力素质，为推进环境监测事业科学发展、建设生态文明做出新的更大的贡献！

吴晓青

2013年9月9日

前　言

《水环境监测技术》分册是全国环境监测培训系列教材之一。为规范全国环境监测业务技术培训工作，满足“十二五”期间对培训工作的需求，按照中国环境监测总站的统一部署，我们完成了全国环境监测技术培训系列教材《水环境监测技术》的编写。

本技术分册是为全国环境监测系统技术培训中水环境监测技术培训准备的。主要读者对象为：全国各级环境监测管理人员、技术人员、环境监测研究人员和高等院校环境监测相关专业的师生，以及关心环保监测事业的公众。

本技术分册的内容主要涉及水环境常规监测、水质自动监测以及水生生物监测三个方面。水环境常规监测包含了布点原则、采样技术要求、监测数据收集整理、水质评价技术以及监测方案与监测报告的编制等内容。水质自动监测包含了我国地表水自动监测网络的建设与运行管理方面的技术要求与管理要求。水生生物监测不仅介绍了国内外水环境生物监测技术、评价及发展趋势，还涉及水生生物的基本监测项目的布点、采样、监测设备和环境、生物监测的质量保证等方面的内容。

希望通过本教材的培训能够统一全国水环境监测部门对监测过程和技术细节的认知程度和水平，规范全国水环境监测的业务与技术，减小实验室间的数据偏差，使流域上下游之间、流域与流域之间的数据更加准确可比，评价结果更加真实可信，满足“十二五”期间对监测以及培训工作的需求。

第一章编写人员是孙宗光、刘京、仝青、郁建桥、嵇晓燕、姚志鹏、李文攀；第二章编写人员是刘京、李东一、刘跃、翟崇治；第三章编写人员是徐东炯、汤琳、李中宇、刘允、白雪。由于编写时间仓促，受编写人员业务水平、实践经验和工作局限的限制，尚有许多地方不尽如人意，也可能存在一些错误，敬请大家多提宝贵意见。

编者

2013 年 7 月于北京

目 录

第一章　常规水环境监测

第一节　水环境监测概况

一、水环境监测的分类

水环境包括地表水和地下水；地表水还可以分为淡水和海水，或者河流、湖泊（水库）和海洋。雨水作为降水一般在大气环境中进行研究和分析。

本册中阐述的水环境监测包括地表水环境质量监测和饮用水水源地水质监测。海水环境的监测另有专册详述。目前，地下水环境质量监测在环保监测系统刚刚起步，仅作为饮用水水源地进行监测。

二、发展历程

（一）地表水

20 世纪 70 年代中期到 80 年代初期是我国环境监测的起步阶段。随着社会经济发展，企业的“三废”（废水、废气、废渣）排放逐渐受到重视，为满足城市管理的需求，在部分城市陆续开始组建环境监测站。在建站初期主要针对企业的“三废”排放开展监测工作，开始进行水五项（Hg、Cd、As、Cr、Pb）的分析测试。所以，水的监测是从监测污水中的重金属开始的。

随着我国的环境监测事业的发展，1988 年原国家环保局在“关于发布《国家环境监测网络方案》的通知”（环监[1988]235 号）中首次确定了由 108 个监测站组成的国家地表水环境监测网络，承担全国主要河流共 353 个断面和 26 座重点湖库的监测任务。受当时经济、能力条件的限制，国家网断面仅以沿江沿河主要城市为中心，设置了对照、控制及消减 3 种断面。地表水的监测项目主要有十几项，监测频次按丰枯平 3 个水期，每个水期监测 2 次。

1992 年，根据《全国环境监测“八五”计划和十年规划》（环监[1992]42 号）中有关调整、完善国家环境质量监测网的要求，对国控水质网点位进行重新审核与认证，确认了国控网 135 个监测站，共确定 313 个国控断面。针对 20 世纪 90 年代所面临的水污染严峻形势，原国家环保总局先后组建了淮河、海河、辽河、太湖、巢湖、滇池、黄河、长江、珠江和松花江十大主要流域水环境监测网。水环境监测由一城一地的监测评价转为全流域的整体监测与评价，监测频次也随着污染防治工作的进程逐步加大。

进入21世纪，2002年原国家环境保护总局再次对国控网点进行调整，并在环发[2003]3号文中发布了调整后的地表水环境监测断面，比较系统地建立了国家水环境监测网。确定了监控318条河流、28个湖（库）的759个国控断面，共262个环境监测站承担国控网点的监测任务。此次调整增加了省界、国界、入海口、支流汇入口、河流入出湖库口、背景及趋势断面，并大量采用了各重点流域水污染防治的专项规划中确定的污染控制断面。调整后的759个断面，除包含了淮河、海河、辽河、太湖、巢湖、滇池、黄河、长江、珠江和松花江十大主要流域外，还涵盖了浙闽片流域、西南诸河和西北诸河等内陆河流，以及28个重要湖泊和大型水库。同时，国家开始投入资金实施地表水环境监测网的水质月监测计划，月报工作也随之开展起来。

“十二五”期间，地表水环境监测范围进一步扩大。

（二）饮用水水源地

对饮用水水源地的水质监测起始于贯彻胡锦涛总书记“让人民喝上干净的水、呼吸上新鲜的空气、吃上放心的食物”的指示精神和国务院《关于加强城市供水节水和水污染防治工作的通知》（国发[2000]36号）的文件要求。2002年5月环保部门在当时全国47个环境保护重点城市率先开展了集中式饮用水水源地的水质监测。在取得良好结果的基础上，2005年起，在113个环境保护重点城市中推广开来。

“十二五”期间，饮用水水源地的水质监测工作将进一步深入，监测范围将扩大至所有地级以上城市，以满足全国地级以上城市集中式饮用水水源地水质保护工作需要。

（三）地下水

地下水的监测情况比较特殊，从国家资源环境管理分工上，地下水的管理职能在国土资源部，其直属单位中国地质环境监测院负责地下水的监测。2001年以前的全国环境质量报告书中地下水有单独的一个章节，此章就是由中国地质环境监测院编写的，主要涉及水位和水质。环保部门仅在饮用水水源地的水质监测中涉及地下水的监测。

由于国土资源部在地下水的管理上更侧重资源的使用与管理，因此其监测项目和结果分析不能满足国家环境管理部门的需求。进入“十二五”后，随着国家对重点流域水污染防治工作的深入开展以及水资源环境保护的需要，国家环保部门更加重视地下水的水质状况与污染防治。环保部门对地下水的监测试点工作已经逐步铺开（注：环保部门对地下水的关注点不同于国土部门，注重于浅层地下水的监测）。

三、监测现状

（一）地表水

2011年，为了更加科学、客观、全面地反映和评价全国的水环境质量状况，说清全国地表水质量状况及其变化趋势，环境保护部在原有国家地表水监测网的基础上，依据有关标准和监测规范，对全国地表水环境监测点位进行了优化和调整。确定了972个国控断面，包括：长江、黄河、珠江、松花江、淮河、海河和辽河七大流域，浙闽片河流、西北诸河和西南诸河，以及太湖、滇池和巢湖的环湖河流等共 419 条河流的 766 个断面；此外还包括太湖、滇池、巢湖等 62 个（座）重点湖库的 206 个点位（35 个湖泊 158 个点位，27 座水库 48 个点位）。

目前，我国的地表水质的监测继续依靠国家水环境监测网络开展水质月监测工作。监测项目为《地表水环境质量标准》（GB 3838—2002）表 1 中的所有基本项目。即水温、pH 值、电导率、溶解氧、高锰酸盐指数、化学需氧量、五日生化需氧量、氨氮、总磷、铜、锌、氟化物、硒、砷、汞、镉、铬（六价）、铅、氰化物、挥发酚、石油类、阴离子表面活性剂、硫化物、粪大肠菌群和流量（水位）。对于湖库，除以上项目外，还增加了评价富营养化所需要的透明度、叶绿素 a 和总氮。

对河流、湖库的水质评价执行《地表水环境质量标准》（GB 3838—2002），按Ⅰ～劣Ⅴ类六个类别进行评价。湖库富营养化的评价执行中国环境监测总站生字[2001]090 号文，按贫营养至重度富营养六个级别进行评价。

中国环境监测总站作为我国水环境监测网络组长单位每月收集水环境监测数据，经过汇总统计整理编制水质月报、季报和年报。

在此基础上，根据国家环境管理的需求，还布设了一些专项性的监测网络，开展专项性的监测。如“锰三角”地区水环境质量监测、跨国界河流（湖泊）水环境质量监测等。

（二）饮用水水源地

目前，饮用水水源地的水质监测范围为 113 个环保重点城市的 410 个水源地。其中地表水水源地 250 个（河流 154 个、湖库 96 个），地下水水源地 160 个。饮用水水源地每月监测 1 次。地表水监测项目为《地表水环境质量标准》（GB 3838—2002）中表 1、表 2 及表 3 前 35 项；地下水监测项目为 pH、总硬度、硫酸盐、氯化物、铁、锰、铜、锌、挥发酚、阴离子表面活性剂、高锰酸盐指数、硝酸盐氮、亚硝酸盐氮、氨氮、氟化物、氰化物、铅、镉、铬（六价）、汞、砷、硒和总大肠菌群，共 23 项。

四、监测管理

（一）法律依据

（1）《中华人民共和国环境保护法》（由中华人民共和国第七届全国人民代表大会常务委员会第十一次会议于 1989 年 12 月 26 日通过）。

第十一条“国务院环境保护行政主管部门建立监测制度，制定监测规范，会同有关部门组织监测网络，加强对环境监测的管理”。

（2）《中华人民共和国水污染防治法》（1984 年 5 月 11 日第六届全国人民代表大会常务委员会第五次会议通过，1996 年 5 月 15 日第八届全国人民代表大会常务委员会第十九次会议修正）。

第四条 各级人民政府的环境保护部门是对水污染防治实施统一监督管理的机关。

（二）管理体制

1. 行政管理

国家级环境质量监测网由环境保护部统一监督管理，省级、地市级环境质量监测网由省、市环保厅局负责监督管理，各部门分工负责。

2. 技术管理

中国的水环境监测系统共分为四级，即国家级、省级、地市级、县级。各级监测站采用统一的监测技术规范和方法标准开展水环境监测工作，在技术管理上，由上级站指导下级站，并进行分级质量保证。中国的水环境监测管理体制见图 1.1。

原国家环保总局 2003 年实施的“全国地表水监测能力建设项目”共投资 2.9 亿元，装备了 195 个承担国控断面水质监测工作的监测站。并每年拨付约 4 000 万元作为地表水国控网监测的经费补助（包括水质自动站运行费用）。

松花江水污染事件以后，国家加强了对水环境监测的能力建设，从水环境应急监测、预警监测以及饮用水水源地水质监测能力，到边界出入境河流（湖泊）的监测与采样能力，投入的力度之大范围之广是前所未有的，使得水环境监测能力从国家到省、市以至于县得到极大的提高。

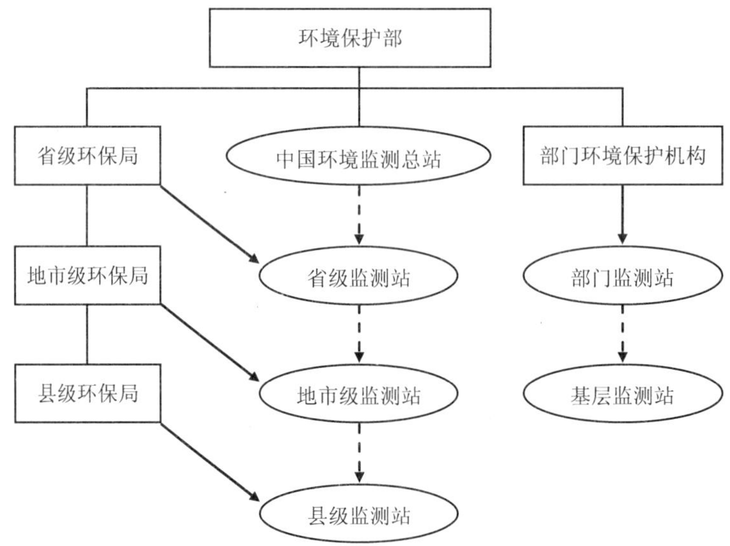

注：图中实线表示行政管理，虚线表示技术管理。

图 1.1 中国的水环境监测管理体制示意图

3. 管理方式

中国的水环境监测目前主要采用网络的组织管理方式，主要分为国家级、省级和地市级环境质量监测网三级网络体系。

现行的国家级水环境监测网主要有 10 个：

（1）长江流域国家水环境监测网；

（2）黄河流域国家水环境监测网；

（3）珠江流域国家水环境监测网；

（4）松花江流域国家水环境监测网；

（5）淮河流域国家水环境监测网；

（6）海河流域国家水环境监测网；

（7）辽河流域国家水环境监测网；

（8）太湖流域国家水环境监测网；

（9）巢湖流域国家水环境监测网；

（10）滇池流域国家水环境监测网。

省级和地市级环境质量监测网主要由辖区内的各级环境监测站组成。

国家级水环境监测网络内各成员单位在统一规划下，按照水环境及污染源监测技术规范的要求，协同开展流域内各水系、主要河流、湖库、入河排污口及污染源定期监测工作，并向中国环境监测总站报送监测数据，用于编写全国环境质量报告书。

第二节　水环境监测布点

一、布点原则

监测断面是指为反映水系或所在区域的水环境质量状况而设置的监测位置。监测断面要以最少的设置尽可能获取足够的有代表性的环境信息；其具体位置要能反映所在区域环境的污染特征，同时还要考虑实际采样时的可行性和方便性。流经省、自治区和直辖市的主要河流干流以及一、二级支流的交界断面是环境保护管理的重点断面。

（一）河流水系的断面设置原则

河流上的监测位置通常称为监测断面。流域或水系要设立背景断面、控制断面（若干）和入海口断面。水系的较大支流汇入前的河口处，以及湖泊、水库、主要河流的出、入口应设置监测断面。对流程较长的重要河流，为了解水质、水量变化情况，经适当距离后应设置监测断面。水网地区流向不定的河流，应根据常年主导流向设置监测断面。对水网地区应视实际情况设置若干控制断面，其控制的径流量之和应不少于总径流量的80%。

（二）湖泊水库的监测布点原则

湖泊、水库通常设置监测点位/垂线，如有特殊情况可参照河流的有关规定设置监测断面。湖（库）区的不同水域，如进水区、出水区、深水区、浅水区、湖心区、岸边区，按水体类别设置监测点位/垂线。湖（库）区若无明显功能区别，可用网格法均匀设置监测垂线。监测垂线上采样点的布设一般与河流的规定相同，但当有可能出现温度分层现象时，应作水温、溶解氧的探索性试验后再定。

（三）行政区域的监测布点原则

对行政区域可设入境断面（对照断面、背景断面）、控制断面（若干）和出境断面（入海断面）。在各控制断面下游，如果河段有足够长度（至少 10 km），还应设消减断面。国际河流出、入国境的交界处应设置出境断面和入境断面。国家环保行政主管部门统一设置省（自治区、直辖市）交界断面。各省（自治区、直辖市）环保行政主管部门统一设置市县交界断面。

（四）水功能区的监测布点原则

根据水体功能区设置控制监测断面，同一水体功能区至少要设置 1 个监测断面。

（五）其他监测断面

根据污染状况和环境管理需要还可设置应急监测断面和考核监测断面。

二、设置要求

（1）背景断面：反映水系未受污染时的背景值。设置在基本上不受人类活动的影响，且远离城市居民区、工业区、农药化肥施放区及主要交通路线的地方。原则上应设在水系源头处或未受污染的上游河段，如选定断面处于地球化学异常区，则要在异常区的上、下游分别设置；如有较严重的水土流失情况，则设在水土流失区的上游。

（2）入境断面：反映水系进入某行政区域时的水质状况，应设置在水系进入本区域且尚未受到本区域污染源影响处。

（3）控制断面：反映某排污区（口）排放的污水对水质的影响。应设置在排污区（口）的下游，污水与河水基本混匀处。控制断面的数量、控制断面与排污区（口）的距离可根据以下因素决定：主要污染区的数量及其间的距离、各污染源的实际情况、主要污染物的迁移转化规律和其他水文特征等。此外，还应考虑对纳污量的控制程度，即由各控制断面所控制的纳污量不应小于该河段总纳污量的 80%。如某河段的各控制断面均有五年以上的监测资料，可用这些资料进行优化，用优化结论来确定控制断面的位置和数量。

（4）出境断面：反映水系进入下一行政区域前的水质。因此应设置在本区域最后的污水排放口下游，污水与河水已基本混匀并尽可能靠近水系出境处。如在此行政区域内，河流有足够长度，则应设消减断面。消减断面主要反映河流对污染物的稀释净化情况，应设置在控制断面下游，主要污染物浓度有显著下降处。

三、设置方法

监测断面的设置位置应避开死水区、回水区、排污口处，尽量选择河段顺直、河床稳定、水流平稳，水面宽阔、无急流、无浅滩处。监测断面力求与水文测流断面一致，以便利用其水文参数，实现水质监测与水量监测的结合。

入海河口断面要设置在能反映入海河水水质并邻近入海的位置。有水工建筑物并受人工控制的河段，视情况分别在闸（坝、堰）上、下设置断面。如水质无明显差别，可只在闸（坝、堰）上设置监测断面。设有防潮桥闸的潮汐河流，根据需要在桥闸的上、下游分别设置断面。由于潮汐河流的水文特征，潮汐河流的对照断面一般设在潮区界以上。若感潮河段潮区界在该城市管辖的区域之外，则在城市河段的上游设置一个对照断面。潮汐河流的消减断面，一般应设在近入海口处。若入海口处于城市管辖区域外，则设在城市河段的下游。

四、采样点的确定

在一个监测断面上设置的采样垂线数与各垂线上的采样点数应符合表 1.1 和表 1.2，湖（库）监测垂线上的采样点的布设应符合表 1.3。

表 1.1　断面上采样垂线数的设置

河流宽度	垂线数量	说　明
≤50 m	一条（中泓）	1. 垂线布设应避开污染带，要测污染带应另加垂线
50～100 m	二条（近左、右岸有明显水流处）	2. 确能证明该断面水质均匀时，可仅设中泓垂线
＞100 m	三条（左、中、右）	3. 凡在该断面要计算污染物通量时，必须按本表设置垂线

表 1.2　采样垂线上的采样点数的设置

水深	垂线数量	说　明
≤5 m	上层一点	1. 上层指水面下 0.5 m 处，水深不到 0.5 m 时，在水深 1/2 处。
5～10 m	上、下层各一点	2. 下层指河底以上 0.5 m 处。
＞10 m	上、中、下三层各一点	3. 中层指 1/2 水深处。 4. 封冻时在冰下 0.5 m 处采样，水深不到 0.5 m 处时，在水深 1/2 处采样。 5.凡在该断面要计算污染物通量时，必须按本表设置采样点

表 1.3　湖（库）监测点位上采样点数的设置

水深	采样点数	说　明
≤5 m	一点：水面下 0.5 m 处	1. 水深不足 1 m，在 1/2 水深处设置测点 2. 有充分数据证实垂线水质均匀时，可酌情减少测点
5～10 m	二点：水面下 0.5 m，水底上 0.5 m	
＞10 m	三点：水面下 0.5 m，1/2 水深处，水底上 0.5 m	

五、国控断面的设置

根据监测的水环境质量状况、污染物时空分布和变化规律，同时考虑社会经济发展，监测工作的实际状况和需要（要具有相对的长远性），确定监测断面布设的位置和数量，以最少的断面、垂线和测点取得代表性最好的监测数据。

选定的监测断面和垂线均应经环境保护行政主管部门审查确认，并在地图上标明准确位置，在岸边设置固定标志。同时，用文字说明断面周围环境的详细情况，并配以照片。这些图文资料均存入断面档案。断面一经确认不能随意变动。确需变动时，需经环境保护行政主管部门同意，重作优化处理与审查确认。

对于季节性河流和人工控制河流，由于实际情况差异很大，这些河流监测断面的确定，以及采样的频次与监测项目、监测数据的使用等，由各省（自治区、直辖市）环境保护行政主管部门自定。

（一）断面特性

国家地表水环境监测网主要功能是全面反映全国地表水环境质量状况。监测网要覆盖全国主要河流干流、主要一级支流以及重点湖泊、水库等，设定的断面（点位）要具有空间代表性，能代表所在水系或区域的水环境质量状况，全面、真实、客观反映所在水系或区域的水环境质量及污染物的时空分布状况及特征。在原有 759 个断面（点位）基础上进行优化和调整，保证我国环境监测数据的历史延续性。

（二）断面（点位）类型

国控水环境监测断面包括背景断面、对照断面、控制断面、国界断面、省界断面、湖库点位。此外在日供水量≥10 万 t，或服务人口≥30 万人的重要饮用水水源地设置重要饮用水水源地断面（点位）。

（三）覆盖范围

河流：我国主要水系的干流、年径流量在 5 亿 m^3 以上的重要一、二级支流，年径流量在 3 亿 m^3 以上的国界河流、省界河流、大型水利设施所在水体等。每个断面代表的河长原则上不小于 100 km。

湖库：面积在 100 km^2（或储水量在 10 亿 m^3 以上）的重要湖泊，库容在 10 亿 m^3 以上的重要水库以及重要跨国界湖库等。每 50～100 km^2 设置一个监测点位，同时空间分布要有代表性。

北方河流、湖库：考虑到我国南、北方水资源的不均衡性，北方地区年径流量或库容较小的重要河流或湖库可酌情设置断面（点位）。

（四）具体要求

对照断面上游 2 km 内不应有影响水质的直排污染源或排污沟。控制断面应尽可能选在水质均匀的河段。监测断面的设置要具有可达性、取样的便利性。取消原削减断面，统一设置为控制断面。根据不同原则设置的断面重复时，只设置一个断面。省界断面一般设置在下游省份，由下游省份组织监测。国家“十一五”、“十二五”重点流域考核断面优先纳入国控断面。

根据环保部环发[2012]42 号文件中公布的《国家地表水环境监测网设置方案》，全国地表水国控断面（点位）为 972 个，其中河流断面 766 个，湖库点位 207 个；共监测 423 条河流、62 座湖库以及 150 个省界断面。

（五）监测网设置方案

国控地表水监测断面（点位）各流域分布情况见表 1.4。

表 1.4　国家地表水环境监测网点位分布情况

流域（区域）名称		调整后国控断面数	监测河流（湖库）数	流域面积/万 km^2	干流河长/km
长江		160	82	180.8	7 379
黄河		62	19	79.5	5 464
珠江		54	32	57.9	2 197
松花江		88	35	92.2	2 309
淮河		94	63	32.9	1 000
海河		64	43	31.8	1 090
辽河		55	19	31.2	1 430
太湖	湖体	20	1	—	—
	河流	34	31	—	—
巢湖	湖体	8	1	—	—
	河流	11	9	—	—
滇池	湖体	10	1	—	—
	河流	16	16	—	—
内陆河流		52	25	345	—
西南诸河		31	17	85	—
浙闽片		45	32	23.7	—
大型湖库		168	59	—	—
总　计		972	423/62	960	—

第三节　水环境监测方案

一、基本内容

水环境监测方案应包括以下几个方面的信息。监测目的、监测对象、样品来源、测试项目、数据归纳整理与上报以及保证数据质量的手段与措施。

（一）监测对象和范围

流域监测的目的是要掌握流域水环境质量现状和污染趋势，为流域规划中限期达到目标的监督检查服务，并为流域管理和区域管理的水污染防治监督管理提供依据。因此它的监测范围为整个流域的汇水区域，监测断面应该覆盖流域 80%的水量，得到的水质监测数据结果才能对整个流域的水质状况进行正确、客观的评价。

突发性水环境污染事故，尤其是有毒有害化学品的泄漏事故，往往会对水生生态环境造成极大的破坏，并直接威胁人民群众的生命安全。因此，突发性环境污染事故的应急监测是环境监测工作的重要组成部分。应急监测的目的是在已有资料的基础上，迅速查明污染物的种类、污染程度和范围以及污染发展趋势，及时、准确地为决策部门提供处理处置的可靠依据。事故发生后，监测人员应携带必要的简易快速检测器材、采样器材及安全防护装备尽快赶赴现场。根据事故现场的具体情况立即布点采样，利用检测管和便携式监测仪器等快速检测手段鉴别、鉴定污染物的种类，并给出定量或半定量的监测结果。现场无法鉴定或测定的项目应立即将样品送回实验室进行分析。根据监测结果，确定污染程度和可能污染的范围并提出处理处置建议，及时上报有关部门。

洪水期与退水期水质监测的目的是为了掌握洪水期与退水期地表水质现状和变化趋势，及时准确地为国家环境保护行政主管部门提供可靠信息，以便对可能发生的水污染事故制定相应的处理对策，为保障洪涝区域人民的健康与重建工作提供科学依据。因此其监测范围可根据洪水与退水过程中水体流经区域，把监测重点放在城、镇、村的饮用水水源地（含水井周围），洪涝区城、镇、村的河流，淹没区危险品存放地的周围要加密布点。

（二）监测项目

地表水环境质量、国界河流、锰三角等专项监测主要依据《地表水环境质量标准》（GB 3838—2002）表 1 中明确的项目；饮用水水源地水质监测根据水源情况（河流、湖库、地下水）依据《地表水环境质量标准》（GB 3838—2002）和《地下水环境质量标准》（GB/T 14848—93）来确定。

“十一五”以前，根据国家环保总局环函[2003]2 号文的规定，河流评价项目为水温、pH、电导率、溶解氧、高锰酸盐指数、五日生化需氧量、氨氮、汞、铅、挥发酚、石油类和流量，共 12 项。湖库评价项目为水温、pH、电导率、溶解氧、高锰酸盐指数、五日生化需氧量、氨氮、汞、铅、挥发酚、石油类、总磷、总氮、透明度、叶绿素 a 和水位，共 16 项。

自 2008 年，根据国家环保总局环办[2008]8 号文件的要求，地表水国控断面每月的监测项目为《地表水环境质量标准》（GB 3838—2002）中的基本项目。其中：河流监测评价项目为水温、pH、电导率、溶解氧、高锰酸盐指数、化学需氧量、五日生化需氧量、氨氮、总磷、铜、锌、氟化物、硒、砷、汞、镉、铬（六价）、铅、氰化物、挥发酚、石油类、阴离子表面活性剂、硫化物、粪大肠菌群和流量，共 25 项。湖库监测评价项目为水温、pH、电导率、溶解氧、高锰酸盐指数、化学需氧量、五日生化需氧量、氨氮、总磷、总氮、透明度、叶绿素 a、铜、锌、氟化物、硒、砷、汞、镉、铬（六价）、铅、氰化物、挥发酚、石油类、阴离子表面活性剂、硫化物、粪大肠菌群和水位，共 28 项。

饮用水水源地中，地表水的监测项目为《地表水环境质量标准》（GB 3838—2002）中表 1、表 2 及表 3 前 35 项；地下水的监测项目为 pH、总硬度、硫酸盐、氯化物、铁、锰、铜、锌、挥发酚、阴离子表面活性剂、高锰酸盐指数、硝酸盐氮、亚硝酸盐氮、氨氮、氟化物、氰化物、铅、镉、六价铬、汞、砷、硒和总大肠菌群，共 23 项。同时地表水每年按照《地表水环境质量标准》（GB 3838—2002）进行一次 109 项全分析。

（三）采样时间和监测频次

依据不同的水体功能、水文要素和监测目的、监测对象等实际情况，力求以最低的采样频次，取得最有时间代表性的样品，既要满足能反映水质状况的要求，又要切实可行。

按照《地表水和污水监测技术规范》（HJ/T 91—2002）中的规定：

（1）饮用水水源地、省（自治区、直辖市）交界断面中需要重点控制的监测断面每月至少采样一次。

（2）国控水系、河流、湖、库上的监测断面，逢单月采样一次，全年六次。

（3）水系的背景断面每年采样一次。受潮汐影响的监测断面的采样，分别在大潮期和小潮期进行。每次采集涨、退潮水样分别测定。涨潮水样应在断面处水面涨平时采样，退潮水样应在水面退平时采样。

（4）如某必测项目连续三年均未检出，且在断面附近确定无新增排放源，而现有污染源排污量未增的情况下，每年可采样一次进行测定。一旦检出，或在断面附近有新的排放源或现有污染源有新增排污量时，即恢复正常采样。

（5）国控监测断面（或垂线）每月采样一次，在每月 5～10 日内进行采样。

（6）遇有特殊自然情况或发生污染事故时，要随时增加采样频次（见第 9 章“应急监测”）。

（7）在流域污染源限期治理、限期达标排放的计划和流域受纳污染物的总量削减规划中，以及为此所进行的同步监测，按第 7 章“流域监测”执行。

（8）为配合局部小流域的河道整治，及时反映整治的效果，应在一定时期内增加采样频次，具体由整治工程所在地方环境保护行政主管部门制定。

目前常规的地表水和饮用水水源地水质监测频次均为月监测。

（四）数据整理与上报

纸质文件（邮寄传真）、电子件（光盘、邮件）、专用软件直接入库。

二、重点流域水质监测方案

为了加快推进重点流域水污染综合治理、更好地为环境管理服务，全面及时地为各级人民政府和全社会提供重点流域水质状况，根据原国家环保总局环函[2003]2 号文件要求，在淮河、海河、辽河、长江、黄河、松花江、珠江、太湖、滇池、巢湖等重点流域全面实施水质月报制度，并通过新闻媒体向社会公布。

（一）月报范围及监测断面布设

重点流域月报的范围是淮河、海河、辽河、长江、黄河、松花江、珠江、太湖、滇池、巢湖等重点流域的 573 个国控水质监测断面和 25 个国控湖库的 110 个点位，断面（点位）名单见《国家环境质量监测网地表水监测断面》（国家环保总局环发[2002]3 号）。浙闽片水系、西南诸河和内陆河流等流域片的 77 个水质监测国控断面和青海湖暂不实施水质月报。

监测断面上设置的采样垂线数与各垂线上的采样点按《环境监测技术规范》的规定执行，待新的《地表水和污水监测技术规范》颁布后，按照新规范执行。

（二）监测项目、监测频次与时间

1. 月报监测与评价项目

河流水质：水温、pH、电导率、溶解氧、高锰酸盐指数、BOD_5、氨氮、石油类、挥发酚、汞、铅和流量共 12 项，其中流量用以分析水质变化趋势。

湖库水质：水温、pH、电导率、透明度、溶解氧、高锰酸盐指数、BOD_5、氨氮、石油类、总磷、总氮、叶绿素 a、挥发酚、汞、铅、水位共 16 项（透明度和叶绿素 a 两项不参加水质类别的判断，参加湖库富营养化状态级别评价；水位用于分析水质变化趋势）。水质评价方法按《地表水环境质量标准》（GB 3838—2002）规定的执行。

2．监测频次

以上项目每月监测一次。《地表水环境质量标准》（GB 3838—2002）中规定的其他基本项目，按照《环境监测技术规范》要求的频次进行监测。

国控断面以外的省、市控断面由各省、市自行确定监测方案，或按照《地表水和污水监测技术规范》要求进行监测；国务院批准的重点流域水污染防治规划确定的控制断面中的非国控断面，按规划要求实施监测和评价。

3．监测时间

监测时间为每月1～10日；逢法定长假日（春节、5月和10月）监测时间可后延，最迟不超过每月15日。

当国控断面所在的河段发生凌汛和结冻、解冻等特殊情况无法采样时，以及河段断流时，对该断面可不进行采样监测，但须上报相应的文字说明。

（三）数据、资料上报要求

1．上报时间

流域内各监测站于每月20日前将当月监测结果报省（自治区、直辖市）环境监测（中心）站，各省（自治区、直辖市）环境监测（中心）站于监测当月25日前将本省（自治区、直辖市）的水质监测数据汇总后报中国环境监测总站及流域监测网络中心站。

流域监测网络监测中心站负责审核各站上报的监测数据并编制流域的水质月报，于当月30日前报送中国环境监测总站。评价标准统一采用《地表水环境质量标准》（GB 3838—2002）。

2．传输内容、方式

重点流域水质月报监测数据的传输格式和方式由中国环境监测总站另行规定。

三、饮用水水源地水质监测方案

（一）监测目的

为全面开展全国集中式生活饮用水水源地水质监测工作，客观、准确地反映我国集中式饮用水水源水质状况，保障饮用水安全，制订本方案。

（二）监测范围

监测范围为全国31个省（自治区、直辖市）辖区内338个地级（含地级以上）城市及全国县级行政单位所在城镇，其中，地级（含地级以上）城市有861个集中式饮用水水源地。

（三）水源地筛选原则

水源地筛选原则为：

（1）地级（含地级以上）城市，指行政级别为地级的自治州、盟、地区和行署；

（2）县级行政单位所在城镇水源地，指向县级城市（包括县、旗）主城区（所在地）范围供水的所有集中式饮用水水源；

（3）集中式饮用水水源，只统计在用水源，规划和备用水源不纳入；

（4）各城市（城镇）集中式生活饮用水水源地的年取水总量需大于该城市年生活用水总量的 80%。

（四）采样点位布设

（1）河流：在水厂取水口上游 100 m 附近处设置监测断面；同一河流有多个取水口，且取水口之间无污染源排放口，可在最上游 100 m 处设置监测断面。

（2）湖、库：原则上按常规监测点位采样，但每个水源地的监测点位至少应在 2 个以上。

（3）地下水：在自来水厂的汇水区（加氯前）布设 1 个监测点位。

（4）河流及湖、库采样深度：水面下 0.5 m 处。

（五）监测时间及频次

1．月监测

各地级（含地级以上）城市环境监测站每月上旬采样监测一次。如遇异常情况，则必须加密采样一次。

2．季度监测

各县级行政单位所在城镇的集中式生活饮用水水源地由所属地级（含地级以上）城市环境监测站每季度采样监测一次。如遇异常情况，则必须加密采样一次。

3．全分析

全国县级以上城市（含县所在城镇）的所有集中式生活饮用水水源地每年 6～7 月进行 1 次水质全分析监测。

（六）监测指标

1．地级（含地级以上）城市

地表水饮用水水源地每月监测《地表水环境质量标准》（GB 3838—2002）表 1 的基本项目（23 项，化学需氧量除外）、表 2 的补充项目（5 项）和表 3 的优选特定项目（33 项），共 61 项。地下水饮用水水源地每月监测《地下水质量标准》（GB/T 14848—1993）中 23 项（见环函[2005]47 号）。

地表水饮用水水源地每年按照《地表水环境质量标准》（GB 3838—2002）进行一次 109 项全分析。地下水饮用水水源地每年按照《地下水质量标准》（GB/T 14848—1993）进行一次 39 项全分析。

2．县级行政单位所在城镇

地表水饮用水水源地每季度监测《地表水环境质量标准》（GB 3838—2002）表 1 的基本项目（23 项，化学需氧量除外）、表 2 的补充项目（5 项）和表 3 的优选特定项目（33 项，监测项目及推荐方法详见附表 2），共 61 项。地下水饮用水水源地每季度监测《地下水质量标准》（GB/T 14848—1993）中 23 项（见环函[2005]47 号）。

地表水饮用水水源地每年按照《地表水环境质量标准》（GB 3838—2002）进行一次 109 项全分析。地下水饮用水水源地每年按照《地下水质量标准》（GB/T 14848—1993）进行一次 39 项全分析。

3. 特征污染物

根据历年全分析结果，集中式生活饮用水水源地凡连续两年检出的有毒有害物质和存在潜在污染风险的指标，应作为特征污染物开展监测。

（七）分析方法

分析方法：地表水按《地表水环境质量标准》（GB 3838—2002）要求的方法，地下水按国家标准《生活饮用水卫生标准检验方法》（GB 5750—2006）执行。

（八）评价标准及方法

地表水水源水质评价执行《地表水环境质量标准》（GB 3838—2002）的III类标准或对应的标准限值，其中粪大肠菌群和总氮作为参考指标单独评价，不参与总体水质评价，具体评价方法执行环保部《地表水环境质量评价方法（试行）》（环办[2011]22 号）；地下水水源水质评价执行《地下水质量标准》（GB/T 14848—93）的III类标准。

水质评价以III类水质标准或对应的标准限值为依据，采用单因子评价法。

（九）质量保证

全国城市集中式生活饮用水水源地水质监测工作，原则上由辖区内地级城市环境监测站组织实施监测任务，若不具备监测能力，可委托省站完成监测分析工作（县级城镇监测任务由所属地市级监测站承担）。监测数据实行三级审核制度，监测任务承担单位对监测结果负责，省站对最后上报中国环境监测总站的监测结果负责。

质量保证和质量控制按照《地表水和污水监测技术规范》（HJ/T 91—2002）及《环境水质监测质量保证手册（第二版）》有关要求执行。

（十）监测数据报送方式及格式

1. 每月监测结果

各地级（含地级以上）城市环境监测站每月向各省（自治区、直辖市）环境监测中心（站）报送当月饮用水水源地水质监测数据，各省（自治区、直辖市）环境监测中心（站）审核后，于当月 20 日前通过“饮用水水源地月报填报传输系统”软件将数据报送中国环境监测总站。

2. 每季度监测结果

各县级行政单位所在城镇的集中式生活饮用水水源地水质监测结果由所属地级城市环境监测站每季度向各省（自治区、直辖市）环境监测中心（站）报送，各省（自治区、直辖市）环境监测中心（站）审核后，于该季度最后一个月 20 日前通过“饮用水水源地月报填报传输系统”软件将数据报送中国环境监测总站。

3. 全分析监测数据和评价报告

经各省（自治区、直辖市）环境监测部门审核后，于每年 10 月 15 日前通过“饮用水水源地月报填报传输系统”软件报送到监测总站，评价报告报送总站水室 FTP 服务器（IP 地址：11.200.0.101）各省相应目录下。

4. 报送格式

报送监测数据时，若监测值低于检测限，在检测限后加“L”，表 1 的基本项目检测限应该满足国家地表水Ⅰ类标准值的 1/4，至少需满足国家地表水Ⅲ类标准；表 2 和表 3 项目检测限须满足标准值的 1/4；未监测项目填写“–1”，若水源地未监测取水量填写“0”；超标项目由相关监测站组织核查，并向中国环境监测总站报送超标原因分析。

附表 1　全国地级以上城市集中式生活饮用水水源地基础信息汇总（略）

附表 2　集中式饮用水水源地特定项目水质分析方法（略）

四、中俄跨界水体水质联合监测方案

（一）监测目的

为改善中俄两国跨界水体的水质，按照中华人民共和国国家环境保护总局与俄罗斯联邦自然资源部“关于中俄两国跨界水体水质联合监测的谅解备忘录”，在中俄界河已开展的监测工作基础上，本着“友好、合作、公开”的原则，制定本中俄跨界水体黑龙江、乌苏里江、额尔古纳河、绥芬河和兴凯湖水质联合监测计划。

（二）监测内容

1. 监测断面

中俄跨界地表水体联合监测断面见表 1.5，每个断面进行水质样品采集和分析。

表 1.5　地表水联合监测断面

<table>
<tr><th>断面序号</th><th>界河名称</th><th>断面名称</th><th>承担监测任务单位</th><th>位　置</th></tr>
<tr><td>1#</td><td>黑龙江</td><td>黑河下</td><td rowspan="4">中方：黑龙江省环境监测中心站
俄方：远东跨地区水文气象及环境监测局</td><td></td></tr>
<tr><td>2#</td><td>黑龙江</td><td>名　山</td><td>名山上 1 km</td></tr>
<tr><td>3#</td><td>黑龙江</td><td>同江东港</td><td></td></tr>
<tr><td>4#</td><td>乌苏里江</td><td>乌苏镇</td><td>乌苏镇哨所上 2 km，卡扎克维切沃上 2 km</td></tr>
<tr><td>5#</td><td>兴凯湖</td><td>龙王庙</td><td>中方：鸡西市环境监测站
俄方：滨海边疆区水文气象及环境监测局</td><td>兴凯湖入乌苏里江前</td></tr>
<tr><td>6#</td><td>绥芬河</td><td>三岔口</td><td>中方：牡丹江市环境监测站
俄方：滨海边疆区水文气象及环境监测局</td><td>绥芬河中俄边界处</td></tr>
<tr><td>7#</td><td rowspan="3">额尔古纳河</td><td>嘎洛托</td><td rowspan="3">中方：呼伦贝尔市环境监测站
俄方：后贝加尔水文气象及环境监测局</td><td rowspan="3"></td></tr>
<tr><td>8#</td><td>黑山头</td></tr>
<tr><td>9#</td><td>室韦</td></tr>
</table>

2. 监测项目

（1）水质监测

水质联合监测项目共 40 项，详见表 1.6。

分析方法尽可能采用国际标准分析方法。

表 1.6 水质联合监测项目

序号	项目	序号	项目	序号	项目
1	流量	15	汞	29	2,4-T
2	水温	16	镉	30	林丹
3	pH	17	六价铬	31	苯*
4	溶解氧	18	铅	32	甲苯*
5	高锰酸盐指数	19	挥发酚	33	乙苯*
6	化学需氧量	20	石油类	34	二甲苯*
7	五日生化需氧量	21	阴离子表面活性剂	35	异丙苯*
8	氨氮	22	氯化物	36	氯苯*
9	总磷	23	铁	37	三氯苯*
10	硝酸盐氮	24	锰	38	六氯苯*
11	铜	25	2,4-二氯酚	39	硝基苯*
12	锌	26	三氯酚	40	氯仿*
13	硒	27	DDT		
14	砷	28	DDE		

注：表中带*的项目只对名山、同江东港、乌苏镇三个断面的水样进行分析。

（2）底泥监测

底泥联合监测的点位 5 个，监测项目 5 项，详见表 1.7 和表 1.8。

如果在采水断面周围无法采到底泥样品，则取消此项监测。

表 1.7 底泥采样点位

断面序号	界河名称	断面名称	承担监测任务单位	位　　置
1#	黑龙江	黑河下	中方：黑龙江省环境监测中心站 俄方：远东跨地区水文气象及环境监测局	
2#	黑龙江	同江东港		
3#	乌苏里江	乌苏镇		乌苏镇哨所上 2 km，卡扎克维切沃上 2 km
4#	绥芬河	三岔口	中方：牡丹江市环境监测站 俄方：滨海边疆区水文气象及环境监测局	
5#	额尔古纳河	黑山头	中方：呼伦贝尔市环境监测站 俄方：后贝加尔水文气象及环境监测局	

表 1.8　底泥联合监测项目

序号	项目
1	砷
2	汞
3	镉
4	铬（六价）
5	铅

3. 监测频次

表 1.9　监测频次一览

<table>
<tr><th>断面序号</th><th>界河名称</th><th>断面名称</th><th>水质监测频次
和监测时间</th><th>底泥监测频次
和监测时间</th></tr>
<tr><td>1#</td><td>黑龙江</td><td>黑河下</td><td rowspan="7">3 次/年
每年 2～3 月、6 月和 8～9 月</td><td>1 次/年，每年 6 月</td></tr>
<tr><td>2#</td><td>黑龙江</td><td>名　山</td><td>—</td></tr>
<tr><td>3#</td><td>黑龙江</td><td>同江东港</td><td>1 次/年，每年 6 月</td></tr>
<tr><td>4#</td><td>乌苏里江</td><td>乌苏镇</td><td>1 次/年，每年 6 月</td></tr>
<tr><td>5#</td><td rowspan="3">额尔古纳河</td><td>嘎洛托</td><td>—</td></tr>
<tr><td>6#</td><td>黑山头</td><td>1 次/年，每年 6 月</td></tr>
<tr><td>7#</td><td>室韦</td><td>—</td></tr>
<tr><td>8#</td><td>兴凯湖</td><td>龙王庙</td><td rowspan="2">2 次/年
每年 2～3 月和 8～9 月</td><td>—</td></tr>
<tr><td>9#</td><td>绥芬河</td><td>三岔口</td><td>1 次/年，每年 8～9 月</td></tr>
</table>

4. 联合监测组织方式

冰封期的监测，中俄双方在指定断面会合共同在冰上采样；其他时段的监测，双方监测人员共同上船联合采样，中俄双方分别将样品带回实验室分析。

监测用船按照年度由中俄双方轮流提供。流量测定由船只提供方负责，数据共享。

中俄双方采样人员在采样时涉及的边防、海关、检疫等问题分别由中俄双方政府协调解决。

（三）采样方法及质量保证措施

1. 地表水

每个断面按左、中、右 3 条垂线从距水面下 0.5 m 处和距水底上 0.5 m 处进行采样，共采集 6 个样品。除同江东港断面外，其他断面当水深小于 5 m 时，上下层样品可以混合，其他水样不可混合。每个垂线的样品分三部分：

（1）中方，按照中方的技术规范确定样品量；

（2）俄方，按照俄方的技术规范确定样品量；

（3）监督样：2L，双方各 1L，并作铅封。样品保留 20 天。

2. 底泥

在指定断面的左岸和右岸共采集 2 个底泥样品，分成两份。

（1）中方，按照中方的技术规范确定样品量；

（2）俄方，按照俄方的技术规范确定样品量。

水、底泥的取样记录按照中俄双方商定的格式，双方代表在采样表上签字。

为确保监测数据的质量，双方专家在联合监测期间交换质控样品，双方按照各自的国家标准方法进行分析。双方交换各自国家的标准分析方法。共同采取质量控制措施以确保联合监测数据的准确性。

（四）数据交换

完成取样后的 30 天内交换分析结果。出现分歧应提交联合监测协调委员会协商解决，协商决定由双方委员会主席以通信方式通过，不另行召集会议。

（五）组织协调及相关事宜

2006 年联合专家工作组制订并完成联合监测计划实施方案，提交联合协调委员会审查、批准。

2007 年开展监测工作。每年举行一次会议，对分析结果进行总结，并根据需要修订联合监测实施方案。会议在双方国家轮流举行。

如对本联合监测计划的解释和使用发生分歧，双方将通过友好协商的方式解决。

本联合监测计划于 2006 年 5 月 31 日在北京签署，一式两份，分别以中文、俄文两种文字写成，两种文本同等作准。

五、江（盛泽）浙（嘉兴）省界水质及水污染事故联合监测方案

根据国家环保总局办公厅《关于印发江苏盛泽和浙江嘉兴边界水污染纠纷协调会会议纪要的通知》（环办[2001]340 号），为解决嘉兴和盛泽跨省界水污染纠纷问题，中国环境监测总站组织浙江省和江苏省环境监测中心（站）共同制订了联合监测方案。

（一）盛泽-嘉兴水域概况

浙江嘉兴市秀洲区王江泾镇和江苏吴江市盛泽镇是一衣带水隔岸相望的毗邻城镇。两省边界区域内河道众多，水流方向大多为西北流向东南，主要河流有京杭大运河、青溪河（后市河）、谢家荡河和排泾港河等，王江泾镇处于整个水域的下游。

（二）水质监测计划

1. 实施单位

浙江省和江苏省环境监测中心（站）、浙江嘉兴市环境监测站、江苏苏州市环境监测站及中国环境监测总站。

2. 监测断面

监测断面：断面名称见表 1.10；断面分布见图 1.2。

表 1.10　监测断面一览

序号	监测断面名称	所在河流	具体位置
★1	运河斜路港上	京杭大运河	京杭大运河与斜路港河交汇处上游 500 m 处
★2	王江泾	京杭大运河	北虹大桥下
★3	长虹桥	京杭大运河	长虹桥下
★4	排泾港	排泾港河	距京杭大运河 500 m 处
★5	澄溪桥	谢家荡河	澄溪桥下
★6	新太平桥	清溪河（麻溪河）	新太平桥下
★7	双林港	双林港河	距京杭大运河 500 m 处
★8	斜路港	斜路港河	斜路港河口内 500 m 处

3．监测项目

2 号王江泾断面执行太湖流域年度工作计划的规定。

其他断面：流量/流向、水位、水温、pH、溶解氧、色度、高锰酸盐指数、化学需氧量、氨氮、硫化物及总磷。

4．采样方式与频次

采样方式：由嘉兴和苏州市站双方协商，轮流组织，共同采样，采样后分样。

监测频次：每月 10 日采样监测。遇节假日后延，由双方共同商定具体时间。

5．事故性监测

如果发生污染事故，嘉兴或苏州市站应立即向对方通报并协商联合监测。监测频次根据具体情况或监测结果由双方商定。

遇到如下情形应立即开展事故性监测：

（1）嘉兴或苏州市站接到省内主管部门或中国环境监测总站的事故性监测通知；

（2）监测数据与上月相比异常偏高；

（3）发生了水产养殖污染损害事故。

6．监测方法及质量控制

监测方法采用《地表水环境质量标准》（GHZB 1—1999）中规定的方法，无规定方法的监测项目采用《水和废水监测分析方法》（第三版）中的方法。质量控制按照《环境水质监测质量保证手册》（第二版）的要求执行。

7．监测结果上报

常规监测结果在每月 15 日之前，以传真方式直接上报各自省环保局（厅）和省环境监测中心（站）、中国环境监测总站。

（三）监测管理

1．中国环境监测总站组织协调各项监测工作，具体监测工作分别由浙江、江苏省环境监测中心（站）组织所在市（地）监测站完成。

2．常规监测由两省所承担任务的监测站在同期完成。

3．两省同时监测时，如果一方没有参加或无监测数据，则以另一方监测数据为准。

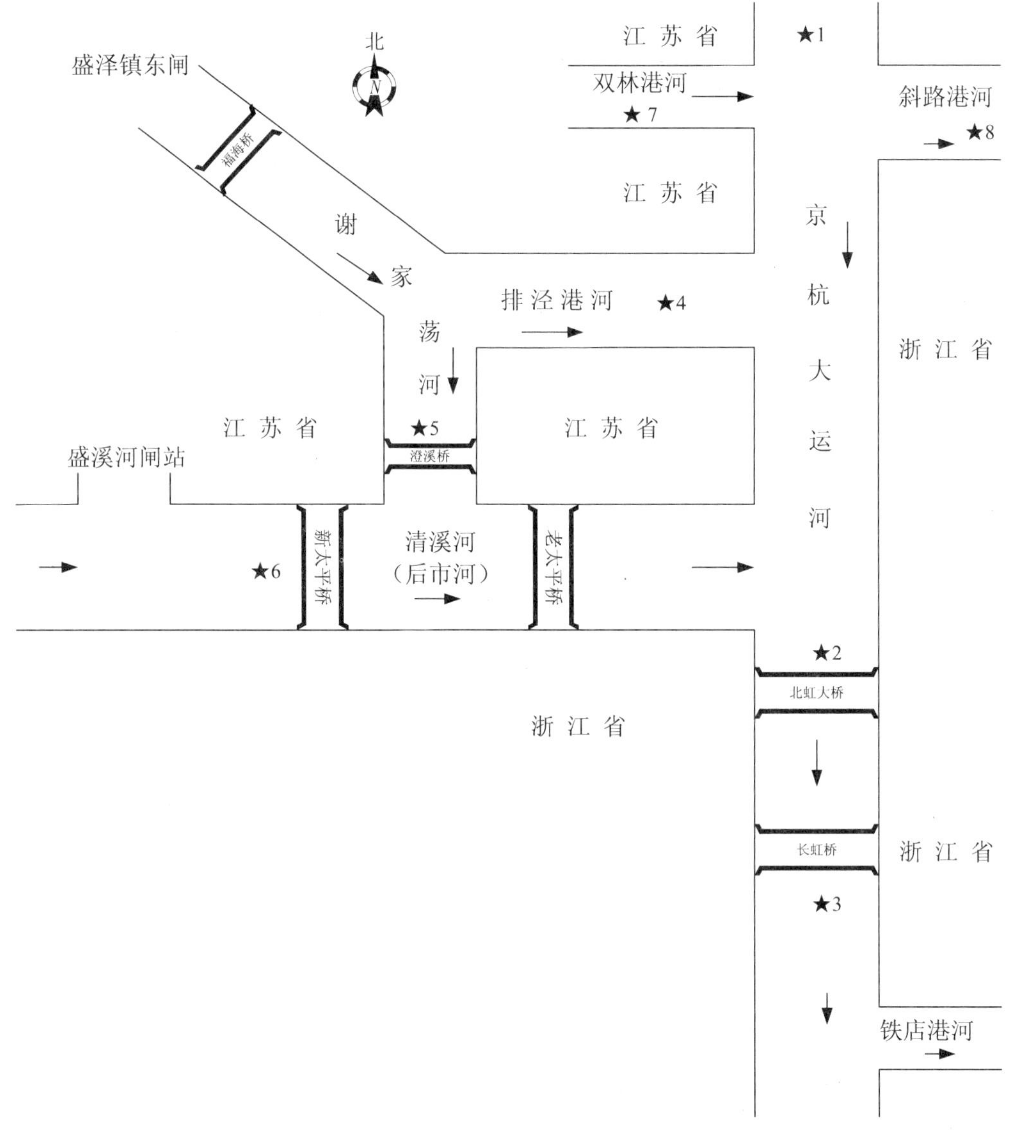

图 1.2 监测断面位置示意

第四节 水环境监测技术

一、概述

水体是指地表被水覆盖地段的自然综合体，它不仅包括水，而且还包括水中的悬浮物、底质和水生生物。对于一个水体的监测分析及综合评价，应该包括水相（水溶液本身）、颗粒物相（悬浮物）、生物相（水生生物）和沉积物相（底质），才能得出准确而全面的结论。

关于水的定义，多年来，人们一直认为是能通过 0.45μm 滤膜的物质。水与悬浮物、底质及水生生物之间所含污染物质会相互传输和迁移，水中污染物可转入底质，底质又会造成水的二次污染。

河流、湖泊、地下水的化学物质的来源可分为天然和人为污染两个方面。

天然淡水不是单纯的 H_2O，它实际上含有多种化学成分的水溶液，地表水和地下水中的天然主要化学成分是 Ca^{2+}、Mg^{2+}、Na^+、K^+、SO_4^{2-}、Cl^-、HCO_3^-和 SiO_3^{2-}，即所谓八大基本离子。不同水系基体成分浓度差异是很大的，且一年四季随着气候和地表径流量而呈周期性变化，一般是夏季雨多径流量大，各成分浓度较低；冬季枯水期，径流量减少，各成分浓度增加。除此之外，地表水还含有数十种天然痕量成分（环境天然背景成分）。

人类各种活动向水体排放的污染物质有：

（1）耗氧性污染物：包括有机污染物和无机还原性物质，耗氧有机物和无机还原性物质可用化学耗氧量、高锰酸盐指数、五日生化需氧量等指标来反映其污染程度；

（2）植物营养物：包括含氮、磷、钾、碳的无机、有机污染物，会造成水体富营养化；

（3）痕量有毒有机污染物：如酚、卤代烃、氯代苯、有机氯农药、有机磷农药等；

（4）有毒无机污染物：如氰化物、硫化物、重金属等，这些污染物进入水体，其浓度超过了水体本身的自净能力，就会使水质变坏，影响水质的可利用性。

二、水样类型

为了说明水质，要在规定的时间、地点或特定的时间间隔内测定水的某些参数，如无机物、溶解矿物质、溶解有机物、溶解气体、悬浮物或底部沉积物的浓度。

水质采集技术要随具体情况而定，有些情况只需在某点瞬时采集样品，而有些情况要用复杂的采样设备进行采样。静态水体和流动水体的采样方法不同，应加以区别。瞬时采样和混合采样均适用于静态水体和流动水体，混合采样更适用于静态水体；周期采样和连续采样只适用于流动水体。

1. 瞬时水样

从水体中不连续的随机采集的样品称为瞬时水样。对于组分较稳定的水体，或水体的组分在相当长的时间和相当大的空间范围变化不大时，采集的瞬时样品具有较好的代表性。当水体的组分随时间发生变化，则要在适当的时间间隔内进行瞬时采样，分别进行分析，测出水质的变化程度、频率和周期。

下列情况适用地表水瞬时采样：

（1）流量不固定、所测参数不恒定时（如采用混合样，会因个别样品之间的相互反应而掩盖了它们之间的差别）；

（2）水的特性相对稳定；

（3）需要考察可能存在的污染物，或要确定污染物出现的时间；

（4）需要污染物最高值、最低值或变化的数据时；

（5）需要根据较短一段时间内的数据确定水质的变化规律时；

（6）在制订较大范围的采样方案前；

（7）测定某些不稳定的参数，例如溶解气体、余氯、可溶性硫化物、微生物、油类、有机物和 pH 时。

2. 混合水样

在同一采样点上以流量、时间、体积或是以流量为基础，按照已知比例（间歇的或连续的）混合在一起的样品，此样品称为混合样品。

混合样品混合了几个单独样品，可减少监测分析工作量，节约时间，降低试剂损耗。混合水样是提供组分的平均值，为确保混合后数据的正确性；测试成分在水样储存过程中易发生明显变化，则不适用混合水样法，如测定挥发酚、硫化物等。

3. 综合水样

把从不同采样点同时采集的瞬时水样混合为一个样品，称作综合水样。综合水样的采集包括两种情况：在特定位置采集一系列不同深度的水样（纵断面样品）；在特定深度采集一系列不同位置的水样（横截面样品）。综合水样是获得平均浓度的重要方式。

除以上几种水样类型外，还有周期水样、连续水样、大体积水样。

三、水样采集

（一）基本要求

1. 河流

在对开阔河流的采样时，应包括下列几个基本点：①用水地点的采样；②污水流入河流后，对充分混合的地点及流入前的地点采样；③支流合流后，对充分混合的地点及混合前的主流与支流地点的采样；④主流分流后地点的选择；⑤根据其他需要设定的采样地点。各采样点原则上应在河流横向及垂向的不同位置采集样品。采样时间一般选择在采样前至少连续两天晴天，水质较稳定的时间（特殊需要除外）。

2. 水库和湖泊

水库和湖泊的采样，由于采样地点和温度的分层现象可引起水质很大的差异。在调查水质状况时，应考虑到成层期与循环期的水质明显不同。了解循环期水质，可布设和采集表层水样；了解成层期水质，应按深度布设及分层采样。在调查水域污染状况时，需要进行综合分析判断，获取有代表性的水样。如在废水流入前、流入后充分混合的地点、用水地点、流出地点等。

（二）水样采集

（1）采样器材：采样器材主要有采样器和水样容器。采样器包括有聚乙烯塑料桶、单层采水瓶、直立式采水器、自动采样器。水样容器包括聚乙烯瓶（桶）、硬质玻璃瓶和聚四氟乙烯瓶。聚乙烯瓶一般用于大多数无机物的样品，硬质玻璃瓶用于有机物和生物样品，玻璃或聚四氟乙烯瓶用于微量有机污染物（挥发性有机物）样品。

（2）采样量：在地表水质监测中通常采集瞬时水样。采样量参照规范要求，即考虑重复测定和质量控制的需要的量，并留有余地。

（3）采样方法：在可以直接汲水的场合，可用适当的容器采样，如在桥上等地方用系着绳子的水桶投入水中汲水，要注意不能混入漂浮于水面上的物质；在采集一定深度的水时，可用直立式或有机玻璃采水器。

（4）水样保存：在水样采入或装入容器中后，应按规范要求加入保存剂。

（5）油类采样：采样前先破坏可能存在的油膜，用直立式采水器把玻璃容器安装在采水器的支架中，将其放到 300 mm 深度，边采水边向上提升，在到达水面时剩余适当空间（避开油膜）。

（三）注意事项

（1）采样时不可搅动水底的沉积物。

（2）采样时应保证采样点的位置准确，必要时用定位仪（GPS）定位。

（3）认真填写采样记录表。

（4）采样结束前，核对采样方案、记录和水样是否正确，否则补采。

（5）测定油类水样，应在水面至 300 mm 范围内采集柱状水样，并单独采集，全部用于测定，采样瓶不得用采集水样冲洗。

（6）测定溶解氧、生化需氧量和有机污染物等项目时，水样必须注满容器，不留空间，并用水封口。

（7）如果水样中含沉降性固体，如泥沙（黄河）等，应分离除去，分离方法为：将所采水样摇匀后倒入筒形玻璃容器，静置 30 min，将不含降尘性固体但含有悬浮性固体的水样移入盛样容器，并加入保存剂。测定总悬浮物和油类除外。

（8）测定湖库水的化学耗氧量、高锰酸盐指数、叶绿素 a、总氮、总磷时的水样，静置 30 min 后，用吸管一次或几次移取水样，吸管进水尖嘴应插至水样表层 50 mm 以下位置，再加保护剂保存。

（9）测定油类、BOD_5、DO（溶解氧）、硫化物、余氯、粪大肠菌群、悬浮物、挥发性有机物、放射性等项目要单独采样。

（10）降雨与融雪期间地表径流的变化，也是影响水质的因素；在采样时应予以注意并做好采样记录。

（四）采样记录

样品注入样品瓶后，按照国家标准《水质采样　样品的保存和管理技术规定》（HJ 493—2009）中有关规定执行。现场记录应从采样到结束分析的过程，其中始终伴随着样品。采样资料至少应该提供以下信息：

（1）测定项目；

（2）水体名称；

（3）地点位置；

（4）采样点；

（5）采样方式；

（6）水位或水流量；

（7）气象条件；

（8）水温；

（9）保存方法；

（10）样品的表观（悬浮物质、沉降物质、颜色等）；

（11）有无臭气；

（12）采样年、月、日，采样时间；

（13）采样人名称。

四、保存与运输

（一）变化原因

从水体中取出代表性的样品到实验室分析测定的时间间隔中，原来的各种平衡可能遭到破坏。贮存在容器中的水样，会在以下三种作用下影响测定效果。

（1）物理作用：光照、温度、静置或震动，敞露或密封等保存条件以及容器的材料都会影响水样的性质。如温度升高或强震动会使得易挥发成分，如氰化物及汞等挥发损失；样品容器内壁能不可逆地吸附或吸收一些有机物或金属化合物等；待测成分从器壁上、悬浮物上溶解出来，导致成分浓度的改变。

（2）化学作用：水样及水样各组分可能发生化学反应，从而改变某些组分的含量与性质。例如空气中的氧能使 Fe^{2+}、S^{2-}、CN^{-}、Mn^{2+}等氧化，Cr^{6+}被还原等；水样从空气中吸收了 CO_2、SO_2、酸性或碱性气体使水样 pH 发生改变，其结果可能使某些待测成分发生水解、聚合，或沉淀物的溶解、解聚、络合作用。

（3）生物作用：细菌、藻类及其他生物体的新陈代谢会消耗水样中的某些组分，产生一些新的组分，改变一些组分的性质，生物作用会对样品中待测物质如溶解氧、含氮化合物、磷等的含量及浓度产生影响；硝化菌的硝化和反硝化作用，致使水样中氨氮、亚硝酸盐氮和硝酸盐氮的转化。

（二）容器选择

选择样品容器时应考虑组分之间的相互作用、光分解等因素，还应考虑生物活性。最常遇到的是样品容器清洗不当、容器自身材料对样品的污染和容器壁上的吸附作用。

（1）一般的玻璃瓶在贮存水样时可溶出钠、钙、镁、硅、硼等元素，在测定这些项目时，避免使用玻璃容器；

（2）容器的化学和生物性质应该是惰性的，以防止容器与样品组分发生反应。如测定氟时，水样不能贮存在玻璃瓶中，因为玻璃与氟发生反应；

（3）对光敏物质可使用棕色玻璃瓶；

（4）一般玻璃瓶用于有机物和生物品种；塑料容器适用于含玻璃主要成分的元素的水样；

（5）待测物吸附在样品容器上也会引起误差，尤其是测定痕量金属；其他待测物如洗涤剂、农药、磷酸盐也因吸附而引起误差。

（三）贮存方法

1．充满容器或单独采样

采样时使样品充满容器，并用瓶盖拧紧，使样品上方没有空隙，减小 Fe^{2+}被氧化，氰、氨及挥发性有机物的挥发损失。对悬浮物等定容采样保存，并全部用于分析，即可防止样品的分层或吸附在瓶壁上而影响测定结果。

2．冷藏或冰冻

在大多数情况下，从采集样品后到运输再到实验室期间，在 1～5℃冷藏并暗处保存，对样品就足够了。冷藏并不适用长期保存，用于废水保存时间更短。

3．过滤

采样后，用滤器（聚四氟乙烯滤器、玻璃滤器）过滤样品都可以除去其中的悬浮物、沉淀、藻类及其他微生物。滤器的选择要注意与分析方法相匹配，用前应清洗并避免吸附、吸收损失。因为各种重金属化合物、有机物容易吸附在滤器表面，滤器中的溶解性化合物如表面活性剂会滤到样品中。一般测有机物项目时选用砂芯漏斗和玻璃纤维漏斗，而在测定无机项目时常用 0.45 μm 有机滤膜过滤。

过滤样品的目的是区分被分析物的可溶性和不可溶性的比例（例如可溶和不可溶金属部分）。

4．添加保存剂

（1）控制溶液 pH：测定金属离子的水样常用硝酸酸化，既可以防止重金属的水解沉淀，又可以防止金属在器壁表面上的吸附，同时还能抑制生物活动；测定氰化物的水样需加氢氧化钠，这是由于多数氰化物活性很强而不稳定，当水样偏酸性时，可产生氰化氢而逸出。

（2）加入抑制剂：在测酚水样中加入硫酸铜可控制苯酚分解菌的活动。

（3）加入氧化剂：水样中痕量汞易被还原，引起汞的挥发性损失，实验研究表明，加入硝酸-重铬酸钾溶液可使汞维持在高氧化态，汞的稳定性大为改善。

（4）加入还原剂：测定硫化物的水样，加入抗坏血酸对保存有利。

所加入的保存剂有可能改变水中组分的化学或物理性质，因此选用保存剂要考虑对测定项目的影响。如待测项目是溶解态物质，酸化会引起胶体组分和固体的溶解，则必须在过滤后再酸化保存。

必须要做保存剂空白试验，对结果加以校正。特别对微量元素的检测。

（四）有效保存期

水样的有效保存期的长短依赖于以下各因素。

（1）待测物的物理化学性质：稳定性好的成分，保存期就长，如钾、钠、钙、镁、硫酸盐、氯化物、氟化物等；不稳定的成分，水样保存期就短，甚至不能保存，需取样后立即分析或现场测定，如 pH、电导率、色度应在现场测定，BOD、COD、氨、硝酸盐、酚、氰应尽快分析。

（2）待测物的浓度：一般来说，待测物的浓度高，保存时间长，否则保存时间短。大

多数成分在 10^{-9} 级溶液中，通常是很不稳定的。

（3）水样的化学组成：清洁水样保存期长些，而复杂的生活污水和工业废水保存时间就短。

（五）水样的运输

水样采集后，除现场测定项目外，应立即送回实验室。运输前，将容器的盖子盖紧，同一采样点的样品应装在同一包装箱内，如需分装在两个或几个箱子中时，则需在每个箱内放入相同的现场采样记录表。每个水样瓶需贴上标签，内容有采样点编号、采样日期和时间、测定项目、保存方法及何种保存剂。在运输途中如果水样超出了保质期，样品管理员应对水样进行检测；如果决定仍然进行分析，那么在出报告时，应明确标出采样和分析时间。

五、指标涵义

《地表水环境质量标准》（GB 3838—2002）已发布实施 10 年之久，是我国地表水环境监测工作的重要依据之一，然而，在我国当前地表水环境监测工作中，还存在着对该标准的部分监测指标理解有误以及对相关水样预处理不当的情况。为准确测定地表水水质中污染物含量，保证地表水监测数据质量，根据《地表水环境质量标准》（GB 3838—2002）中标准值的编制说明，对所有指标的实际涵义进行说明。

（一）地表水采集样品规定

《地表水环境质量标准》（GB 3838—2002）中（以下简称“本标准”）规定的项目标准值，要求水样采集后自然沉降 30 min，取上层非沉降部分按规定方法进行分析。

对于某些湖库河道等地表水体一般不存在可沉降物的情况，建议在采样比对验证无显著影响后，可省略自然沉降步骤。

规定补充说明：由于地表水水质包括水相、颗粒相、生物相和沉积相，且水质的这四种相态在我国地表水体之间差别较大，如黄河的泥沙等，造成监测分析结果和数据的可比性差异很大，因此规定所有地表水水样均采集后自然沉降 30 min，取上清液按规定方法进行分析，以尽可能地消除监测分析结果的差异。

（二）铜、锌、铅、镉等 17 种重金属指标的涵义及水样处理

本标准中铜、锌、镉、铁、锰、铅、六价铬、钼、钴、铍、硼、锑、镍、钡、钒、钛及铊 17 种重金属元素指标的涵义，均指它们在水中可溶态金属含量。

涵义补充说明：一个金属元素以可溶解的化合物形式存在，就易于被生物吸收，其毒性就大；相反，以难溶盐形式存在，不易被生物吸收，其毒性就小。对于可溶性态的金属，以简单络合离子或无机络合物形式存在就比以复杂稳定的络合物毒性要大。所以，了解地表水中可溶性金属要比难溶性金属意义要大得多。

要求地表水水样采集后自然沉降 30 min，取上层非沉降部分（无沉降可省略）。其中测定六价铬水样单独存放容器，并现场加入 NaOH 保存；其他金属的水样应尽快通过

0.45μm 有机微孔滤膜过滤，并将滤液用硝酸酸化至 pH=2 保存。在实验室测定时，要取酸化过（或碱化过）的混匀水样（包括悬浮物）进行分析测定。

关于水样过滤需强调以下四点：

（1）要用 0.45μm 的微孔滤膜过滤，因不同孔径的过滤材料能通过质点的大小是不同的，对测定结果有显著影响；

（2）要立即（或尽快）过滤，因水样存放会导致金属的水解沉淀，或因吸收 CO_2 等酸性气体而改变了 pH 值，这会使悬浮颗粒物上的金属解吸，从而改变了可溶性金属含量；

（3）水样要先过滤后酸化，不能先酸化后过滤，因先酸化就使悬浮颗粒物上吸附的金属解吸下来，进入溶液，这样测得的可溶性金属比实际水体中存在的要高；

（4）测可溶性金属不能在过滤前将样品冰冻保存。

（三）砷、汞、硒金属指标的涵义及水样处理

本标准的砷、汞、硒项目是均指在水体中的总量。总量包括水体中悬浮态、溶解态的有机和无机化合物中的元素含量。

水样采集后自然沉降 30 min，取上层非沉降部分（无沉降可省略），水样现场加盐酸酸化保存。在实验室测定时，要取酸化过的混匀水样（包括悬浮物）进行分析测定。

（四）氰化物指标的涵义及样品预处理

地表水中氰化物的涵义是指水中游离的氰化物，而不是总氰化物。

游离氰化物在分析测定方法中也称易释放氰化物，指在 pH=4 的介质中，在硝酸锌存在下加热蒸馏，能形成氰化氢的氰化物。包括简单氰化物和部分络合氰化物。

总氰化物包括无机和有机氰化物。无机氰化物可分为简单和络合氰化物，常见的简单氰化物有氰化钾、氰化钠、氰化铵，此类氰化物易溶于水，且毒性大；无机络合氰化物的毒性比简单氰化物小，然而无机络合氰化物在水中稳定性不尽相同，在水体中受 pH、水温和光照等影响会离解为毒性强的简单氰化物。

地表水一般不含氰化物，如果有氰化物时，往往是人类活动所引起。在我国水环境监测中，地表水和地下水监测氰化物，污水和废水监测总氰化物。

（五）硫酸盐、氯化物、硝酸盐、氟化物项目指标的涵义及水样处理

本标准中的硫酸盐、氯化物、硝酸盐、氟化物项目指标，均指水体中溶解态的含量。

硫酸盐、氯化物、硝酸盐在天然水中均以离子形态存在；水样中的氟多以可溶性氟化物形式存在，在悬浮颗粒态的氟常是不可溶的氟化物。

水样采集后，要尽快用 0.45μm 的微孔滤膜过滤后再进行测定。

（六）化学耗氧量、高锰酸盐指数、总磷、总氮项目的水样处理

测定化学耗氧量、高锰酸盐指数、总磷、总氮项目的水样采集后，可送回实验室测定。若水样清澈可直接测定；若水样浑浊可在分析测定前，水样静置 30 min 后取上清

液测定；若含藻类较多的湖库水样，测定前水样除静置外，取水样时还要避开表层悬浮物。

（七）五日生化需氧量、氨氮、氰化物、挥发酚、石油类、阴离子表面活性剂、硫化物、粪大肠菌群以及标准中有机污染物项目的水样处理

五日生化需氧量、氨氮、氰化物、挥发酚、石油类、阴离子表面活性剂、硫化物、粪大肠菌群以及标准中有机污染物项目，按照原有采样和保存方法。

水样要求采集后自然沉降 30 min，取上层非沉降部分（或无沉降可省略），现场加入保存剂。在实验室分析测定前将水样（包括悬浮物）摇匀后再进行萃取或蒸馏处理。

（八）水温、pH、溶解氧

水温、pH、溶解氧项目按照《水质采样　样品的保存和管理技术规定》（HJ 493—2009）中有关规定，建议在采样现场进行测定。

六、分析方法

随着我国环境保护事业的迅速发展，水质监测分析方法不断在完善，检测仪器逐渐向自动化更新。虽然目前新的检测分析方法不能全部替代旧的方法，但不常用的旧分析方法从少用逐渐可以过渡到不使用。

根据国家计量部门要求，环境监测实验室检测方法选择原则是首选国家标准分析方法，环境行业标准方法、地方规定方法或其他方法。这次列出的检测方法主要思路是：

（1）选项以地表水环境质量监测项目（109 项）为准，基本涵盖了 109 项指标的现有水质环境监测分析方法；

（2）分析方法选择来源：中国环境标准发布的水环境标准检测方法（最新）、国家生活饮用水标准检验方法、《水和废水监测分析方法》（第四版）国家环境保护总局（2002 年）以及其他检测方法；

（3）每个指标的检测分析方法尽量包括不同检测手段的方法，如经典化学分析法、仪器分析法和自动化仪器分析法；

（4）按照选择方法的原则（国标、行标、地标）顺序，建议同一种分析方法尽量使用最新版本，不具备新方法条件的可以使用另外一种分析方法（两种方法灵敏度一致）的较新方法。

表 1.11　地表水环境质量监测项目（109 项）监测分析方法

序号	监测项目	分析方法标准名称及编号	备注
1	水温	水温的测定 温度计或颠倒温度计测定法（GB/T 13195—1991）	
2	pH	1. 水质 pH 值的测定 玻璃电极法（GB/T 6920—1986） 2. pH 便携式 pH 计法《水和废水监测分析方法（第四版）》国家环境保护总局（2002 年）	

序号	监测项目	分析方法标准名称及编号	备注
3	溶解氧	1. 水质 溶解氧的测定 碘量法（GB 7489—1987） 2. 溶解氧　便携式溶解氧仪法《水和废水监测分析方法（第四版）》国家环境保护总局（2002 年） 3. 水质 溶解氧的测定 电化学探头法（HJ 506—2009）	
4	高锰酸盐指数	水质 高锰酸盐指数的测定（GB 11892—1989）	
5	化学需氧量	1. 水质 化学需氧量的测定 重铬酸盐法（GB/T 11914—1989） 2. 化学需氧量 快速密闭催化消解法《水和废水监测分析方法（第四版）》国家环境保护总局（2002 年） 3. 水质 化学需氧量的测定 快速消解分光光度法（HJ/T 399—2007）	
6	生化需氧量	1. 水质 五日生化需氧量（BOD_5）的测定 稀释与接种法（HJ 505—2009） 2. 水质 生化需氧量（BOD）的测定 微生物传感器快速测定法（HJ/T 86—2002）	
7	氨氮	1. 水质 氨氮的测定 纳氏试剂分光光度法（HJ 535—2009） 2. 水质 氨氮的测定 水杨酸分光光度法（HJ 536—2009） 3. 水质 氨氮的测定 蒸馏-中和滴定法（HJ 537—2009） 4. 水质 氨氮的测定 气相分子吸收光谱法（HJ/T 195—2005）	
8	总磷（磷酸盐）	1. 水质 总磷的测定 钼酸铵分光光度法（GB 11893—1989） 2. 总磷、溶解性磷酸盐和溶解性总磷 离子色谱法《水和废水监测分析方法（第四版）》国家环境保护总局（2002 年） 3. 磷（总磷、溶解性磷酸盐和溶解性总磷）孔雀绿 磷钼杂多酸分光光度法《水和废水监测分析方法（第四版）》国家环境保护总局（2002 年）	
9	总氮	1. 水质 总氮的测定 碱性过硫酸钾消解紫外分光光度法（HJ 636—2012） 2. 水质 总氮的测定 气相分子吸收光谱法（HJ/T 199—2005）	
10	铜	1. 水质 铜、锌、铅、镉的测定 原子吸收分光光度法（GB/T 7475—1987） 2. 铜、铅、镉 石墨炉原子吸收分光光度法《水和废水监测分析方法（第四版）》国家环境保护总局（2002 年） 3. 水质 铜的测定 二乙基二硫代氨基甲酸钠分光光度法（HJ 485—2009） 4. 水质 铜的测定 2,9-二甲基-1,10 菲啰啉分光光度法（HJ 486—2009） 5. 金属指标（铜 电感耦合等离子体原子发射光谱法）生活饮用水标准检验方法（GB/T 5750.6—2006） 6. 金属指标（铜 电感耦合等离子体质谱法）生活饮用水标准检验方法（GB/T 5750.6—2006）	
11	锌	1. 水质 铜、锌、铅、镉的测定 原子吸收分光光度法（GB/T 7475—1987） 2. 金属指标（锌 催化示波极谱法）生活饮用水标准检验方法（GB/T 5750.6—2006） 3. 金属指标（锌 电感耦合等离子体原子发射光谱法）生活饮用水标准检验方法（GB/T 5750.6—2006） 4. 金属指标（锌 电感耦合等离子体质谱法）生活饮用水标准检验方法（GB/T 5750.6—2006）	
12	氟化物	1. 水质 氟化物的测定 离子选择电极法（GB/T 7484—1987） 2. 水质 氟化物的测定 氟试剂分光光度法（HJ 488—2009） 3. 水质 氟化物的测定 茜素磺酸锆目视比色法（HJ 487—2009） 4. 无机非金属指标（氟化物 离子色谱法）生活饮用水标准检验方法（GB/T 5750.5—2006）	

序号	监测项目	分析方法标准名称及编号	备注
13	硒	1. 水质 硒的测定 石墨炉原子吸收分光光度法（GB/T 15505—1995） 2. 砷、硒、锑、铋 原子荧光法《水和废水监测分析方法（第四版）》国家环境保护总局（2002 年） 3. 金属指标（硒 催化示波极谱法）生活饮用水标准检验方法（GB/T 5750.6—2006） 4. 金属指标（硒 电感耦合等离子体发射光谱法）生活饮用水标准检验方法（GB/T 5750.6—2006） 5. 金属指标（硒 电感耦合等离子体质谱法）生活饮用水标准检验方法（GB/T 5750.6—2006）	
14	砷	1. 水质 总砷的测定 二乙基二硫代氨基甲酸银分光光度法（GB/T 7485—1987） 2. 砷、硒、锑、铋 原子荧光法《水和废水监测分析方法（第四版）》国家环境保护总局（2002 年） 3. 金属指标（砷 电感耦合等离子体发射光谱法）生活饮用水标准检验方法（GB/T 5750.6—2006） 4. 金属指标（砷 电感耦合等离子体质谱法）生活饮用水标准检验方法（GB/T 5750.6—2006）	
15	汞	1. 水质 总汞的测定 高锰酸钾-过硫酸钾消解法双硫腙分光光度法（GB/T 7469—1987） 2. 汞 原子荧光法《水和废水监测分析方法（第四版）》国家环境保护总局（2002 年） 3. 水质 总汞的测定 冷原子吸收分光光度法（HJ 597—2011） 4. 水质 汞的测定 冷原子荧光法（试行）（HJ/T 341—2007） 5. 金属指标（汞 电感耦合等离子体质谱法）生活饮用水标准检验方法（GB/T 5750.6—2006）	
16	镉	1. 水质 铜、锌、铅、镉的测定 原子吸收分光光度法（GB/T 7475—1987） 2. 铜、铅、镉 石墨炉原子吸收分光光度法《水和废水监测分析方法（第四版）》国家环境保护总局（2002 年） 3. 金属指标（镉 电感耦合等离子体原子发射光谱法）生活饮用水标准检验方法（GB/T 5750.6—2006） 4. 金属指标（镉 电感耦合等离子体质谱法）生活饮用水标准检验方法（GB/T 5750.6—2006） 5. 金属指标（镉 催化示波极谱法）生活饮用水标准检验方法（GB/T 5750.6—2006）	
17	铬（六价）	1. 水质 六价铬的测定 二苯碳酰二肼分光光度法（GB/T 7467—1987）	
18	铅	1. 水质 铜、锌、铅、镉的测定 原子吸收分光光度法（GB/T 7475—1987） 2. 铜、铅、镉 石墨炉原子吸收分光光度法《水和废水监测分析方法（第四版）》国家环境保护总局（2002 年） 3. 铅 示波极谱法《水和废水监测分析方法（第四版）》国家环境保护总局（2002 年） 4. 金属指标（铅 火焰原子吸收分光光度法）生活饮用水标准检验方法（GB/T 5750.6—2006） 5. 金属指标（铅 电感耦合等离子体原子发射光谱法）生活饮用水标准检验方法（GB/T 5750.6—2006） 6. 金属指标（铅 电感耦合等离子体质谱法）生活饮用水标准检验方法（GB/T 5750.6—2006）	

序号	监测项目	分析方法标准名称及编号	备注
19	氰化物	1. 水质 氰化物的测定 容量法和分光光度法（硝酸银滴定法）（HJ 484—2009） 2. 水质 氰化物的测定 容量法和分光光度法（异烟酸-吡唑啉酮比色法）（HJ 484—2009） 3. 水质 氰化物的测定 容量法和分光光度法（异烟酸-巴比妥酸光度法）（HJ 484—2009） 4. 水质 氰化物的测定 容量法和分光光度法（吡啶-巴比妥酸比色法）（HJ 484—2009） 5. 氰化物 流动注射在线蒸馏法 饮用天然矿泉水检验方法（GB/T 8538.4—2008）	
20	挥发酚	1. 水质 挥发酚的测定 4-氨基安替比林分光光度法（HJ 503—2009） 2. 水质 挥发酚的测定 溴化容量法（HJ 502—2009） 3. 挥发酚 流动注射在线蒸馏法 饮用天然矿泉水检验方法（GB/T 8538.4—2008）	
21	石油类	1. 石油类 重量法《水和废水监测分析方法（第四版）》国家环境保护总局（2002 年） 2. 水质 石油类的测定 非分散红外分光光度法（GB/T 19488—1996） 3. 水质 石油类和动植物油类的测定 红外分光光度法（HJ 637—2012）	
22	阴离子表面活性剂	水质 阴离子表面活性剂的测定 亚甲蓝分光光度法（GB/T 7494—1987）	
23	硫化物	1. 水质 硫化物的测定 亚甲基蓝分光光度法（GB/T 16489—1996） 2. 水质 硫化物的测定 直接显色分光光度法（GB/T 17133—1997） 3. 水质 硫化物的测定 气相分子吸收光谱法（HJ/T 200—2005） 4. 水质 硫化物的测定 碘量法（HJ/T 60—2000） 5. 无机非金属指标（硫化物 *N,N*-二乙基对苯二胺分光光度法）生活饮用水标准检验方法（GB/T 5750.5—2006）	
24	粪大肠菌群	水质 粪大肠菌群的测定 多管发酵法和滤膜法（试行）（HJ/T 347—2007）	
25	硫酸盐	1. 水质 硫酸盐的测定 重量法（GB 11899—1989） 2. 水质 硫酸盐的测定 火焰原子吸收分光光度法（GB 13196—1991） 3. 水质 硫酸盐的测定 铬酸钡分光光度法（试行）（HJ/T 342—2007） 4. 无机非金属指标（硫酸盐 离子色谱法）生活饮用水标准检验方法（GB/T 5750.5—2006）	
26	氯化物	1. 水质 氯化物的测定 硝酸银滴定法（GB 11896—1989） 2. 水质 氯化物的测定 硝酸汞滴定法（试行）（HJ/T 343—2007） 3. 氯化物 离子选择电极 流动注射法《水和废水监测分析方法（第四版）》国家环境保护总局（2002 年） 4. 无机非金属指标（氯化物 离子色谱法）生活饮用水标准检验方法（GB/T 5750.5—2006）	
27	硝酸盐	1. 水质 硝酸盐氮的测定 酚二磺酸分光光度法（GB/T 7480—1987） 2. 水质 硝酸盐氮的测定 紫外分光光度法（试行）（HJ/T 346—2007） 3. 水质 硝酸盐氮的测定 气相分子吸收光谱（HJ/T 198—2005） 4. 硝酸盐氮 离子色谱法《水和废水监测分析方法（第四版）》国家环境保护总局（2002 年） 5. 硝酸盐氮 离子选择电极 流动注射法《水和废水监测分析方法（第四版）》国家环境保护总局（2002 年）	

序号	监测项目	分析方法标准名称及编号	备注
28	铁	1. 水质 铁的测定 邻菲啰啉分光光度法（试行）（HJ/T 345—2007） 2. 水质 铁的测定 火焰原子吸收分光光度法（GB 11911—1989） 3. 金属指标（铁 电感耦合等离子体发射光谱法）生活饮用水标准检验方法（GB/T 5750.6—2006） 4. 金属指标（铁 电感耦合等离子体质谱法）生活饮用水标准检验方法（GB/T 5750.6—2006）	
29	锰	1. 水质 锰的测定 甲醛肟分光光度法（试行）（HJ/T 344—2007） 2. 水质 锰的测定 火焰原子吸收分光光度法（GB 11911—1989） 3. 金属指标（锰 电感耦合等离子体发射光谱法）生活饮用水标准检验方法（GB/T 5750.6—2006） 4. 金属指标（锰 电感耦合等离子体质谱法）生活饮用水标准检验方法（GB/T 5750.6—2006）	
30	三氯甲烷	1. 挥发性有机物 顶空-气相色谱-质谱法《水和废水监测分析方法（第四版）》国家环境保护总局（2002 年） 2. 有机物指标（挥发性有机物 附录 A 吹脱捕集/气相色谱-质谱法）生活饮用水标准检验方法（GB/T 5750. 8—2006）	
31	四氯化碳	1. 挥发性有机物 顶空-气相色谱-质谱法《水和废水监测分析方法（第四版）》国家环境保护总局（2002 年） 2. 有机物指标（挥发性有机物 附录 A 吹脱捕集/气相色谱-质谱法）生活饮用水标准检验方法（GB/T 5750. 8—2006）	
32	三溴甲烷	1. 挥发性有机物 顶空-气相色谱-质谱法《水和废水监测分析方法（第四版）》国家环境保护总局（2002 年） 2. 有机物指标（挥发性有机物 附录 A 吹脱捕集/气相色谱-质谱法）生活饮用水标准检验方法（GB/T 5750. 8—2006）	
33	二氯甲烷	1. 挥发性有机物 顶空-气相色谱-质谱法《水和废水监测分析方法（第四版）》国家环境保护总局（2002 年） 2. 有机物指标（挥发性有机物 附录 A 吹脱捕集/气相色谱-质谱法）生活饮用水标准检验方法（GB/T 5750. 8—2006）	
34	1,2-二氯乙烷	1. 挥发性有机物 顶空-气相色谱-质谱法《水和废水监测分析方法（第四版）》国家环境保护总局（2002 年） 2. 有机物指标（挥发性有机物 附录 A 吹脱捕集/气相色谱-质谱法）生活饮用水标准检验方法（GB/T 5750. 8—2006）	
35	环氧氯丙烷	1. 挥发性有机物 顶空-气相色谱-质谱法《水和废水监测分析方法（第四版）》国家环境保护总局（2002 年） 2. 有机物指标（挥发性有机物 附录 A 吹脱捕集/气相色谱-质谱法）生活饮用水标准检验方法（GB/T 5750. 8—2006）	
36	氯乙烯	1. 挥发性有机物 顶空-气相色谱-质谱法《水和废水监测分析方法（第四版）》国家环境保护总局（2002 年） 2. 有机物指标（挥发性有机物 附录 A 吹脱捕集/气相色谱-质谱法）生活饮用水标准检验方法（GB/T 5750. 8—2006）	
37	1,1-二氯乙烯	1. 挥发性有机物 顶空-气相色谱-质谱法《水和废水监测分析方法（第四版）》国家环境保护总局（2002 年） 2. 有机物指标（挥发性有机物 附录 A 吹脱捕集/气相色谱-质谱法）生活饮用水标准检验方法（GB/T 5750. 8—2006）	

序号	监测项目	分析方法标准名称及编号	备注
38	1,2-二氯乙烯	1. 挥发性有机物 顶空-气相色谱-质谱法《水和废水监测分析方法（第四版）》国家环境保护总局（2002 年） 2. 有机物指标（挥发性有机物 附录 A 吹脱捕集/气相色谱-质谱法）生活饮用水标准检验方法（GB/T 5750. 8—2006）	
39	三氯乙烯	1. 挥发性有机物 顶空-气相色谱-质谱法《水和废水监测分析方法（第四版）》国家环境保护总局（2002 年） 2. 有机物指标（挥发性有机物 附录 A 吹脱捕集/气相色谱-质谱法）生活饮用水标准检验方法（GB/T 5750. 8—2006）	
40	四氯乙烯	1. 挥发性有机物 顶空-气相色谱-质谱法《水和废水监测分析方法（第四版）》国家环境保护总局（2002 年） 2. 有机物指标（挥发性有机物 附录 A 吹脱捕集/气相色谱-质谱法）生活饮用水标准检验方法（GB/T 5750. 8—2006）	
41	氯丁二烯	1. 挥发性有机物 顶空-气相色谱-质谱法《水和废水监测分析方法（第四版）》国家环境保护总局（2002 年） 2. 有机物指标（挥发性有机物 附录 A 吹脱捕集/气相色谱-质谱法）生活饮用水标准检验方法（GB/T 5750. 8—2006）	
42	六氯丁二烯	1. 挥发性有机物 顶空-气相色谱-质谱法《水和废水监测分析方法（第四版）》国家环境保护总局（2002 年） 2. 有机物指标（挥发性有机物 附录 A 吹脱捕集/气相色谱-质谱法）生活饮用水标准检验方法（GB/T 5750. 8—2006）	
43	苯乙烯	1. 挥发性有机物 顶空-气相色谱-质谱法《水和废水监测分析方法（第四版）》国家环境保护总局（2002 年） 2. 有机物指标（挥发性有机物 附录 A 吹脱捕集/气相色谱-质谱法）生活饮用水标准检验方法（GB/T 5750. 8—2006） 3. 有机物指标（苯乙烯 溶剂萃取-填充柱气相色谱法）生活饮用水标准检验方法（GB/T 5750. 8—2006） 4. 有机物指标（苯乙烯 溶剂萃取-毛细管柱气相色谱法）生活饮用水标准检验方法（GB/T 5750. 8—2006） 5. 有机物指标（苯乙烯 顶空-毛细管柱气相色谱法）生活饮用水标准检验方法（GB/T 5750. 8—2006） 6. 有机物指标（苯乙烯 顶空-填充柱气相色谱法）生活饮用水标准检验方法（GB/T 5750. 8—2006）	
44	甲醛	1. 甲醛 变色酸光度法《水和废水监测分析方法（第四版）》国家环境保护总局（2002 年） 2. 水质 甲醛的测定 乙酰丙酮分光光度法（HJ 601—2011）	
45	乙醛	消毒副产品指标（乙醛 顶空-气相色谱法）生活饮用水标准检验方法（GB/T 5750. 10—2006）	
46	丙烯醛	有机物指标（丙烯醛 气相色谱法）生活饮用水标准检验方法（GB/T 5 750.8—2006）	
47	三氯乙醛	1. 水质 三氯乙醛的测定 吡唑啉酮分光光度法（HJ/T 50—1999） 2. 三氯乙醛 气相色谱法《水和废水监测分析方法（第四版）》国家环境保护总局（2002 年） 3. 生活饮用水标准检验方法 消毒副产物指标（三氯乙醛 气相色谱法）（GB/T 5750. 10—2006）	

序号	监测项目	分析方法标准名称及编号	备注
48	苯	1. 挥发性有机物 顶空-气相色谱-质谱法《水和废水监测分析方法(第四版)》国家环境保护总局(2002 年) 2. 有机物指标(挥发性有机物 附录 A 吹脱捕集/气相色谱-质谱法)生活饮用水标准检验方法(GB/T 5750. 8—2006) 3. 有机物指标(苯 溶剂萃取-填充柱气相色谱法)生活饮用水标准检验方法(GB/T 5750. 8—2006) 4. 有机物指标(苯 溶剂萃取-毛细管柱气相色谱法)生活饮用水标准检验方法(GB/T 5750. 8—2006) 5. 有机物指标(苯 顶空-填充柱气相色谱法)生活饮用水标准检验方法(GB/T 5750. 8—2006) 6. 有机物指标(苯 顶空-毛细管柱气相色谱法)生活饮用水标准检验方法(GB/T 5750. 8—2006)	
49	甲苯	1. 挥发性有机物 顶空-气相色谱-质谱法《水和废水监测分析方法(第四版)》国家环境保护总局(2002 年) 2. 有机物指标(挥发性有机物 附录 A 吹脱捕集/气相色谱-质谱法)生活饮用水标准检验方法(GB/T 5750. 8—2006) 3. 有机物指标(甲苯 溶剂萃取-填充柱气相色谱法)生活饮用水标准检验方法(GB/T 5750. 8—2006) 4. 有机物指标(甲苯 溶剂萃取-毛细管柱气相色谱法)生活饮用水标准检验方法(GB/T 5750. 8—2006) 5. 有机物指标(甲苯 顶空-填充柱气相色谱法)生活饮用水标准检验方法(GB/T 5750. 8—2006) 6. 有机物指标(甲苯 顶空-毛细管柱气相色谱法)生活饮用水标准检验方法(GB/T 5750. 8—2006)	
50	乙苯	1. 挥发性有机物 顶空-气相色谱-质谱法《水和废水监测分析方法(第四版)》国家环境保护总局(2002 年) 2. 有机物指标(挥发性有机物 附录 A 吹脱捕集/气相色谱-质谱法)生活饮用水标准检验方法(GB/T 5750. 8—2006) 3. 有机物指标(乙苯 溶剂萃取-填充柱气相色谱法)生活饮用水标准检验方法(GB/T 5750. 8—2006) 4. 有机物指标(乙苯 溶剂萃取-毛细管柱气相色谱法)生活饮用水标准检验方法(GB/T 5750. 8—2006) 5. 有机物指标(乙苯 顶空-填充柱气相色谱法)生活饮用水标准检验方法(GB/T 5750. 8—2006) 6. 有机物指标(乙苯 顶空-毛细管柱气相色谱法)生活饮用水标准检验方法(GB/T 5750. 8—2006)	
51	二甲苯	1. 挥发性有机物 顶空-气相色谱-质谱法《水和废水监测分析方法(第四版)》国家环境保护总局(2002 年) 2. 有机物指标(挥发性有机物 附录 A 吹脱捕集/气相色谱-质谱法)生活饮用水标准检验方法(GB/T 5750. 8—2006) 3. 有机物指标(二甲苯 溶剂萃取-填充柱气相色谱法)生活饮用水标准检验方法(GB/T 5750. 8—2006) 4. 有机物指标(二甲苯 溶剂萃取-毛细管柱气相色谱法)生活饮用水标准检验方法(GB/T 5750. 8—2006) 5. 有机物指标(二甲苯 顶空-填充柱气相色谱法)生活饮用水标准检验方法(GB/T 5750. 8—2006) 6. 有机物指标(二甲苯 顶空-毛细管柱气相色谱法)生活饮用水标准检验方法(GB/T 5750. 8—2006)	

序号	监测项目	分析方法标准名称及编号	备注
52	异丙苯	1. 挥发性有机物 顶空-气相色谱-质谱法《水和废水监测分析方法（第四版）》国家环境保护总局（2002 年） 2. 有机物指标（挥发性有机物 附录 A 吹脱捕集/气相色谱-质谱法）生活饮用水标准检验方法（GB/T 5750. 8—2006） 3. 有机物指标（异丙苯 溶剂萃取-填充柱气相色谱法）生活饮用水标准检验方法（GB/T 5750.8—2006） 4. 有机物指标（异丙苯 溶剂萃取-毛细管柱气相色谱法）生活饮用水标准检验方法（GB/T 5750.8—2006） 5. 有机物指标（异丙苯 顶空-填充柱气相色谱法）生活饮用水标准检验方法（GB/T 5750.8—2006） 6. 有机物指标（异丙苯 顶空-毛细管柱气相色谱法）生活饮用水标准检验方法（GB/T 5750.8—2006）	
53	氯苯	1. 水质 氯苯的测定 气相色谱法（HJ/T 74—2001） 2. 水质 氯苯类化合物的测定 气相色谱法（HJ 621—2011）	
54	1,2-二氯苯	1. 有机物指标（1,2-二氯苯 气相色谱法） 生活饮用水标准检验方法（GB/T 5750.8—2006） 2. 水质 氯苯类化合物的测定 气相色谱法（HJ 621—2011）	
55	1,4-二氯苯	1. 有机物指标（1，4-二氯苯 气相色谱法） 生活饮用水标准检验方法（GB/T 5750.8—2006） 2. 水质 氯苯类化合物的测定 气相色谱法（HJ 621—2011）	
56	三氯苯	1. 有机物指标（三氯苯 气相色谱法） 生活饮用水标准检验方法（GB/T 5750.8—2006） 2. 水质 氯苯类化合物的测定 气相色谱法（HJ 621—2011）	
57	四氯苯	有机物指标（四氯苯 气相色谱法）生活饮用水标准检验方法（GB/T 5750.8—2006）	
58	六氯苯	农药指标（六氯苯 气相色谱法）生活饮用水标准检验方法（GB/T 5750.9—2006）	
59	硝基苯	1. 有机物指标（硝基苯 气相色谱法）生活饮用水标准检验方法（GB/T 5750.8—2006） 2. 水质 硝基苯类化合物的测定 气相色谱法（HJ 592—2010）	HJ 592—2010 适用于废水
60	二硝基苯	1. 水质 硝基苯类 气相色谱法（GB 13194—1991） 2. 有机物指标（二硝基苯 气相色谱法）、生活饮用水标准检验方法（GB/T 5750. 8—2006）	
61	2,4-二硝基甲苯	水质 二硝基甲苯的测定 示波极谱法（GB/T 13901—1992） 水质 硝基苯类化合物的测定 气相色谱法（HJ 592—2010）	HJ 592—2010 适用于废水
62	2,4,6-三硝基甲苯	1. 有机物指标（三硝基甲苯 气相色谱法）生活饮用水标准检验方法（GB/T 5750.8—2006） 2. 水质 硝基苯类化合物的测定 气相色谱法（HJ 592—2010）	HJ 592—2010 适用于废水
63	硝基氯苯	有机物指标（硝基氯苯 气相色谱法）生活饮用水标准检验方法（GB/T 5750.8—2006）	
64	2,4 二硝基氯苯	有机物指标（二硝基氯苯 气相色谱法）生活饮用水标准检验方法（GB/T 5750. 8—2006）	

序号	监测项目	分析方法标准名称及编号	备注
65	2,4-二氯苯酚	1. 二氯酚和五氯酚 气相色谱-质谱法《水和废水监测分析方法（第四版）》国家环境保护总局（2002 年） 2. 酚类化合物 高效液相色谱法 《水和废水监测分析方法（第四版）》国家环境保护总局（2002 年）	
66	2,4,6-三氯苯酚	1. 酚类化合物 高效液相色谱法 《水和废水监测分析方法（第四版）》国家环境保护总局（2002 年） 2. 消毒副产物指标（2,4,6-三氯酚 顶空固相萃取气相色谱法）生活饮用水标准检验方法（GB/T 5750. 10—2006）	
67	五氯酚	1. 酚类化合物 高效液相色谱法 《水和废水监测分析方法（第四版）》国家环境保护总局（2002 年） 2. 水质 五氯酚的测定 气相色谱法（HJ 591—2010） 3. 农药指标（五氯酚 顶空固相微萃取气相色谱法）生活饮用水标准检验方法（GB/T 5750. 9—2006）	
68	苯胺	1. 水质 苯胺类化合物的测定 *N*-（1-萘基）乙二胺偶氮分光光度法（GB 11889—1989） 2. 苯胺类化合物 液相色谱法《水和废水监测分析方法（第四版）》国家环境保护总局（2002 年） 3. 有机物指标（苯胺 气相色谱法）生活饮用水标准检验方法（GB/T 5750.8—2006）	
69	联苯胺	联苯胺 紫外扫描分光光度法 《地表水环境质量 80 个特定项目监测分析方法》中国环境科学出版社（2009 年）	没有标准方法
70	丙烯酰胺	有机物指标（丙烯酰胺 气相色谱法）生活饮用水标准检验方法（GB/T 5750. 8—2006）	
71	丙烯腈	水质 丙烯腈的测定 气相色谱法（HJ/T 73—2001）	
72	邻苯二甲酸二丁酯	1. 水质 邻苯二甲酸二甲（二丁、二辛）酯的测定 液相色谱法（HJ/T 72—2001） 2. 邻苯二甲酸酯 气相色谱-质谱法《水和废水监测分析方法（第四版）》国家环境保护总局（2002 年）	
73	邻苯二甲酸二（2-乙基己基）酯	有机物指标[邻苯二甲酸二（2-乙基己基）酯 气相色谱法]生活饮用水标准检验方法（GB/T 5750. 8—2006）	
74	水合肼	有机物指标（水合肼 对二甲氨基苯甲醛分光光度法）生活饮用水标准检验方法（GB/T 5750. 8—2006）	
75	四乙基铅	金属指标（四乙基铅 双硫腙比色法）生活饮用水标准检验方法（GB/T 5750.6—2006）	
76	吡啶	1. 水质 吡啶的测定 气相色谱法（GB/T 14672—1993） 2. 有机物指标（吡啶 巴比妥酸分光光度法）生活饮用水标准检验方法（GB/T 5750. 8—2006）	
77	松节油	有机物指标（松节油 气相色谱法）生活饮用水标准检验方法（GB/T 5750.8—2006）	
78	苦味酸	有机物指标（苦味酸 气相色谱法）生活饮用水标准检验方法（GB/T 5750.8—2006）	
79	丁基黄原酸	有机物指标（丁基黄原酸 铜试剂亚铜分光光度法）生活饮用水标准检验方法（GB/T 5750. 8—2006）	

序号	监测项目	分析方法标准名称及编号	备注
80	活性氯	消毒剂指标（活性氯 *N*,*N*-二乙基对苯二胺分光光度法）生活饮用水标准检验方法（GB/T 5750. 11—2006）	
81	滴滴涕	1. 水质 六六六、滴滴涕的测定 气相色谱法（GB/T 7492—1987） 2. 农药指标（六六六、滴滴涕 毛细管柱气相色谱法）生活饮用水标准检验方法（GB/T 5750. 9—2006）	
82	林丹	1. 农药指标（林丹 填充柱气相色谱法）生活饮用水标准检验方法（GB/T 5750. 9—2006） 2. 农药指标（林丹 毛细管柱气相色谱法）生活饮用水标准检验方法（GB/T 5750. 9—2006）	
83	环氧七氯	有机氯农药 毛细管气相色谱法（GC-ECD）《水和废水监测分析方法（第四版）》国家环境保护总局（2002 年）	
84	对硫磷	1. 水质 有机磷农药的测定 气相色谱法（GB/T 13192—1991） 2. 农药指标（对硫磷 填充柱气相色谱法）生活饮用水标准检验方法（GB/T 5750. 9—2006） 3. 农药指标（对硫磷 毛细管柱气相色谱法）生活饮用水标准检验方法（GB/T 5750. 9—2006）	
85	甲基对硫磷	1. 水质 有机磷农药的测定 气相色谱法（GB/T 13192—1991） 2. 农药指标（甲基对硫磷 填充柱气相色谱法）生活饮用水标准检验方法（GB/T 5750. 9—2006） 3. 农药指标（甲基对硫磷 毛细管柱气相色谱法）生活饮用水标准检验方法（GB/T 5750. 9—2006）	
86	马拉硫磷	1. 水质 有机磷农药的测定 气相色谱法（GB/T 13192—1991） 2. 农药指标（马拉硫磷 填充柱气相色谱法）生活饮用水标准检验方法（GB/T 5750. 9—2006） 3. 农药指标（马拉硫磷 毛细管柱气相色谱法）生活饮用水标准检验方法（GB/T 5750. 9—2006）	
87	乐果	1. 水质 有机磷农药的测定 气相色谱法（GB/T 13192—1991） 2. 农药指标（乐果 填充柱气相色谱法）生活饮用水标准检验方法（GB/T 5750. 9—2006） 3. 农药指标（乐果 毛细管柱气相色谱法）生活饮用水标准检验方法（GB/T 5750. 9—2006）	
88	敌敌畏	1. 水质 有机磷农药的测定 气相色谱法（GB/T 13192—1991） 2. 农药指标（敌敌畏 填充柱气相色谱法）生活饮用水标准检验方法（GB/T 5750. 9—2006） 3. 农药指标（敌敌畏 毛细管柱气相色谱法）生活饮用水标准检验方法（GB/T 5750. 9—2006）	
89	敌百虫	1. 水质 有机磷农药的测定 气相色谱法（GB/T 13192—1991） 2. 农药指标（敌百虫 填充柱气相色谱法）生活饮用水标准检验方法（GB/T 5750. 9—2006） 3. 农药指标（敌百虫 毛细管柱气相色谱法）生活饮用水标准检验方法（GB/T 5750.9—2006）	
90	内吸磷	1. 农药指标（内吸磷 填充柱气相色谱法）生活饮用水标准检验方法（GB/T 5750. 9—2006） 2. 农药指标（内吸磷 毛细管柱气相色谱法）生活饮用水标准检验方法（GB/T 5750. 9—2006）	

序号	监测项目	分析方法标准名称及编号	备注
91	百菊清	农药指标（百菌清 气相色谱法）生活饮用水标准检验方法（GB/T 5750.9—2006）	
92	甲萘威	1. 农药指标（甲萘威 高压液相色谱法-紫外检测器）生活饮用水标准检验方法（GB/T 5750. 9—2006） 2. 农药指标（甲萘威 高压液相色谱法-荧光检测器）生活饮用水标准检验方法（GB/T 5750. 9—2006） 3. 农药指标（甲萘威 分光光度法）生活饮用水标准检验方法（GB/T 5750.9—2006）	
93	溴氰菊酯	1. 农药指标（溴氰菊酯 气相色谱法）生活饮用水标准检验方法（GB/T 5750. 9—2006） 2. 农药指标（溴氰菊酯 高压液相色谱法）生活饮用水标准检验方法（GB/T 5750. 9—2006）	
94	阿特拉津	1. 阿特拉津 毛细柱气相色谱法《水和废水监测分析方法（第四版）》国家环境保护总局（2002 年） 2. 水质 阿特拉津的测定 高效液相色谱法（HJ 587—2010）	
95	苯并[*a*]芘	1. 水质 多环芳烃的测定 液液萃取和固相萃取高效液相色谱法（HJ 478—2009） 2. 有机物指标（苯并[*a*]芘 高压液相色谱法）生活饮用水标准检验方法（GB/T 5750. 8—2006）	
96	甲基汞	环境 甲基汞的测定 气相色谱法（GB/T 17132—1997）	
97	多氯联苯	多氯联苯 气相色谱-质谱法《水和废水监测分析方法（第四版）》国家环境保护总局（2002 年）	
98	微囊藻毒素	有机物指标（微囊藻毒素 高压液相色谱法）生活饮用水标准检验方法（GB/T 5750. 8—2006）	
99	黄磷	黄磷 环己烷萃取-钼锑抗分光光度法 《地表水环境质量 80 个特定项目监测分析方法》中国环境科学出版社（2009 年）	没有标准方法
100	钼	1. 水质 钼的测定 催化极谱法《水和废水监测分析方法（第四版）》国家环境保护总局（2002 年） 2. 金属指标（钼 石墨炉原子吸收分光光度法）生活饮用水标准检验方法（GB/T 5750.6—2006） 3. 金属指标（钼 电感耦合等离子体发射光谱法）生活饮用水标准检验方法（GB/T 5750.6—2006） 4. 金属指标（钼 电感耦合等离子体质谱法）生活饮用水标准检验方法（GB/T 5750.6—2006）	
101	钴	1. 金属指标（钴 石墨炉原子吸收分光光度法）生活饮用水标准检验方法（GB/T 5750.6—2006） 2. 金属指标（钴 电感耦合等离子体发射光谱法） 生活饮用水标准检验方法（GB/T 5750.6—2006） 3. 金属指标（钴 电感耦合等离子体质谱法） 生活饮用水标准检验方法（GB/T 5750.6—2006）	
102	铍	1. 水质 铍 石墨炉原子吸收分光光度法（HJ/T 59—2000） 2. 金属指标（铍 电感耦合等离子体发射光谱法） 生活饮用水标准检验方法（GB/T 5750.6—2006） 3. 金属指标（铍 电感耦合等离子体质谱法） 生活饮用水标准检验方法（GB/T 5750.6—2006）	

序号	监测项目	分析方法标准名称及编号	备注
103	硼	水质 硼的测定 姜黄素分光光度法（HJ/T 49—1999）	
104	锑	1. 水质 锑的测定 火焰原子吸收分光光度法《水和废水监测分析方法（第四版）》国家环境保护总局（2002 年） 2. 水质 锑的测定 原子荧光法《水和废水监测分析方法（第四版）》国家环境保护总局（2002 年） 3. 金属指标（锑 电感耦合等离子体发射光谱法） 生活饮用水标准检验方法（GB/T 5750.6—2006） 4. 金属指标（锑 电感耦合等离子体质谱法） 生活饮用水标准检验方法（GB/T 5750.6—2006）	
105	镍	1. 水质 镍的测定 火焰原子吸收分光光度法（GB/T 11912—1989） 2. 水质 镍的测定 示波极谱法《水和废水监测分析方法（第四版）》国家环境保护总局（2002 年） 3. 金属指标（镍 石墨炉原子吸收分光光度法） 生活饮用水标准检验方法（GB/T 5750.6—2006） 4. 金属指标（镍 电感耦合等离子体发射光谱法） 生活饮用水标准检验方法（GB/T 5750.6—2006） 5. 金属指标（镍 电感耦合等离子体质谱法） 生活饮用水标准检验方法（GB/T 5750.6—2006）	
106	钡	1. 水质 钡的测定 石墨炉原子吸收分光光度法（HJ 602—2011） 2. 水质 钡的测定 火焰原子吸收分光光度法（HJ 603—2011） 3. 金属指标（钡 电感耦合等离子体发射光谱法） 生活饮用水标准检验方法（GB/T 5750.6—2006） 4. 金属指标（钡 电感耦合等离子体质谱法） 生活饮用水标准检验方法（GB/T 5750.6—2006）	
107	钒	1. 水质 钒的测定 石墨炉原子吸收分光光度法（GB/T 15503—1995） 2. 钒 催化极谱法《水和废水监测分析方法（第四版）》国家环境保护总局（2002 年） 3. 金属指标（钒 电感耦合等离子体发射光谱法） 生活饮用水标准检验方法（GB/T 5750.6—2006） 4. 金属指标（钒 电感耦合等离子体质谱法） 生活饮用水标准检验方法（GB/T 5750.6—2006）	
108	钛	1. 金属指标（钛 催化示波极谱仪法） 生活饮用水标准检验方法（GB/T 5750.6—2006） 2. 金属指标（钛 电感耦合等离子体质谱法） 生活饮用水标准检验方法（GB/T 5750.6—2006） 3. 金属指标（钛 水杨基荧光酮分光光度法）生活饮用水标准检验方法（GB/T 5750.6—2006）	
109	铊	1. 铊 萃取石墨炉原子吸收分光光度法《水和废水监测分析方法（第四版）》国家环境保护总局（2002 年） 2. 金属指标（铊 电感耦合等离子体发射光谱法） 生活饮用水标准检验方法（GB/T 5750.6—2006） 3. 金属指标（铊 电感耦合等离子体质谱法） 生活饮用水标准检验方法（GB/T 5750.6—2006）	

第五节 水质监测数据的收集与管理

这里所说的水质监测数据是指根据各级环保行政主管部门的年度水环境监测工作计划设定的监测点位（断面）、监测项目、监测频次等，按地表水和污水监测技术规范要求，所获得的数据。在审核待上报的监测数据时，应根据现场采样、样品运输、实验室分析、数据整理、报表填写等过程，认真审核水质监测数据的代表性、准确性、精密性、完整性、可比性，并做到三级审核。目前，国家、省、地市级环境监测站基本都有水质监测数据系统。用来收集和管理辖区内的水质监测数据。下面主要介绍国家地表水环境监测数据传输系统中，水质监测数据的收集与管理的相关要求和规定。

一、数据填报

（一）填报内容及格式

国家地表水环境监测数据传输系统中除水环境监测数据外，还包括测站名称、测站代码、河流名称、河流代码、断面名称、断面代码、控制属性、采样时间、水期代码。水环境监测数据包括有河流和湖库水体监测数据。具体如下：

河流：水温、流量、pH、电导率、溶解氧、高锰酸盐指数、五日生化需氧量、氨氮、石油类、挥发酚、汞、铅、化学需氧量、总氮、总磷、铜、锌、氟化物、硒、砷、镉、六价铬、氰化物、阴离子表面活性剂、硫化物、粪大肠菌群。

湖库：水温、水位、pH、电导率、透明度、溶解氧、高锰酸盐指数、五日生化需氧量、氨氮、石油类、总氮、总磷、叶绿素 a、挥发酚、汞、铅、化学需氧量、铜、锌、氟化物、硒、砷、镉、六价铬、氰化物、阴离子表面活性剂、硫化物、粪大肠菌群。

（二）数据的合法性

所有上报的监测数据必须是符合《地表水和污水监测技术规范》（HJ/T 1991—2002）要求的数据，不符合要求的数据不得填表、不得上报、不得录入系统。

（三）数据的有效性

所有上报的监测数据必须是有效值。在依据《地表水和污水监测技术规范》（HJ/T 1991—2002）测得的监测数据中，如果发现可疑数据，应结合现场进行分析，找出原因或进行数据检验，若被判为奇异值的应为无效数据。所有被判为无效值的数据不得填表、不得上报、不得录入系统。

（四）特殊数据

无值的代替符：当因河流断流未监测或某项目无监测数据时，需填报“–1”作为无值代替符。在数据统计时不参与数据计算。

（五）检出限的填写

当某项目未检出时，需填写检出限后加“L”。

检出限要低于《地表水环境质量标准》Ⅰ类标准限值的 1/4 倍。否则要更换方法，以满足该要求。对有的监测项目的监测方法目前无法满足要求时，可适当放宽，但禁止采用检出限就超标的监测分析方法。对无法满足要求的环境监测站应委托监测或由上一级环境监测站实施监测。

（六）计量单位

各监测项目的浓度计量单位一般采用 mg/L。特殊项目的计量单位，如流量：m^3/s；电导率：mS/m；水位：m；水温：℃；透明度：cm；粪大肠菌群：个/L。填写时需注意，水中汞和叶绿素 a 浓度的单位都是 mg/L，而不是μg/L，填报时容易出错。

数据填报要在规定的时间内完成上报。通过系统上报的，其填报的数据都应进行进一步审核，防止出现错填、漏填和串行（列）填写等错误。

（七）可疑数据的处理

对审核可疑的监测数据必须通知地方监测站并进行确认。确信无误后的水质监测数据方可入库。入库后数据不能随意改动，地方站也不能多次上报监测数据入库。如果确认上报数据有误时，需按正常程序以文件形式说明数据的修改理由，并附原始监测数据材料，说明不是人为有意修改数据。无理由和无原始监测数据材料证明时任何人都不得修改已入库的监测数据。

（八）空白格的处理

所填写的监测数据表格不能出现空白格。不能因为某月或某个时间段未监测就不上报数据。未采样监测的断面或项目导致无监测数据的都要填写“–1”。

二、数据审核

对收集到的水质监测数据的审核是非常必要的步骤，但对数据的审核也是比较困难的。因为汇集到国家或省级环境监测站的数据库系统后水质监测数据量都比较大，也不可能对所有承担监测任务的监测站的整个水质监测过程都十分清楚，如采样方法、检测方法等。虽然如此，也可以通过监测断面、监测项目间的内在联系以及逻辑关系进行审核，找出有疑义的数据，最终通过地方站进一步审核。

对于汇总后的监测数据的审核，应从全局的观点进行审核，既要考虑不同样品间时间和空间的联系，也要考虑同一样品不同监测项目间的相互逻辑关系。

（一）数据的客观规律

环境监测数据是目标环境内在质量的外在表现，它有着自身的规律和稳定性，在审核时，技术人员根据对客观环境的认识和对历年环境监测资料的研究，在一定程度上掌握了客观环境变化的规律，可以利用这些规律对实际环境监测数据进行纵向比较，从而及时发现明显有异于常识的离群数据。比如一般情况下，背景（对照）断面的各指标的浓度应低于其下游控制断面的各指标的浓度（溶解氧则相反），各指标的浓度时空分布出现反常现象，溶解氧过饱和现象，pH 超过 6～9 范围等。当出现上述异常情况时，就应该对数据进行深入分析，以确定数据是否符合实际，并进一步找到隐藏其后的深层次的原因。能够说明原因的可认为数据正常，如水体发生富营养化，出现水华时，溶解氧会异常升高，达到过饱和，此时 pH 超过 9。

叶绿素 a 一般不会超过 1 mg/L，当填报浓度大于 1 时可认定是计量单位搞错了，即填报数据与实际浓度值相差了 1 000 倍。

（二）监测项目间的关联性

同一点位、同一次监测中不同项目的监测结果应与其相互间的关联性相吻合，了解这些关系有助于分析和判断数据的可靠性。COD_{Cr} 与 BOD_5 及高锰酸盐指数之间的关系。同一水样 COD_{Cr} 与高锰酸盐指数在测定中所用氧化剂的氧化能力不同，因此决定了 COD_{Cr}＞高锰酸盐指数；BOD_5 是在已测得 COD_{Cr} 含量基础上，围绕 BOD_5 预期值进行稀释的，所以 COD_{Cr}＞BOD_5。

三氮与溶解氧的关系。由于环境中的氮循环，一般溶解氧高的水体硝酸盐氮浓度高于氨氮，而亚硝酸盐氮与溶解氧无明显关系。

（三）利用各监测项目之间的逻辑关系

对同一个监测断面的各监测项目之间存在一定的逻辑关系。六价铬浓度不能大于总铬浓度；硝酸盐氮、亚硝酸盐氮和氨氮的各单项浓度不应大于总氮浓度，各单项浓度之和也不应大于总氮浓度；一般情况下水中溶解氧值不应大于相应水温下的饱和溶解氧值等。充分利用这些关系，可以使数据审核达到事半功倍的效果。

（四）数据填写失误

通过国家地表水环境监测数据传输系统可以自动检查采样日期是否合法；数据监测值是否大于检出上限或者小于检出下限；如果是未检出，则判断最低检出限的一半是否超过三类标准值；数据项是否为合法；重金属及有毒有害物质是否超标 20%以上等。通过这些手段可以尽量避免一些数据输入时的操作错误。

第六节　水环境质量评价

地表水环境质量综合评价工作是环境监测工作的最主要的一个环节。综合分析需要应用的科学知识多，涉及的学科领域广。既要掌握数据综合评价模型设计计算等工具，还要有分析、推理、归纳、判断等能力。因此，综合分析能力更能反映出一个监测站的水平。

为了搞好地表水环境综合评价工作，应以全面、系统、准确地环境监测数据为基础，以科学的数据处理方法、合理适用的评价模式、形象直观的表征手段，以强化环境质量变化原因分析为突破口，全面提高水环境监测综合评价能力。

水环境评价工作要具有正确性、及时性、科学性、可比性和社会性。

一、分类

地表水环境质量评价可分为以下几部分。

（1）河流、湖泊、水库水质评价。

（2）湖泊、水库营养状态评价。

（3）河流、湖泊、水库水环境质量综合评价。

（4）水环境功能区达标评价。

（5）河流、湖泊、水库水环境质量变化趋势评价及其原因分析。

地表水环境质量评价方法是地表水环境质量状况评价、水环境功能区达标评价方法、水环境质量变化趋势及其原因分析的基本方法。

地表水环境质量评价的技术流程见图 1.3。

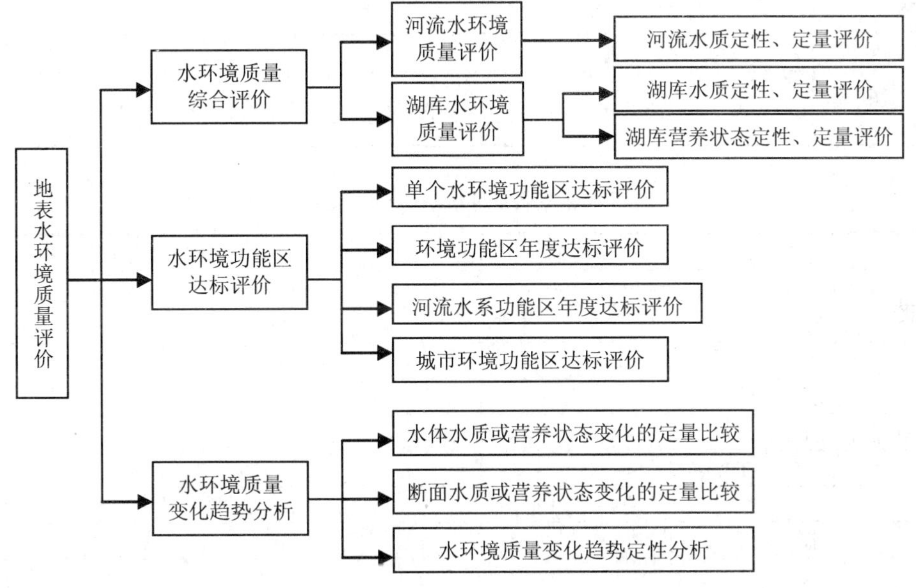

图 1.3　地表水环境质量评价的技术流程图

二、评价方法

（一）水质评价指标选择

水质月报参与评价的水质指标为：pH、溶解氧、高锰酸盐指数、五日生化需氧量、氨氮、汞、铅、挥发酚、石油类。

总氮和总磷作为湖库水体营养状态的评价指标，不作为湖库水质评价指标。总磷仍然作为河流水质评价指标。

粪大肠菌群作为水体卫生状况和非集中供水水源地水质评价的指标，不参与河流及湖库水质类别评价。

考虑到我国目前常规水环境质量监测频率，水温难以按照周来考核，因此，水温指标不参与评价。

除上述规定的指标外，GB 3838—2002 表 1 中的其余指标可以全部参加地表水水质类别评价。表 2 和表 3 规定的指标参与饮用水水源地水质评价，不参与水质类别评价。

水质年报可采用 GB 3838—2002 表 1 中规定的指标，但不能少于以上 9 项水质评价指标。

（二）地表水水质综合评分法

为了更加直观地反映水质现状和水质变化趋势，在采用水质类别评价水质的基础上，采用水质综合评分法对水质状况进行定量评价。反映水质状况的定量评价指标称作水质污染指数（WPI）。水质类别与水质污染指数的对应关系如表 1.12 所示。地表水环境质量评价基本指标类别与评分限值见表 1.13。

表 1.12 水质类别与水污染指数对应表

水质类别	Ⅰ类	Ⅱ类	Ⅲ类	Ⅳ类	Ⅴ类	劣Ⅴ类
水质污染指数（WPI）	0＜WPI≤20	20＜WPI≤40	40＜WPI≤60	60＜WPI≤80	80＜WPI≤100	WPI＞100

表 1.13 地表水环境质量评价基本指标类别与评分限值 单位：mg/L

序号	水质类别		Ⅰ	Ⅱ	Ⅲ	Ⅳ	Ⅴ
	水污染指数（WPI）		0～20	20～40	40～60	60～80	80～100
1	pH 值（量纲一）		6～9				
2	溶解氧	≥	7.5	6	5	3	2
3	高锰酸盐指数	≤	2	4	6	10	15
4	化学需氧量（COD）	≤	15	15	20	30	40
5	五日生化需氧量（BOD_5）	≤	3	3	4	6	10
6	氨氮	≤	0.15	0.5	1.0	1.5	2.0
7	铜	≤	0.01	1.0	1.0	1.0	1.0
8	锌	≤	0.05	1.0	1.0	2.0	2.0
9	氟化物（以 F^- 计）	≤	1.0	1.0	1.0	1.5	1.5
10	硒	≤	0.01	0.01	0.01	0.02	0.02
11	砷	≤	0.05	0.05	0.05	0.1	0.1
12	汞	≤	0.000 05	0.000 05	0.000 1	0.001	0.001
13	镉	≤	0.001	0.005	0.005	0.005	0.01
14	铬（六价）	≤	0.01	0.05	0.05	0.05	0.1
15	铅	≤	0.01	0.01	0.05	0.05	0.1
16	氰化物	≤	0.005	0.05	0.2	0.2	0.2
17	挥发酚	≤	0.002	0.002	0.005	0.01	0.1
18	石油类	≤	0.05	0.05	0.05	0.5	1.0
19	阴离子表面活性剂	≤	0.2	0.2	0.2	0.3	0.3
20	硫化物	≤	0.05	0.1	0.2	0.5	1.0

水质综合评分法的具体评价方法为：根据各单个水质指标的浓度值，按照表 1.12 规定，用内插方法计算得出断面（或测点）每个参加水质评价项目的水污染指数。单个评价项目水污染指数的计算公式如式（1-1）所示：

$$\mathrm{WPI}(i)=\mathrm{WPI_l}(i)+\frac{\mathrm{WPI_h}(i)-\mathrm{WPI_l}(i)}{C_\mathrm{h}(i)-C_\mathrm{l}(i)}\cdot(C(i)-C_\mathrm{l}(i))\quad C_\mathrm{l}(i)<C(i)\leqslant C_\mathrm{h}(i)\qquad(1\text{-}1)$$

式中：C（i）——第 i 个水质指标的监测值；

C_l（i）——第 i 个水质指标所在类别标准的下限值；

C_h（i）——第 i 个水质指标所在类别标准的上限值；

$\mathrm{WPI_l}$（i）——第 i 个水质指标所在类别标准下限值所对应的水污染指数；

$\mathrm{WPI_h}$（i）——第 i 个水质指标所在类别标准上限值所对应的水污染指数；

WPI（i）——第 i 个水质指标所在类别对应的水污染指数。

此外，当 GB 3838—2002 中两个等级的标准值相同，则按低分数值区间插值计算。

pH 值（属于无量纲值）的计算方法：如果 6≤pH≤9 时，则取水污染指数 20；pH 值在 0～6 或 9～14 范围内时，采用 100～140 之间内差，分别按式（1-2）和式（1-3）计算。

$$\mathrm{WPI(pH)}=100+\frac{140-100}{5}\times(6-\mathrm{pH})\qquad 0<\mathrm{pH}<6\qquad(1\text{-}2)$$

$$\mathrm{WPI(pH)}=100+\frac{140-100}{5}\times(\mathrm{pH}-9)\qquad 9<\mathrm{pH}<14\qquad(1\text{-}3)$$

溶解氧的计算方法：如果溶解氧监测值 DO≥7.5 mg/L 时则取水污染指数 20 分；若 DO 大于 2.0 mg/L 且小于 7.5 mg/L 时，按式（1-4）计算。若 DO 劣于Ⅴ类（<2.0 mg/L）时，按式（1-5）计算。

$$\mathrm{WPI(DO)}=\mathrm{WPI_l(DO)}+\frac{\mathrm{WPI_h(DO)}-\mathrm{WPI_l(DO)}}{C_\mathrm{l}(i)-C_\mathrm{h}(i)}\cdot(\mathrm{DO_l}-\mathrm{DO})\qquad(1\text{-}4)$$

$$2.0\ \mathrm{mg/L}<\mathrm{DO}<7.5\ \mathrm{mg/L}$$

$$\mathrm{WPI(DO)}=100+\frac{2.0-\mathrm{DO}}{2.0}\cdot 40\qquad \mathrm{DO}\leqslant 2.0\ \mathrm{mg/L}\qquad(1\text{-}5)$$

其他水质指标的监测值劣于Ⅴ类时，水污染指数的计算方法按照式（1-6）进行计算。

$$\mathrm{WPI}(i)=100+\frac{C(i)-C_5(i)}{C_5(i)}\cdot 40\qquad C(i)\geqslant C_5(i)\qquad(1\text{-}6)$$

式中：C_5（i）为 GB 3838—2002 中Ⅴ类标准限值。

根据各单项指标的水污染指数，取其最高水污染指数即为该断面（或垂线）的水质污染指数。水质污染指数计算如式（1-7）所示：

$$\mathrm{WPI}=\mathrm{MAX}（\mathrm{WPI}（i））\qquad(1\text{-}7)$$

三、湖库营养状态评价

湖泊、水库营养状态评价选择指标包括叶绿素 a、总磷、总氮、透明度和高锰酸盐指数。

湖泊、水库营养状态评价针对表层 0.5 m 水深测点的营养状态指标值进行评价。

根据湖泊、水库营养状态发布的周期，湖泊、水库营养状态评价一般可按照旬、月、水期、季度、年度评价。以季度和年度评价为主。

短期评价（旬报、月报等）时，可采用一次监测的结果进行评价，旬内、月内有多次监测数据时，应先将评价区内所有监测点位的监测值作空间算术平均，再作时间算术平均，分别对平均结果进行评价。

季度评价、水期评价有 2 次以上（含 2 次）的监测数据，先做空间算术平均，再做时间算术平均，分别对其结果进行营养状态评价。

年度评价应采用 6 次以上（含 6 次）的监测数据，先做空间算术平均，再做时间算术平均，分别对其结果进行营养状态评价。

湖泊、水库营养状态评价方法

湖泊、水库营养状态评价方法采用综合营养指数法（TLI）评价。分级方法是采用 0～100 的一系列连续数字对湖泊营养状态进行分级，包括贫营养、中营养、轻度富营养、中度富营养和重度富营养。水体营养化程度与水污染指数以及污染程度定性评价的对应关系如表 1.14 所示。

表 1.14　水质类别与水污染指数对应表

水污染指数 TLI（∑）	营养状态分级	定性评价
0＜TLI（∑）≤30	贫营养	优
30＜TLI（∑）≤50	中营养	良好
50＜TLI（∑）≤60	轻度富营养	轻度污染
60＜TLI（∑）≤70	中度富营养	中度污染
70＜TLI（∑）≤100	重度富营养	重度污染

湖泊、水库综合营养状态指数的计算采用卡尔森指数方法，计算公式如下：

$$\mathrm{TLI}(\Sigma)=\sum_{j=1}^{m}W_j\cdot\mathrm{TLI}(j) \tag{1-8}$$

式中：TLI（∑）——综合营养状态指数；

TLI（j）——第 j 种参数的营养状态指数；

m ——评价参数的个数；

W_j ——第 j 种参数的营养状态指数的相关权重，根据中国湖泊（水库）的 chla 与其他参数之间的相关关系得到：

叶绿素 a（chla）的权重 W_1=0.266；

总磷（TP）的权重 W_2 =0.188；

总氮（TN）的权重 W_3 =0.179；

透明度（SD）的权重 W_4 =0.183；

高锰酸盐指数（COD_{Mn}）的权重 W_5 =0.183。

当计算单个指标营养状态指数时，采用如下计算公式：

$$TLI(chla)=10(2.5+1.086 \ln chla)$$
$$TLI(TP)=10(9.436+1.624 \ln TP)$$
$$TLI(TN)=10(5.453+1.694 \ln TN)$$
$$TLI(SD)=10(5.118-1.94 \ln SD)$$
$$TLI(COD_{Mn})=10(0.109+2.661 \ln COD_{Mn})$$

式中，chla 单位为 mg/m^3，SD 单位为 m；其他指标单位均为 mg/L。

四、水质综合评价

就河流水环境质量而言，河流水质评价结果即被认为是水环境质量评价结果。对于湖泊、水库，需在水质评价的基础上进行营养状态评价，将水质和营养状态两项评价结果进行综合得到水体环境质量。为满足水环境质量状况发布的需要，将地表水环境质量的定性描述等级分为：优、良好、轻度污染、中度污染、重度污染五个等级，分别对应的表征颜色为：蓝色、绿色、黄色、橙色和红色。

（一）河段、水系水环境质量综合评价

1. 断面水环境质量评价

当监测断面有多个测点时，根据断面水质污染指数（或水质类别），确定水环境质量状况。断面水质污染指数（或水质类别）与水质定性评价分级的对应关系见表 1.15。

表 1.15　断面水质定性评价

水质污染指数（G）	水质定性评价	表征颜色
0＜WPI≤40	优	蓝色
40＜WPI≤60	良好	绿色
60＜WPI≤80	轻度污染	黄色
80＜WPI≤100	中度污染	橙色
WPI＞100	重度污染	红色

2. 城市河段水质类别

对于城市河段（一般按入境断面、控制断面和出境断面）分别计算出河段内各类断面的水污染指数（或水质类别）。当比较各个城市河段的水质状况时，可采用平均水质污染指数（或水质类别），即将河段所有断面各个监测项目浓度分别计算算术平均值，其中污染最重的指标所达到的水质污染指数（或水质类别），即为该河段的水质污染指数（或水质类别），然后比较各个河段的水质状况。

3. 河流、水系水质状况评价

当河段、水系的监测断面（垂线）总数在 5 个以上（含 5 个）时，在断面水质分别进行综合污染指数计算的基础上，采用断面水质类别比例法，即根据评价河流、水系中各水质类别的断面数占河流、水系所有评价断面总数的百分比来表征评价河流、水的水质状况，但不作为整体水质类别的评价描述。

评价河流、水系水质类别时，可分干流、支流分别进行评价。

当河流、水系的断面总数少于 5 个时，河段长度加权平均得到该河段、河流整体的水质状况。

4．河流、水系水质定性评价

在描述河流、水系整体水质状况时，按照断面类别比例计算出各水质类别所占的百分比。河流、水系水质定性评价分级及比例的对应关系见表 1.16。对于断面数少于 5 个的河流、水系，按表 1.16 直接指出每个断面的水质状况。

表 1.16　河流、水系水质定性评价

断面水质定性比例	水质定性评价	表征颜色
良好以上断面比例≥90%	优	蓝色
75%≤良好以上断面的比例＜90%，且重度污染的断面比例＜5%	良好	绿色
良好以上的断面比例≥75%，且重度污染的断面比例＜20%	轻度污染	黄色
良好以上的断面比例＜75%，且重度污染的断面比例＜40%	中度污染	橙色
良好以上的断面比例＜60%，或重度污染断面比例≥40%	重度污染	红色

（二）湖泊、水库水环境质量综合评价

1．湖泊、水库水质评价

湖泊、水库单个测点水质评价，参照河流单个测点的水质评价方法。

当湖泊、水库测点（垂线）总数在 5 个以上（含 5 个）时，在测点（垂线）水质分别进行综合污染指数计算的基础上，采用断面（垂线）水质分级比例法表述湖泊、水库水质状况，即按照综合水污染指数分为优、良好、轻度污染、中度污染和重度污染五个区段，分别统计所评价湖泊、水库中各测点（垂线）的数目占湖泊、水库所有评价测点（垂线）总数的比例，表征评价湖泊、水库的水质状况。

当湖泊、水库的测点总数少于 5 个时，可先计算各测点水质的算术平均值，然后计算水质污染指数。

计算多次监测的平均值时，可先按时间序列计算湖（库）各个点位各个污染指标浓度的算术平均值，再按空间序列计算湖（库）所有点位各个污染指标浓度的算术平均值。

大型湖泊、水库可分不同的湖（库）区分别评价。

2．湖泊、水库营养状态评价

对于单个测点，计算得到表层 0.5 m 水深测点的营养状态评分值。

当湖泊（湖区）、水库 5 个以上（含 5 个）测点时，在测点营养状态评分值的计算基础上，采用营养状态分级统计比例法表述湖泊水库营养状况。即按照综合水污染指数分为贫营养、中营养、轻度富营养、中度富营养和重度富营养五个区段，分别统计所评价各测点的数目占湖泊水库所有评价测点总数的比例，表征所评价的湖泊水库的营养状态。

当湖泊、水库的测点总数少于 5 个时，则先计算各测点单因子营养状态指标的算术平均值，然后计算综合营养状态评分值。

3. 湖泊、水库测点水环境质量综合评价

综合测点水质污染指数和营养状态值得到湖泊水库水环境质量评价结果，见表 1.17。

表 1.17　湖泊、水库测点水环境质量综合评价

水质评分和营养状态评分	水环境质量定性评价	表征颜色
水质评价为优，且营养状态评分为 0～50	优	蓝色
水质评价为良好，且营养状态评分为 0～50	良好	绿色
水质评价为轻度污染，或营养状态评分为 50～60	轻度污染	黄色
水质评价为中度污染，或营养状态评分为 60～70	中度污染	橙色
水质评价为重度污染，或营养状态评分为 70～100	重度污染	红色

4. 湖泊（湖区）、水库整体水环境质量状况

在描述湖泊、水库整体水环境质量状况时，按照湖泊、水库测点的分级计算出各级别所占的百分比。湖泊、水库综合评价及分级比例的对应关系见表 1.18。对于测点数少于 5 个的湖泊、水库，按表 1.17 直接指出每个测点的水质状况。

表 1.18　湖泊（湖区）、水库水环境质量综合评价

水质类别比例和营养状态	水环境质量定性评价	表征颜色
水质评价为优，而且中营养以上的测点比例≥90%	优	蓝色
水质评价为良好，而且中营养以上测点的比例≥75%	良好	绿色
水质评价为轻度污染，或者轻富营养以上测点的比例≥75%	轻度污染	黄色
水质评价为中度污染，或者中度富营养以上测点的比例≥75%	中度污染	橙色
水质评价为重度污染，或者重度富营养测点的比例≥25%	重度污染	红色

（三）地表水环境质量达到良好以上级别比例

地表水水质达到良好以上级别（水污染指数小于 60 分）的断面占总监测次数或河流、水系的比例。主要用于不同行政区、河流、湖泊水库间的水质比较。

1. 断面（测点）、河段（湖区）达到良好以上级别的测次百分率（%）

对单个监测断面（测点）或河段（湖区）而言，在多次监测中断面（测点）或河段（湖区）水质达到良好以上级别的监测次数占总监测次数的百分比的计算方法如式（1-9）所示：

$$\text{达到良好以上测次的百分率}=\frac{\text{达到良好以上级别测次数}}{\text{总监测次数}}\times 100\% \qquad (1\text{-}9)$$

2. 河流、水系（或湖泊、水库）达到良好以上级别的百分率（%）

对同一评价时段，比较不同河流、水系（或湖泊、水库）水质达标情况和空间分布规律，评价方法采用断面比例法，即评价河流、水系（或湖泊、水库）达到良好以上级别的监测断面（测点）数占总监测断面（测点）数的百分比，计算方法如公式（1-10）所示：

$$达到良好以上级别断面的百分率=\frac{达到良好以上级别监测断面数}{总监测断面数}\times 100\% \quad (1\text{-}10)$$

（四）地表水属重度污染水体的百分率比较

地表水水质重度污染（水污染指数超过 100 分）的断面占总测次或河流、水系的比例。主要用于不同行政区、河流、湖泊水库间的水质比较。

1. 断面（测点）、河段（湖区）重度污染测次的百分率（%）

对单个监测断面（测点）或河段（湖区）而言，在多次监测中断面（测点）或河段（湖区）重度污染（水污染指数超过 100 分）的次数占总监测次数的百分比。

$$重度污染测次的百分率=\frac{重度污染的测次数}{总监测次数}\times 100\% \quad (1\text{-}11)$$

2. 河流、水系（或湖泊、水库）重污染断面的百分率（%）

对同一评价时段，比较不同河流、水系（或湖泊、水库）水质达标情况和空间分布规律，评价方法采用断面比例法，即评价河流、水系（或湖泊、水库）重度污染（水污染指数超过 100 分）的断面（测点）数占总监测断面数（测点）的百分比。

$$重度污染断面的百分率=\frac{重度污染的监测断面数}{总监测断面数}\times 100\% \quad (1\text{-}12)$$

（五）主要污染指标的确定

评价时段内，断面（测点）、河段、湖库、水系水质为“优”和“良好”时，或者属于“贫营养”、“中营养”和“轻富营养”时，不评价主要污染指标。

1. 主要污染指标的筛选方法

将断面（测点）水质超过III类标准的指标按其超标倍数大小排列，取超标倍数最大的前三项为主要污染指标（溶解氧不考虑）。

确定了主要污染指标的同时，应在指标后标注该指标浓度最大值超过III类水质标准的倍数，即最大超标倍数，如 COD_{Mn}（1.2）。对于水温、pH 和溶解氧等指标不计算最大超标倍数，其污染程度视污染源排放特征而定。

$$最大超标倍数=\frac{某指标的浓度值}{该指标的III类水质标准}-1 \quad (1\text{-}13)$$

河流、湖库、水系主要污染指标的确定方法：将水质超过III类标准的指标按其断面超标率大小排列，取断面超标率最大的前三项为主要污染指标。

$$断面超标率（\%）=\frac{某评价指标超过III类标准的监测断面（点位）个数}{总监测断面（点位）数}\times 100\% \quad (1\text{-}14)$$

对于断面（测点）数少于 5 个的河流、水系，分别说明每个断面（测点）的主要污染指标。

2. 湖泊水库主要污染指标确定

如果湖泊、水库水质污染指数大于 60，并且富营养化水污染指数小于 60，则表明水体污染以化学污染为主，筛选主要污染指标。

如果湖泊、水库水质污染指数大于 60，并且富营养化水污染指数大于 60，则表明水体污染的化学污染和富营养化问题同时存在，主要筛选化学污染指标，同时氮、磷也为主要污染指标。

如果湖泊、水库水质污染指数小于 60，并且富营养化水污染指数大于 60，则表明水体污染以富营养化为主，且氮、磷为主要污染指标。

五、功能区达标评价

水环境功能区达标评价必须在水环境功能区划分的基础上进行。依照《中华人民共和国水污染防治法》（GB 3838—2002），各级环境保护行政主管部门针对水域使用功能、社会经济发展以及污染物排放总量控制的要求，组织划定的水环境功能区包括：自然保护区、饮用水水源保护区、渔业用水区、工业用水区、农业用水区、景观娱乐用水区以及混合区、过渡区等管理区。

水环境功能区达标评价的目的在于评价各类功能水域的主要水环境质量指标是否满足功能要求。混合区和过渡区不作水环境功能区达标评价。

（一）水环境功能区达标评价指标

根据不同环境功能区对水环境质量要求，评价指标至少包括表 1.19 的要求。

表 1.19　水环境功能区达标评价指标

环境功能区类型	评价指标	备注
自然保护区	按规定的 10 个指标，并增加本地区特征污染因子；湖泊水库应包括营养状态	其他指标超过Ⅲ类标准时应加密监测并参加评价
饮用水水源保护区	pH、溶解氧、氨氮、石油类、高锰酸盐指数、汞、铅、挥发酚、五日生化需氧量；GB 3838—2002 中表 2 和表 3 规定的指标；湖泊水库应包括营养状态	其他指标超过Ⅲ类标准时应参加评价；集中供水水源可以不考虑卫生学指标
渔业用水区	pH、溶解氧、氨氮、石油类、高锰酸盐指数、挥发酚、汞、镉、铜	其他指标超过 GB 11607—1989 渔业水质标准时应参加评价
工业用水区	pH、氨氮、石油类、化学需氧量；湖泊水库应包括营养状态	其他重金属浓度超过Ⅳ类标准限值时应参加评价
景观娱乐用水区	pH、溶解氧、氨氮、石油类、高锰酸盐指数；人体直接接触的水域应包括粪大肠菌群；湖泊水库应包括营养状态	
农业用水区	pH、石油类、汞、铅、镉、氨氮、化学需氧量和硫化物	其他指标超过 GB 5084—1992 农田灌溉水质标准限值时应参加评价

（二）水环境功能区达标评价标准

水环境功能区达标评价按 GB 3838—2002 中“3 水域功能和标准分类”的要求执行。湖库营养状态与水环境功能区达标要求的关系见表 1.20。

表 1.20 水环境功能区达标要求与湖库营养状态的关系

环境功能区类型	水质标准	水体营养状态
自然保护区	Ⅰ～Ⅱ类	贫营养—中营养范围
饮用水水源保护区	Ⅲ类	贫营养—轻度富营养范围
渔业用水区	Ⅲ类	贫营养—中度富营养范围
工业用水区	Ⅳ类	贫营养—轻度富营养范围
景观娱乐用水区	Ⅴ类	贫营养—轻度富营养
农业用水区	Ⅴ类	不作要求

（三）地表水环境功能区达标评价方法

1. 单个水环境功能区达标评价

地表水环境功能区断面达标率计算公式是：

$$\text{地表水环境功能区断面达标率}=\frac{\text{断面达标频次之和}}{\text{总断面监测频次}}\times 100\% \qquad (1\text{-}15)$$

评价单个环境功能区达标情况时，先评价环境功能区内每个监测断面是否达标，每次监测指标中有一项不达标则该次该断面不达标。每个环境功能区中全部监测断面（点位）达标则该环境功能区达标。

2. 功能区年度达标评价

进行年度功能区达标评价时，当功能区中断面所有测次达标则称为达标，当断面所有测次达标率等于或大于 80%时，则认为该功能区基本达标。

3. 河流、湖泊、水库环境功能区达标评价

用河流、湖泊、水库环境功能区达标率评价。河流、湖泊、水库中达标环境功能区的个数占该水体环境功能区总个数的百分比为该河流、湖泊、水库的环境功能区达标率。

4. 城市地表水环境功能区达标评价

城市所有地表水环境功能区均达标，则该城市地表水环境功能区达标；所有地表水环境功能区达标个数占全部环境功能区的 80%以上，则该城市地表水环境功能区基本达标。

（四）水环境功能区评价时主要污染指标的确定方法

水环境功能区内断面（测点）及环境功能区达标时，不评价主要污染指标。

如果不能达到环境功能区要求，按照环境功能标准值确定主要污染指标。在确定了主要污染指标的同时，应在指标后标注其最大超标倍数，如 COD_{Mn}（1.2）。

1．断面（点位）主要污染指标的确定方法

水环境功能区内断面（点位）评价中，断面（点位）平均值超过规定的环境功能区标准的指标为超标指标；将超标指标按其断面超标倍数大小排列，取断面超标倍数最大的前三项为主要污染指标。

2．水环境功能区主要污染指标的确定方法

水环境功能区评价中，超过规定的环境功能区标准的指标为超标指标；将超标指标按其断面超标率大小排列，取断面超标率最大的前三项为主要污染指标。

3．水环境功能区达标评价不同时段比较

在对水环境功能区不同时段定量比较时直接指出环境功能区达标比例增加（上升）或减少（下降）的百分点数值，可以以图表说明达标比例的变化情况。

六、水质趋势分析

（一）基本要求

进行同一河流、水系与前一时段、前一年度同期或多时段趋势比较时，必须满足下列三个条件，以保证数据的可比性：

（1）评价时选择的监测指标必须相同；

（2）评价时选择的断面基本相同；

（3）定性评价必须以定量评价为依据。

（二）不同时段定量比较

不同时段定量比较是指同一断面（河流、水系或湖库）的水质或营养状态与前一时段、前一年度同期或某两个时段进行比较。

1．一个断面（测点）水质或营养状态变化的定量比较

评价某一断面（测点）在不同时段的水质或营养状态变化时，可直接比较评价单个指标的浓度值、水质污染指数或营养状态评分值，并以柱状图或折线图表征其比较结果。

2．某一河流（湖泊）水质或营养状态变化的定量比较

对不同时段的某一河流水质或湖泊、水库营养状态的时间变化趋势进行评价，河流、水系监测断面总数在5个（含5个）以上时，采用优良断面百分率（或重度污染断面百分率）法。

河流、水系监测断面总数小于5个时，采用水质监测的平均值计算WPI指数或湖库营养状态指数进行比较。

（三）水环境质量变化趋势定性分析

水环境质量变化趋势定性分析是指在定量变化趋势评价的基础上，需要对两个时段或多个时段的水环境质量变化趋势和变化的程度进行评价，用以下术语来描述变化的特征：

（1）无明显变化；

（2）变化：包括水体污染（富营养化）程度减轻或加重，水环境质量好转或下降；

（3）显著变化：包括水体污染（富营养化）程度显著减轻或显著加重，水环境质量显著好转或恶化。

1．水环境质量属于优良的水体

对于水质属优、良好（Ⅰ～Ⅱ类）或湖库营养状态属中营养级别内的水体，不进行污染程度对比。

2．水环境质量在良好～重度污染之间的水体

（1）对于水质在良好～重度污染之间的（不含重度污染）的水体，进行污染程度对比时：

设ΔWPI为后时段与前时段评价区内水质污染指数变化幅度。

$$\Delta WPI=(WPI_2-WPI_1)/20\times100\% \tag{1-16}$$

若ΔWPI＞0，表示污染程度加重；ΔWPI＜0，表示污染程度减轻。

当0.0≤|ΔWPI|＜10.0%，评价时段内的污染程度基本不变；

当10.0%≤|ΔWPI|＜25.0%，评价时段内的污染程度有所减轻/加重；

当25.0%≤|ΔWPI|＜45.0%，评价时段内的污染程度明显减轻/加重；

当|ΔWPI|≥45.0%，评价时段内的污染程度显著减轻/加重。

（2）对于湖库营养状态属中营养～中（富）营养级的水体，进行污染程度对比时：

设ΔTLI为后时段与前时段评价区内营养状态指数水污染指数变化幅度。

$$\Delta TLI=(TLI_{(\Sigma)2}-TLI_{(\Sigma)1})/10\times100\% \tag{1-17}$$

若ΔTLI＞0，表示污染程度加重；ΔTLI＜0，表示污染程度减轻。

当0.0≤|ΔTLI|＜10.0%，评价时段内的污染程度基本不变；

当10.0%≤|ΔTLI|＜25.0%，评价时段内的污染程度有所减轻/加重；

当25.0%≤|ΔTLI|＜45.0%，评价时段内的污染程度明显减轻/加重；

当|ΔTLI|≥45.0%，评价时段内的污染程度显著减轻/加重。

3．水环境质量属于重污染的水体

（1）对于水质属于重污染水体进行污染程度对比时，用水质污染指数（WPI）变化比较评价区内污染程度变化。

设ΔWPI为后时段与前时段评价区内参与综合评价的各项因子水质污染指数变化幅度。

$$\Delta WPI=(WPI_2-WPI_1)/100\times100\% \tag{1-18}$$

若ΔWPI＞0，表示污染程度加重；ΔWPI＜0，表示污染程度减轻。

当0.0≤|ΔWPI|＜10.0%，评价时段内的污染程度基本不变；

当10.0%≤|ΔWPI|＜25.0%，评价时段内的污染程度有所减轻/加重；

当25.0%≤|ΔWPI|＜45.0%，评价时段内的污染程度明显减轻/加重；

当|ΔWPI|≥45.0%，评价时段内的污染程度显著减轻/加重。

（2）对于湖库营养状态属于重污染水体进行污染程度对比时，用营养状态综合指数值

（TLI）变化比较评价区内污染程度变化。

设ΔTLI为后时段与前时段评价区内参与综合评价的各项因子水质污染指数变化幅度。

$$\Delta \text{TLI}=(\text{TLI}_{(\Sigma)2}-\text{TLI}_{(\Sigma)1})/70\times 100\% \quad (1\text{-}19)$$

若ΔTLI＞0，表示污染程度加重；ΔTLI＜0，表示污染程度减轻。

当0.0≤|ΔTLI|＜5.0%，评价时段内的污染程度基本不变；

当5.0%≤|ΔTLI|＜10.0%，评价时段内的污染程度有所减轻/加重；

当10.0%≤|ΔTLI|＜15.0%，评价时段内的污染程度明显减轻/加重；

当|ΔTLI|≥15.0%，评价时段内的污染程度显著减轻/加重。

4．多时段的水环境质量变化趋势评价

分析断面、河流、水系或湖库在连续多时段的水环境质量变化趋势，评价水质或营养状态是否有变化及变化的程度，应对评价指标（如项目浓度、综合水污染指数等）与时间序列间的相关性进行分析，在此推荐常用的Spearman秩相关系数法。其表征方法可采用折线图。

下面介绍一下污染变化趋势的定量分析方法——秩相关系数法。

衡量环境污染变化趋势在统计上有无显著性，最常用的是Daniel的趋势检验，它使用了Spearman的秩相关系数。使用这一方法，要求具备足够的数据，一般至少应采用4个期间的数据，即5个时间序列的数据。给出时间周期Y_1，…Y_N，和它们的相应值X（即年均值C_1，…，C_N），从大到小排列好，统计检验用的秩相关系数按下式计算：

$$\gamma_s = 1-[6\sum_{i=1}^{n} d_i^2]/[N_3 - N] \quad (1\text{-}20)$$

$$d_i = X_i - Y_i$$

式中：d_i —— 变量X_i与Y_i的差值；

X_i —— 周期$i=I$，…，N按浓度值从小到大排列的序号；

Y_i —— 按时间排列的序号。

将秩相关系数γ_s的绝对值同Spearman秩相关系数统计表（见表1.21）中的临界值W_p进行比较。

表1.21　秩相关系数γ_s的临界值（W_p）

N	W_p		N	W_p	
	显著水平（单侧检验）0.05	显著水平（单侧检验）0.1		显著水平（单侧检验）0.05	显著水平（单侧检验）0.1
5	0.900	1.000	16	0.425	0.601
6	0.829	0.943	18	0.399	0.564
7	0.714	0.893	20	0.377	0.534
8	0.643	0.833	22	0.359	0.508
9	0.600	0.783	24	0.343	0.435
10	0.564	0.746	26	0.329	0.465
12	0.506	0.712	28	0.317	0.448
14	0.456	0.645	30	0.306	0.432

当$\gamma_s > W_p$，则表明变化趋势有显著意义：

如果γ_s是负值，则表明在评价时段内有关统计量指标变化呈下降趋势或好转趋势；

如果γ_s为正值，则表明在评价时段内有关统计量指标变化呈上升趋势或加重趋势。

当$\gamma_s \leqslant W_p$，则表明变化趋势没有显著意义：说明在评价时段内水质变化稳定或平稳。

七、水质变化分析

当评价对象的水环境质量发生明显变化时，应对引起水环境质量变化的主要原因进行分析，并在此基础上提出污染防治的对策和建议。

水环境质量变化的原因分析主要从直接影响因素，如水情变化、排污量变化等；间接影响因素，如经济发展、人口变化、污染治理投资等进行相关分析，从而得出影响水体质量变化的主要原因，为水环境污染防治决策和措施的制定提供技术支持。

第七节 水环境质量评价报告编制

水环境质量评价报告是针对各类水质监测数据进行汇总和统计，并采用不同的评价方法分析评价后形成的报告。形成水环境质量评价报告是进行水环境质量监测的最终目标，是水环境质量监测成果的集中体现，也是环境保护管理和环境信息公开的基础。

一、分类

从水环境监测部门的实际情况看，水环境质量评价报告根据评价水体的不同，可分成地表水环境质量评价报告和地下水环境质量评价报告；根据评价对象的不同，可分成常规水环境质量评价报告和专项水环境质量评价报告；根据评价时段的不同，可分成日报、周报、月报、季度报、年报和应急报告等。

目前，中国环境监测总站水环境质量评价报告主要涉及的是地表水环境质量评价报告，地下水环境质量监测因为没有在全国范围开展例行的点位监测，因此没有编制专门的地下水环境质量评价报告，仅在饮用水水源地的相关报告中对涉及地下水源的部分进行评价分析。

中国环境监测总站水环境质量评价报告主要包括：每年 4—9 月每日编制的《太湖水质自动监测日报》和《巢湖水质自动监测日报》，每周编制的《太湖水质自动监测周报》和《巢湖水质自动监测周报》；每年每周编制的《全国主要流域重点断面水质自动监测周报》；每年每月编制的《全国地表水水质月报》、《113 个环境保护重点城市集中式饮用水水源地水质月报》、《环保重点城市集中式饮用水水源地水质状况》（供环保部办公厅信息专稿）、《锰三角地区地表水水质月报》、《国界河流（湖泊）水质月报》、《地表水重金属专项监测报告》和《南水北调中线工程丹江口水库库区及其上游地区水质月报》；每年每季度编制的《全国环境质量状况》季度会商材料的地表水水质部分；每年编制的《全国环境质量状况》公报和年报的地表水水质部分；临时提供领导的水质分析报告和不定时的应急报告等。

其中《113 个环境保护重点城市集中式饮用水水源地水质月报》、《环保重点城市集中式饮用水水源地水质状况》（供环保部办公厅信息专稿）、《锰三角地区地表水水质月报》、《国界河流（湖泊）水质月报》、《地表水重金属专项监测报告》和《南水北调中线工程丹江口水库库区及其上游地区水质月报》属于专项水环境质量评价报告。

表 1.22　水环境质量评价报告分类

报告名称	按评价水体分	按评价对象分	按评价时段分
太湖水质自动监测日报	地表水环境质量评价报告	常规水环境质量评价报告	日报
巢湖水质自动监测日报	地表水环境质量评价报告	常规水环境质量评价报告	日报
太湖水质自动监测周报	地表水环境质量评价报告	常规水环境质量评价报告	周报
巢湖水质自动监测周报	地表水环境质量评价报告	常规水环境质量评价报告	周报
全国主要流域重点断面水质自动监测周报	地表水环境质量评价报告	常规水环境质量评价报告	周报
全国地表水水质月报	地表水环境质量评价报告	常规水环境质量评价报告	月报
113 个环境保护重点城市集中式饮用水水源地水质月报	地表水、地下水环境质量评价报告	专项水环境质量评价报告	月报
环保重点城市集中式饮用水水源地水质状况	地表水、地下水环境质量评价报告	专项水环境质量评价报告	月报
锰三角地区地表水水质月报	地表水环境质量评价报告	专项水环境质量评价报告	月报
国界河流（湖泊）水质月报	地表水环境质量评价报告	专项水环境质量评价报告	月报
地表水重金属专项监测报告	地表水环境质量评价报告	专项水环境质量评价报告	月报
南水北调中线工程丹江口水库库区及其上游地区水质月报	地表水环境质量评价报告	专项水环境质量评价报告	月报
《全国环境质量状况》季度会商材料	地表水环境质量评价报告	常规水环境质量评价报告	季度报
《全国环境质量状况》公报和年报	地表水环境质量评价报告	常规水环境质量评价报告	年报
临时提供领导的水质分析报告和不定时的应急报告	地表水环境质量评价报告	常规水环境质量评价报告	应急报告

二、数据统计

编制水环境质量评价报告首先要针对各类水质监测数据进行汇总和统计。通常用来编制报告的基础数据是基本监测空间单位（如单个断面或点位）的基本监测时间单位（如月监测）的监测数据，且已经过质量保证与质量控制措施的检验，因此可以根据评价需要直接对数据进行统计处理。

常需要进行统计处理的包括：周、月、季、年等时间跨度上的平均值计算；河段、河流、湖（库）区、湖（库）体等空间跨度上的平均值计算。

周、月、季、年等时间跨度上的平均值主要是将该周、月、季、年等统计范围里涉及的基本监测时间单位的数据进行算术平均计算得出。如：统计一个有多月监测数据断面的年均值，计算该断面各月各监测指标浓度的算术平均值即可。

河段、河流、湖（库）区、湖（库）体等空间跨度上的平均值主要是将该河段、河流、湖（库）区、湖（库）体等统计范围里涉及的基本监测空间单位数据进行算术平均计算得出。如：统计一个有多个监测点位的湖泊数据时，计算该湖泊多个点位各监测指标浓度的算术平均值即可；统计一个有多个监测点位多次监测结果的湖泊数据时，先按时间序列计算该湖泊各个点位各个监测指标浓度的算术平均值，再按空间序列计算该湖泊所有点位各个监测指标浓度的算术平均值。

在进行数据统计处理的过程中需注意小数点的取舍，取舍规则参见 GB 8170—2008《数值修约规则》的有关规定，略述如下[1]：

（1） 拟舍弃数字的最左一位数字小于 5 时则舍去，即保留的个位数字不变。

（2） 拟舍弃数字的最左一位数字大于 5，或者是 5 而其后有并非全部为零的数字时，则进 1，即保留的末位数字加 1。

（3） 拟舍弃数字的最左一位数字为 5，而右面无数字或皆为零时，若所保留的末位数字为奇数（1、3、5、7、9） 则进 1，为偶数（0、2、4、6、8） 则舍弃。

三、报告内容

水环境质量评价报告的内容通常包括：基本情况介绍和水环境质量状况评价。

1. 基本情况介绍

在一个报告的开始通常先介绍基本情况，包括编制背景和目的、数据采纳范围、水质评价方法等。

如在《全国地表水水质月报》中，首先介绍报告编制的背景："按照中华人民共和国环境保护部《关于印发国家地表水、环境空气监测网（地级以上城市）设置方案的通知》（环发[2012]42 号文件）中公布的 972 个地表水国控断面，中国环境监测总站组织相关各级环境监测站开展了全国地表水水质月监测工作，并根据监测结果编制全国地表水水质月报。"然后介绍数据采纳范围："地表水国控断面包括：长江、黄河、珠江、松花江、淮河、海河和辽河七大流域，浙闽片河流、西北诸河和西南诸河，太湖、滇池和巢湖环湖河流等共 414 条河流的 766 个断面；以及太湖、滇池、巢湖等 62 个（座）重点湖库的 206 个点位（32 个湖泊 158 个点位，30 座水库 48 个点位）。"再介绍水质评价方法："地表水水质评价执行《地表水环境质量评价办法（试行）》（环办[2011]22 号文件），详见附录。"

2. 水环境质量状况评价

在对水环境质量状况进行评价时，通常根据报告的评价范围先有一个总体的对水环境质量状况的描述，再对各部分的水环境质量状况分别进行评价描述。

在对水环境质量状况进行描述时，包括对水质现状的描述和空间或时间变化趋势的描述。

（1）水质现状的描述

水质现状描述的方式包括定性描述和定量描述。定性描述主要是描述水体的水质状况是"优"、"良好"、"轻度污染"、"中度污染"或是"重度污染"等。定量描述包括各类水质类别所占的百分比、重要污染指标的浓度值等。

表 1.23　断面水质类别与水质定性评价分级的对应关系

水质类别	水质状况	表征颜色	水质功能
Ⅰ、Ⅱ类水质	优	蓝色	饮用水水源一级保护区、珍稀水生生物栖息地、鱼虾类产卵场、仔稚幼鱼的索饵场等
Ⅲ类水质	良好	绿色	饮用水水源二级保护区、鱼虾类越冬场、洄游通道、水产养殖区、游泳区
Ⅳ类水质	轻度污染	黄色	一般工业用水和人体非直接接触的娱乐用水
Ⅴ类水质	中度污染	橙色	农业用水及一般景观用水
劣Ⅴ类水质	重度污染	红色	除调节局部气候外，几乎无使用功能

表 1.24　河流、流域（水系）水质类别比例与水质定性评价分级的对应关系

水质类别比例	水质状况	表征颜色
Ⅰ～Ⅲ类水质比例≥90%	优	蓝色
75%≤Ⅰ～Ⅲ类水质比例＜90%	良好	绿色
Ⅰ～Ⅲ类水质比例＜75%，且劣Ⅴ类比例＜20%	轻度污染	黄色
Ⅰ～Ⅲ类水质比例＜75%，且 20%≤劣Ⅴ类比例＜40%	中度污染	橙色
Ⅰ～Ⅲ类水质比例＜60%，且劣Ⅴ类比例≥40%	重度污染	红色

另外在描述水质状况时，如水体劣于“轻度污染”，需要指明主要污染指标，确定方法为：

1）断面（点位）主要污染指标的确定方法

评价时段内，断面（点位）水质为“优”或“良好”时，不评价主要污染指标。断面（点位）水质超过Ⅲ类标准时，先按照不同指标对应水质类别的优劣，选择水质类别最差的前三项指标作为主要污染指标。当不同指标对应的水质类别相同时，计算超标倍数，将超标指标按其超标倍数大小排列，取超标倍数最大的前三项为主要污染指标。当氰化物或铅、铬等重金属超标时，也作为主要污染指标列入。确定了主要污染指标的同时，应在指标后标注该指标浓度超过Ⅲ类水质标准的倍数，即超标倍数，如高锰酸盐指数（1.2）。对于水温、pH 和溶解氧等项目不计算超标倍数。

$$\text{超标倍数}=\frac{\text{某指标的浓度值}-\text{该指标的Ⅲ类水质标准}}{\text{该指标的Ⅲ类水质标准}} \tag{1-21}$$

2）河流、流域（水系）主要污染指标的确定方法

将水质超过Ⅲ类标准的指标按其断面超标率大小排列，整个流域取断面超标率最大的前五项为主要污染指标，河流水系取断面超标率最大的前三项为主要污染指标；对于断面数少于 5 个的河流、流域（水系），按“1）断面主要污染指标的确定方法”确定每个断面的主要污染指标。

$$\text{断面超标率}=\frac{\text{某评价指标超过Ⅲ类标准的断面（点位）个数}}{\text{断面（点位）总数}}\times 100\% \tag{1-22}$$

（2）空间或时间变化趋势的描述

对于空间变化趋势的描述通常为对河流沿程不同断面的水质变化分析或是湖（库）不同湖（库）区的水质变化分析。

对于时间变化趋势的描述以断面（点位）的水质类别或河流、流域（水系）、全国及

行政区域内水质类别比例的变化为依据，按下述方法评价。

1）按水质状况等级变化评价：

①当水质状况等级不变时，则评价为无明显变化；

②当水质状况等级发生一级变化时，则评价为有所变化（好转或变差、下降）；

③当水质状况等级发生两级以上（含两级）变化时，则评价为明显变化（好转或变差、下降、恶化）。

2）按组合类别比例法评价：

设ΔG为后时段与前时段Ⅰ～Ⅲ类水质百分点之差：即$\Delta G=G_2-G_1$，ΔD为后时段与前时段劣Ⅴ类水质百分点之差：$\Delta D=D_2-D_1$；

①当$\Delta G-\Delta D>0$时，水质变好；当$\Delta G-\Delta D<0$时，水质变差；

②当$|\Delta G-\Delta D|\leqslant 10$时，则评价为无明显变化；

③当$10<|\Delta G-\Delta D|\leqslant 20$时，则评价有所变化（好转或变差、下降）；

④当$|\Delta G-\Delta D|>20$时，则评价为明显变化（好转或变差、下降、恶化）。

另外除了文字描述外，报告中为了更清楚、更直观地表达，还采用图或表进行辅助说明。如采用饼图说明某流域各水质类别所占比例、采用折线图列出某河流各重要断面的高锰酸盐指数和氨氮浓度，采用折线图列出某水体随时间的水质变化，采用表格列出某河流各重要断面水质类别及主要污染指标等。

四、报告示例

下面提供部分中国环境监测总站编制的《全国主要流域重点断面水质自动监测周报》、《全国地表水水质月报》、《锰三角地区地表水水质月报》、《全国环境质量状况》季度会商材料的地表水水质部分、《全国环境质量状况》公报和年报的地表水水质部分作为示例，仅供参考。

报告示例1　全国主要流域重点断面水质自动监测周报

2012年 第36期

中国环境监测总站　　　　　　　　　　　　　　2012年9月4日

2012年第36周（8月27日—9月2日），全国主要水系130个重点断面水质自动监测站八项指标（水温、pH、浊度、溶解氧、电导率、高锰酸盐指数、氨氮和总有机碳）的监测结果表明：Ⅰ～Ⅲ类水质的断面为98个，占76%；Ⅳ类水质的断面为21个，占16%；Ⅴ类水质的断面为4个，占3%；劣Ⅴ类水质的断面为7个，占5%；淮河流域武河徐州小红圈自动站因断流未监测。

本周淮河流域淮河蚌埠蚌埠闸断面、黑茨河阜阳张大桥断面，黄河流域黄河石嘴山麻黄沟断面、湟水海东民和桥断面、渭河渭南潼关吊桥断面，太湖流域湖体宜兴兰山嘴点位，其他大型湖泊中鄱阳湖九江都昌点位等，水质状况有所好转；松花江流域牡丹江敦化新甸断面、乌苏里江虎林虎头断面、图们江延边圈河断面，辽河流域鸭绿江临江苇沙河断面，淮河流域沭河临沂清泉寺断面，长江流域资水益阳万家嘴断面，西南诸河元江红河州河口断面，滇池流域滇池昆明观音山点位，其他大型湖泊中洞庭湖岳阳鹿角点位等，水质状况有所下降。水质状况的改变主要是由于水体中高锰酸盐指数、氨氮和溶解氧浓度及 pH 值变化造成的。

具体监测数据参见全国主要流域重点断面 2012 年第 36 周水质状况表。

全国主要流域重点断面 2012 年第 36 周水质状况表

序号	水系	河流名称	点位名称	断面情况	评价因子（单位：mg/L）				水质类别		主要污染指标
					pH*	DO	COD_{Mn}	NH_3-N	本周	上周	
1	松花江流域	松花江	吉林溪浪口		7.33	6.82	3.7	0.21	II	III	
2			长春松花江村		7.14	7.73	4.6	0.19	III	III	
3			松原松林	吉-黑省界	7.69	5.87	4.8	0.44	III	III	
4			肇源		6.82	6.19	3.1	0.89	III	III	
5			同江	入黑龙江前	6.72	8.66	4.3	0.20	III	III	
6		嫩江	白城白沙滩	入松花江前	7.64	9.57	3.7	0.47	II	III	
7		牡丹江	吉林敦化新甸	吉-黑省界	7.88	6.65	6.9	0.15	IV	III	高锰酸盐指数
8		额尔古纳河	呼伦贝尔黑山头	中、俄界河	8.03	8.49	4.9	0.13	III	III	
9		黑龙江	大兴安岭呼玛	中、俄界河	6.91	8.26	8.0	0.14	IV	IV	高锰酸盐指数
10			黑河	中、俄界河	7.35	9.05	6.9	0.30	IV	IV	高锰酸盐指数
11			伊春嘉荫	中、俄界河	7.26	10.1	14.4	0.14	V	V	高锰酸盐指数
12		根河	呼伦贝尔大铁桥	入额尔古纳河前	7.43	9.42	3.5	0.20	II	II	
13		海拉尔河	呼伦贝尔嵯岗	入额尔古纳河前	8.89	8.63	7.2	0.28	IV	IV	高锰酸盐指数
14		乌苏里江	虎林虎头	中、俄界河	7.03	8.35	16.1	0.02	劣V	IV	高锰酸盐指数
15			抚远乌苏镇	中、俄界河	6.95	6.98	5.5	0.23	III	III	
16		图们江	延边圈河	中、朝界河	7.44	11.8	7.4	0.34	IV	II	高锰酸盐指数
17	辽河流域	辽河	铁岭朱尔山		7.32	7.77	4.0	0.15	II	II	
18			盘锦兴安	入海口	6.70	5.15	6.7	0.29	IV	IV	高锰酸盐指数
19		大辽河	营口辽河公园	入海口	7.22	5.40	4.4	0.67	III	III	
20			抚顺大伙房水库	库体	7.39	8.74	2.8	0.06	II	II	
21			辽阳汤河水库	库体	7.23	7.09	3.2	0.02	II	II	
22		鸭绿江	白山绿江村	中、朝界河	7.12	7.34	0.3	0.28	II	II	
23			临江苇沙河	中、朝界河	7.53	9.23	8.1	0.00	IV	II	高锰酸盐指数
24			集安上活龙	中、朝界河	7.27	6.79	3.7	0.09	II	II	
25			丹东江桥	中、朝界河	7.01	9.54	1.8	0.13	I	II	

序号	水系	河流名称	点位名称	断面情况	评价因子（单位：mg/L）				水质类别		主要污染指标
					pH*	DO	COD_{Mn}	NH_3-N	本周	上周	
26	海河流域	潮河	北京古北口	密云水库入口	8.48	7.87	2.2	0.19	Ⅱ	Ⅱ	
27		永定河	北京沿河城	官厅水库出口	8.10	5.38	2.8	0.13	Ⅲ	Ⅱ	
28		海河	天津三岔口	入海口	7.40	2.28	4.9	3.03	劣Ⅴ	劣Ⅴ	氨氮、溶解氧
29		黎河	天津果河桥	于桥水库入口	7.49	8.73	1.9	0.42	Ⅱ	Ⅱ	
30		洋河	张家口八号桥	官厅水库入口	6.69	6.19	3.8	0.25	Ⅱ	Ⅱ	
31		岗南水库	石家庄岗南水库	库体	8.01	9.01	2.5	0.04	Ⅱ	Ⅱ	
32		卫河	聊城秤钩湾	豫冀鲁三省交界	8.52	1.81	5.6	0.74	劣Ⅴ	劣Ⅴ	溶解氧
33	淮河流域	淮河	信阳淮滨水文站	豫-皖省界	7.34	7.55	3.1	0.22	Ⅱ	Ⅱ	
34			阜南王家坝	豫-皖省界	7.44	6.57	4.5	0.49	Ⅲ	Ⅲ	
35			淮南石头埠		8.02	5.91	3.5	0.16	Ⅲ	Ⅲ	
36			蚌埠蚌埠闸	闸上	8.08	5.13	3.0	0.10	Ⅲ	Ⅳ	
37			滁州小柳巷	皖-苏省界	7.63	5.61	3.2	0.06	Ⅲ	Ⅲ	
38			盱眙淮河大桥	皖-苏省界	7.73	8.23	4.3	0.42	Ⅲ	Ⅲ	
39		洪汝河	驻马店班台	豫-皖省界	7.25	11.0	4.8	0.61	Ⅲ	Ⅲ	
40		史灌河	信阳蒋集水文站	豫-皖省界	7.48	6.91	2.1	0.24	Ⅱ	Ⅱ	
41		颍河	界首七渡口	豫-皖省界	7.44	3.71	4.5	0.32	Ⅳ	Ⅳ	溶解氧
42		沙河	周口沈丘闸	闸上	7.66	2.34	4.7	0.29	Ⅴ	Ⅳ	溶解氧
43		泉河	阜阳徐庄	豫-皖省界	7.36	3.08	3.9	0.50	Ⅳ	Ⅳ	溶解氧
44		黑茨河	阜阳张大桥	豫-皖省界	7.98	4.12	6.4	—	Ⅳ	劣Ⅴ	溶解氧、高锰酸盐指数
45		涡河	周口鹿邑付桥闸	豫-皖省界	8.23	6.02	5.0	0.20	Ⅲ	Ⅲ	
46		浍河	永城黄口	豫-皖省界	7.94	14.0	7.0	0.68	Ⅳ	Ⅳ	高锰酸盐指数
47		包河	亳州颜集	豫-皖省界	8.69	3.28	13.2	4.97	劣Ⅴ	劣Ⅴ	氨氮、高锰酸盐指数、溶解氧
48		沱河	淮北小王桥	豫-皖省界	8.70	6.52	6.1	0.37	Ⅳ	Ⅳ	高锰酸盐指数
49		新汴河	宿州泗县公路桥	皖-苏省界	8.36	12.4	5.3	0.08	Ⅲ	Ⅲ	
50		新濉河	泗洪大屈	皖-苏省界	7.63	5.14	3.4	0.19	Ⅲ	Ⅲ	
51		奎河	宿州杨庄	苏-皖省界	7.94	4.08	10.9	2.07	劣Ⅴ	劣Ⅴ	氨氮、高锰酸盐指数、溶解氧
52		沿河	徐州李集桥	苏-鲁省界	7.39	5.78	5.5	0.67	Ⅲ	Ⅲ	
53		京杭大运河	枣庄台儿庄大桥	鲁-苏省界	7.96	5.07	3.8	0.36	Ⅲ	Ⅲ	
54		邳苍分洪道西偏泓	邳州邳苍艾山西大桥	鲁-苏省界	8.06	9.02	3.6	0.11	Ⅱ	Ⅱ	
55		武河	徐州小红圈	鲁-苏省界	—	—	—	—	★	★	
56		沂河	临沂重坊桥	鲁-苏省界	7.92	8.39	4.1	0.19	Ⅲ	Ⅱ	
57		白马河	临沂涝沟桥	鲁-苏省界	8.27	7.51	5.3	0.87	Ⅲ	Ⅲ	
58		沭河	临沂清泉寺	鲁-苏省界	7.95	12.8	6.2	0.10	Ⅳ	Ⅲ	高锰酸盐指数
59		新沭河	连云港大兴桥	鲁-苏省界	8.50	8.25	4.3	0.77	Ⅲ	Ⅲ	

序号	水系	河流名称	点位名称	断面情况	评价因子（单位：mg/L）				水质类别		主要污染指标
					pH*	DO	COD_{Mn}	NH_3-N	本周	上周	
60	黄河流域	黄河	兰州新城桥		8.43	5.69	2.9	0.26	Ⅲ	Ⅲ	
61			中卫新墩	甘-宁省界	7.64	6.93	1.5	0.21	Ⅱ	Ⅱ	
62			石嘴山麻黄沟	宁-蒙省界	8.33	6.14	4.1	0.24	Ⅲ	Ⅳ	
63			乌海海勃湾	宁-蒙省界	7.85	7.45	4.4	0.21	Ⅲ	Ⅲ	
64			包头画匠营子		7.82	7.69	2.3	0.13	Ⅱ	Ⅱ	
65			忻州万家寨水库	库体	8.09	8.68	0.8	0.55	Ⅲ	Ⅲ	
66			济源小浪底	水库出口	7.80	5.82	2.8	0.04	Ⅲ	Ⅲ	
67			济南泺口	入海口	7.91	6.97	2.7	0.17	Ⅱ	Ⅱ	
68		湟水	海东民和桥	青-甘省界	7.96	8.31	5.7	1.98	Ⅴ	劣Ⅴ	氨氮
69		汾河	运城河津大桥	晋-晋、陕省界（入黄前）	7.19	0.97	22.2	3.31	劣Ⅴ	劣Ⅴ	溶解氧、高锰酸盐指数、氨氮
70		渭河	天水牛背	甘-陕省界	7.86	6.26	2.8	0.24	Ⅱ	Ⅲ	
71			渭南潼关吊桥	陕-晋、豫省界（入黄前）	7.93	5.08	5.6	0.45	Ⅲ	Ⅳ	
72	长江流域	长江	攀枝花龙洞		8.35	9.05	2.1	0.21	Ⅱ	Ⅱ	
73			重庆朱沱	川-渝省界	7.99	9.40	3.7	0.39	Ⅱ	Ⅱ	
74			宜昌南津关	三峡水库出口	7.18	7.04	2.2	0.09	Ⅱ	Ⅱ	
75			岳阳城陵矶		7.61	7.22	1.4	0.10	Ⅱ	Ⅰ	
76			九江河西水厂	鄂-赣省界	6.98	6.87	2.2	0.07	Ⅱ	Ⅱ	
77			安庆皖河口		7.40	7.30	2.5	0.15	Ⅱ	Ⅱ	
78			南京林山	皖-苏省界	8.05	6.17	3.1	0.21	Ⅱ	Ⅲ	
79		赤水河	赤水鲢鱼溪	黔-川省界	7.71	7.70	1.0	0.17	Ⅱ	Ⅰ	
80		岷江	乐山岷江大桥	与大渡河汇合前	7.59	6.12	3.9	0.16	Ⅱ	Ⅲ	
81			宜宾凉姜沟	入长江前	7.85	8.76	1.7	0.27	Ⅱ	Ⅱ	
82		沱江	泸州沱江二桥	入长江前	7.57	7.51	4.6	0.31	Ⅲ	Ⅱ	
83		嘉陵江	广元清风峡	陕-川省界	8.12	8.85	1.3	0.12	Ⅰ	Ⅰ	
84		汉江	武汉宗关	入长江前	7.77	7.06	2.9	0.11	Ⅱ	Ⅱ	
85		丹江口水库	丹江口胡家岭	库体	8.42	7.86	2.2	0.03	Ⅱ	Ⅰ	
86			南阳陶岔	南水北调中线取水口	7.98	9.98	2.2	0.15	Ⅱ	Ⅱ	
87		湘江	长沙新港	入洞庭湖	7.91	12.1	1.2	0.10	Ⅰ	Ⅱ	
88		资水	益阳万家嘴	入洞庭湖	6.92	4.89	1.0	0.14	Ⅳ	Ⅱ	溶解氧
89		沅江	常德坡头	入洞庭湖	7.19	5.95	1.0	0.19	Ⅲ	Ⅲ	
90		澧水	常德沙河口	入洞庭湖	7.18	6.13	1.2	0.89	Ⅲ	Ⅲ	
91		赣江	南昌滁槎	入鄱阳湖	6.77	7.13	2.0	0.39	Ⅱ	Ⅲ	
92		夹江	扬州三江营	南水北调东线取水口	7.63	6.47	2.6	0.10	Ⅱ	Ⅱ	
93	珠江流域	浔江	贵港石嘴		7.39	6.68	2.3	0.08	Ⅱ	Ⅱ	
94			梧州界首	桂-粤省界	7.72	6.15	1.7	0.11	Ⅱ	Ⅱ	
95		珠江	广州长洲		7.12	3.13	4.5	0.53	Ⅳ	Ⅴ	溶解氧
96		西江	中山横栏	入海口	7.52	6.82	1.1	0.14	Ⅱ	Ⅱ	
97		北江	清远七星岗		7.06	6.60	1.9	0.07	Ⅱ	Ⅱ	
98		邕江	南宁老口		7.43	6.18	0.7	0.08	Ⅱ	Ⅱ	
99		漓江	桂林阳朔		7.72	10.7	1.4	0.07	Ⅰ	Ⅰ	
100		平而河	凭祥平而关	越-中国界	7.31	6.96	1.7	0.33	Ⅱ	Ⅱ	

序号	水系	河流名称	点位名称	断面情况	评价因子（单位：mg/L）				水质类别		主要污染指标
					pH*	DO	COD_{Mn}	NH_3-N	本周	上周	
101	海南岛内河流	南渡江	海口铁桥村	入海口	6.91	6.26	2.6	0.08	II	II	
102		昌化江	昌江昌化	入海口	7.64	6.20	2.3	0.13	II	III	
103		万泉河	琼海丹村	入海口	7.33	5.92	2.1	0.20	III	II	
104	浙闽河流	新安江	杭州鸠坑口	皖-浙省界	7.57	9.35	2.3	0.07	II	II	
105		闽江	福州白岩潭	入海口	7.39	7.27	4.6	0.42	III	III	
106	西南诸河	澜沧江	西双版纳橄榄坝	中-越出境	7.51	6.77	1.0	0.08	II	II	
107		元江	红河州河口	中-越出境	8.10	6.47	8.0	0.40	IV	II	高锰酸盐指数
108		瑞丽江	德宏州嘎中桥	中-越出境	7.39	7.39	1.9	0.16	II	II	
109	内陆河流	额尔齐斯河	阿勒泰南湾	中-哈出境	7.84	8.70	0.3	0.21	II	II	
110		伊犁河	伊犁 63 团大桥	中-哈出境	8.22	6.04	1.8	0.06	II	III	
111	太湖流域	太湖	无锡沙渚	湖体	8.11	8.58	3.7	0.17	II	II	
112			宜兴兰山嘴	湖体	7.81	5.65	4.1	0.09	III	IV	
113			苏州西山	湖体	7.73	3.78	3.9	0.09	IV	IV	溶解氧
114		新塘港河	湖州新塘港	浙-苏省界	8.57	6.07	5.9	0.19	III	III	
115		急水港河	上海青浦急水港	苏-沪省界	6.98	3.92	4.4	0.58	IV	IV	溶解氧
116		京杭大运河	嘉兴王江泾	苏-浙省界	7.01	2.69	7.4	0.92	V	V	溶解氧、高锰酸盐指数
117		斜路港河	嘉兴斜路港	苏-浙省界	6.85	3.00	8.1	0.92	IV	V	溶解氧、高锰酸盐指数
118	巢湖流域	巢湖	合肥湖滨	湖体（西半湖）	7.40	6.45	3.5	0.52	III	III	
119			巢湖裕溪口	湖体（东半湖）	7.59	6.44	3.3	0.52	III	III	
120	滇池流域	滇池草海	昆明西苑隧道	湖体	7.71	5.56	7.5	1.45	IV	V	高锰酸盐指数、氨氮
121		滇池外海	昆明观音山	湖体	9.25	6.35	4.1	0.12	劣V	IV	pH
122	其他大型湖泊	洞庭湖	益阳南嘴	湖体	8.08	7.23	1.5	0.17	II	II	
123			岳阳鹿角	湖体	6.61	4.91	2.3	0.32	IV	III	溶解氧
124			岳阳岳阳楼	湖体（出口）	7.76	10.2	0.7	0.20	II	I	
125		鄱阳湖	余干康山	湖体	7.58	8.07	1.8	0.13	I	I	
126			九江都昌	湖体	6.94	5.50	2.1	0.07	III	IV	
127			九江蛤蟆石	湖体（出口）	6.86	6.84	2.9	0.06	II	II	
128		梁子湖	鄂州七星	湖体(入长江前)	7.94	8.56	5.8	0.07	III	III	
129		抚仙湖	玉溪孤山	湖体	8.76	9.08	0.8	0.05	I	I	
130		洱海	大理小关邑	湖体	8.88	6.51	3.3	0.13	II	II	
131		兴凯湖	鸡西龙王庙	湖体（出口）	7.95	—	4.6	0.19	III	III	
《地表水环境质量标准》（GB 3838—2002）III类水质标准					6～9	≥5	≤6	≤1.0	—	—	

注：pH 量纲一；★表示该断面断流。

主 送：监测司（3）、污防司（3）、环监局（1）、宣教司（1）

报告示例2 全国地表水水质月报

一、概 况

按照中华人民共和国环境保护部《关于印发国家地表水、环境空气监测网（地级以上城市）设置方案的通知》（环发[2012]42 号）中公布的 972 个地表水国控断面，中国环境监测总站组织相关各级环境监测站开展了全国地表水水质月监测工作，并根据监测结果编制全国地表水水质月报。

地表水国控断面包括：长江、黄河、珠江、松花江、淮河、海河和辽河七大流域，浙闽片河流、西北诸河和西南诸河，太湖、滇池和巢湖环湖河流等共 414 条河流的 766 个断面；以及太湖、滇池、巢湖等 62 个（座）重点湖库的 206 个点位（32 个湖泊 158 个点位，30 座水库 48 个点位）。

地表水水质评价执行《地表水环境质量评价办法（试行）》（环办[2011]22 号），详见附录。

本月共监测了全国 939 个地表水国控断面（点位），其中河流 397 条，断面 734 个；重点湖库 61 个（座），点位 205 个。

本月全国 397 条河流的 734 个断面中，Ⅰ～Ⅲ类水质断面占 64%，Ⅳ、Ⅴ类占 25%，劣Ⅴ类占 11%。总体上呈轻度污染，主要污染指标为化学需氧量、五日生化需氧量、高锰酸盐指数、总磷和氨氮。粪大肠菌群单独评价时水质类别为：Ⅰ～Ⅲ类水质断面占 79%，Ⅳ、Ⅴ类占 15%，劣Ⅴ类占 6%。

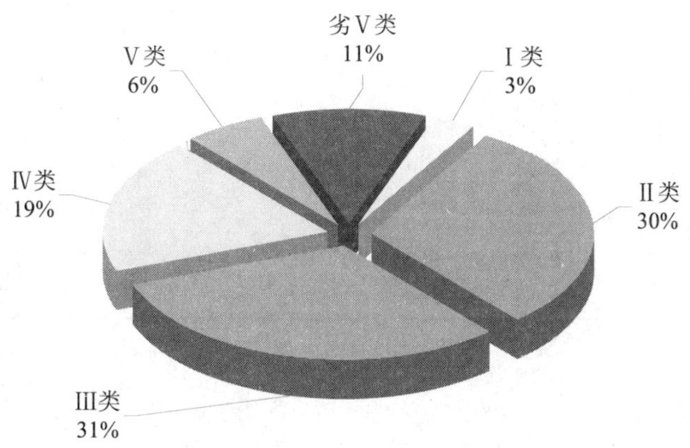

图 1 2012 年 6 月全国主要江河水系水质类别比例

本月监测的 61 个重点湖泊和水库中：滇池、白洋淀、达赉湖、贝尔湖、乌伦古湖和程海 6 个湖库为劣Ⅴ类水质；巢湖、淀山湖和洪泽湖 3 个湖库为Ⅴ类水质；太湖、高邮湖、阳澄湖、洞庭湖、阳宗海、博斯腾湖、小兴凯湖和莲花水库 8 个湖库为Ⅳ类水质。主要污染指标是化学需氧量、总磷、高锰酸盐指数、五日生化需氧量和氨氮。其余 44 个湖库均满足Ⅲ类水质要求。

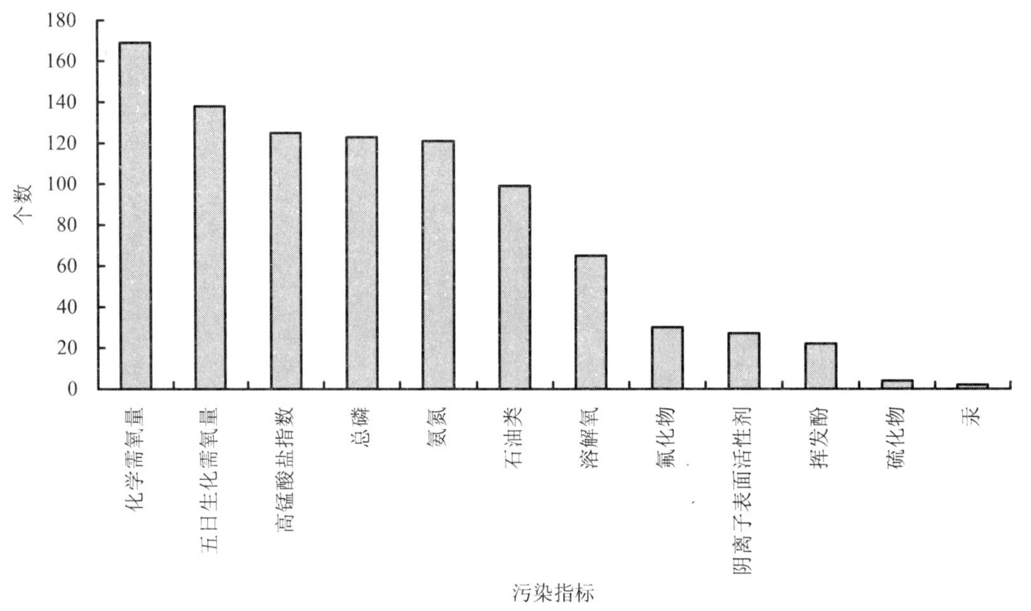

图2 2012年6月全国主要江河水系污染指标统计

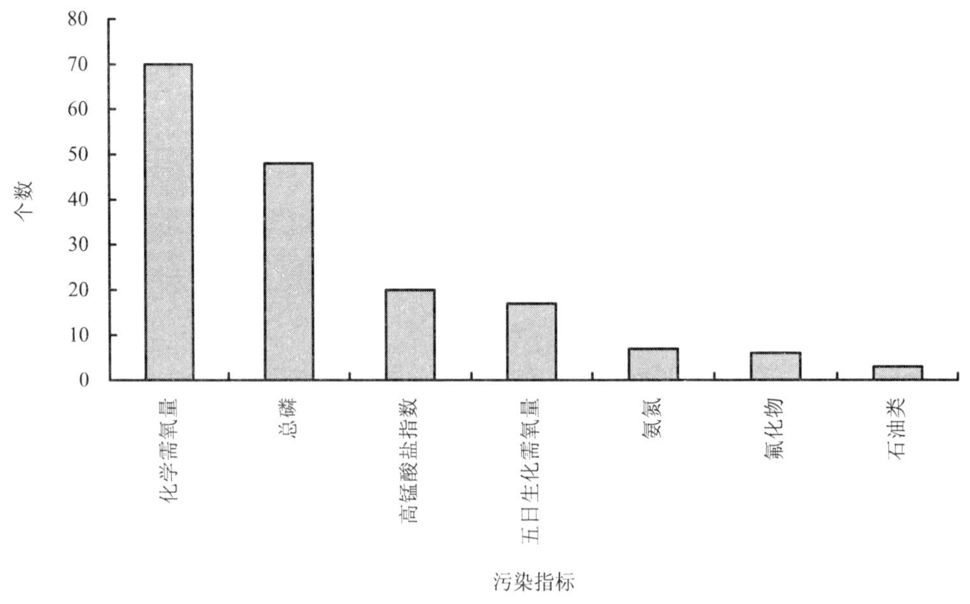

图3 2012年6月全国重点湖库污染指标统计

总氮单独评价时：太湖、滇池、白洋淀、淀山湖、东平湖、洪泽湖、乌伦古湖、小浪底水库、于桥水库和崂山水库 10 个湖库为劣Ⅴ类水质；巢湖、洞庭湖、南四湖、松花湖和大伙房水库 5 个湖库为Ⅴ类水质；贝尔湖、达赉湖、南漪湖、丹江口水库和莲花水库 5 个湖库为Ⅳ类水质；其余 41 个湖库均满足Ⅲ类水质要求。

粪大肠菌群单独评价时：只有达赉湖为Ⅳ类水质；其余湖库均满足Ⅲ类水质要求。

本月对 54 个监测数据齐全的湖库进行了富营养状态指数的统计计算。结果表明：白洋淀为重度富营养，滇池和达赉湖为中度富营养，洪泽湖、淀山湖、巢湖、太湖、骆马湖、高邮湖、崂山水库、阳澄湖、南漪湖、南四湖、于桥水库和贝尔湖这 12 个湖库为轻度富营养，其余 39 个湖库为中营养或贫营养。

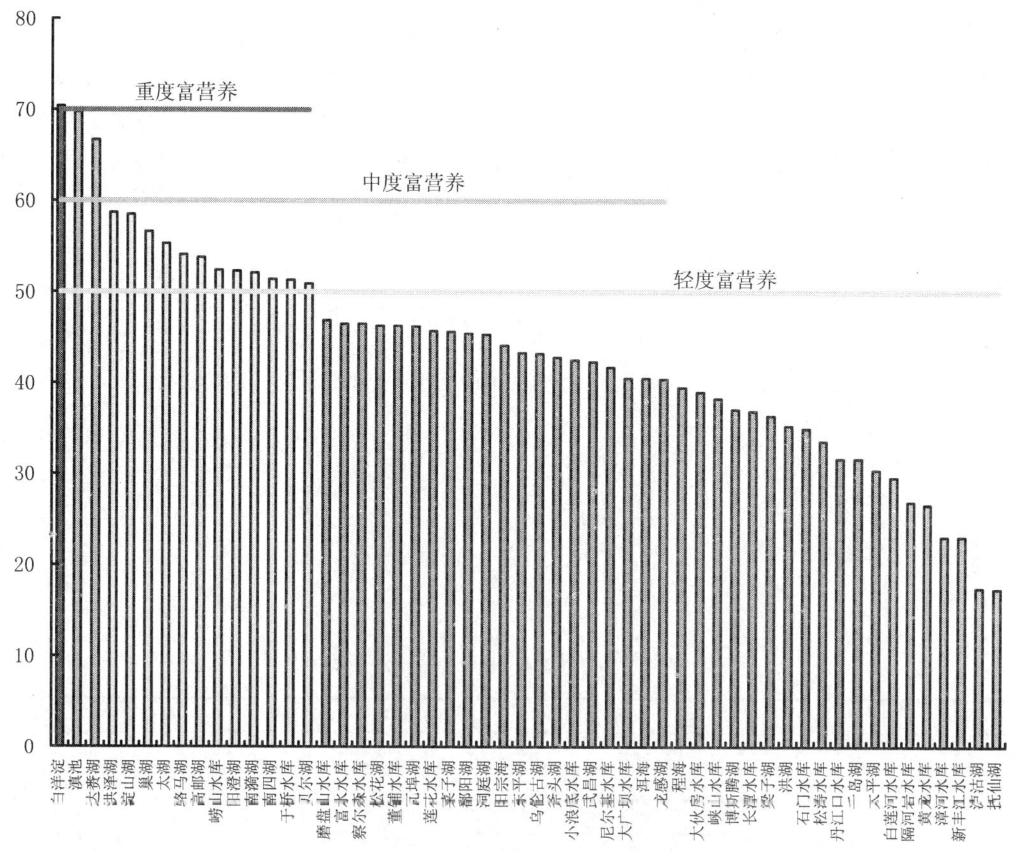

图 4 2012 年 6 月全国重点湖库营养状态指数比较

二、主要江河

1 长江流域

长江流域水质总体良好，监测的 159 个断面的水质类别为：Ⅰ～Ⅲ类水质占 86%，Ⅳ、Ⅴ类占 9%，劣Ⅴ类占 5%。

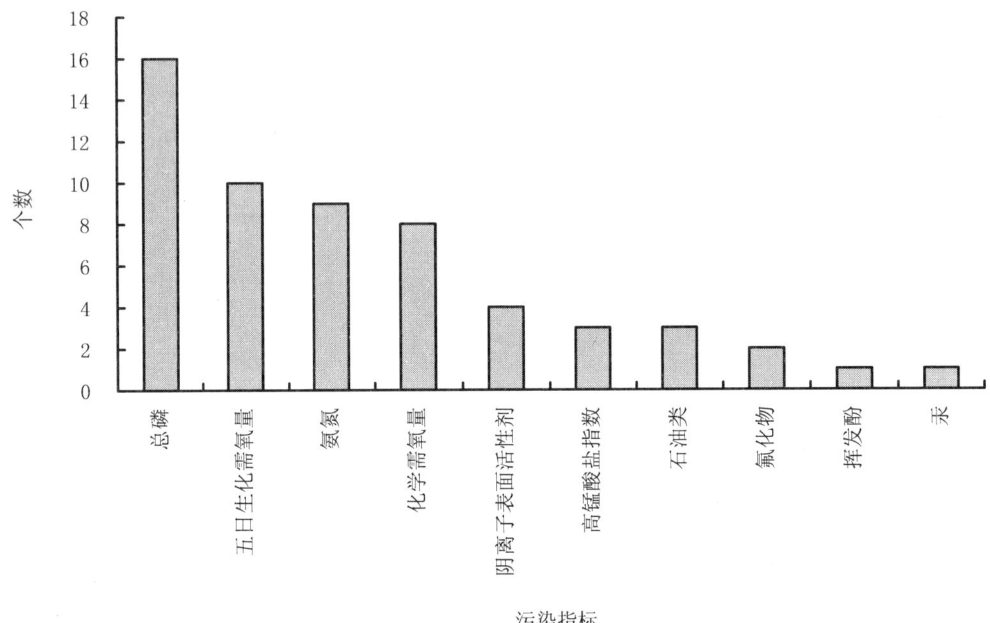

图 5 长江流域水体污染指标统计

1.1 长江水系

1.1.1 干流

长江干流水质为优，监测的 41 个断面的水质类别为：Ⅰ～Ⅲ类水质占 95%，Ⅳ类占 5%，无Ⅴ类和劣Ⅴ类断面。

表 1 2012 年 6 月长江干流水质类别

序号	所在河流	断面名称	所在地区	水质类别	主要污染指标（超标倍数）
1	通天河	直门达	玉树州	Ⅱ	—
2	金沙江	岗托桥	昌都地区	—	—
3		贺龙桥	迪庆州	Ⅰ	—
4		龙洞	攀枝花市	Ⅱ	—
5		倮果		Ⅱ	—
6		大湾子	楚雄州	Ⅱ	—
7		蒙姑	昆明市	Ⅱ	—
8		三块石	昭通市	Ⅱ	—
9	长江	挂弓山	宜宾市	Ⅲ	—
10		手爬岩	泸州市	Ⅲ	—
11		朱沱	永川区	Ⅲ	—
12		江津大桥	江津区	Ⅲ	—
13		寸滩	重庆市	Ⅲ	—
14		清溪场	涪陵区	Ⅲ	—
15		晒网坝	万州区	Ⅲ	—
16		巫峡口	巴东县	Ⅲ	—

序号	所在河流	断面名称	所在地区	水质类别	主要污染指标（超标倍数）
17	长江	南津关	宜昌市	II	—
18		观音寺	荆州市	II	—
19		荆江口	岳阳市	III	—
20		城陵矶		III	—
21		杨泗港	武汉市	III	—
22		燕矶	鄂州市	II	—
23		风波港	黄石市	III	—
24		姚港	九江市	II	—
25		鄱阳湖出口		II	—
26		湖口		II	—
27		香口	池州市	III	—
28		皖河口	安庆市	III	—
29		前江口		III	—
30		五步沟	池州市	II	—
31		东西梁山	芜湖市	II	—
32		三兴村	马鞍山市	II	—
33		江宁河口	江宁区	II	—
34		九乡河口	栖霞区	II	—
35		焦山尾	京口区	II	—
36		高港码头	泰州市	II	—
37		魏村	常州市	II	—
38		小湾	江阴市	IV	化学需氧量（0.2）
39		下青龙港	靖江市	II	—
40		姚港 1	南通市	II	—
41		团结闸		II	—
42		朝阳农场	宝山区	IV	总磷（0.1）

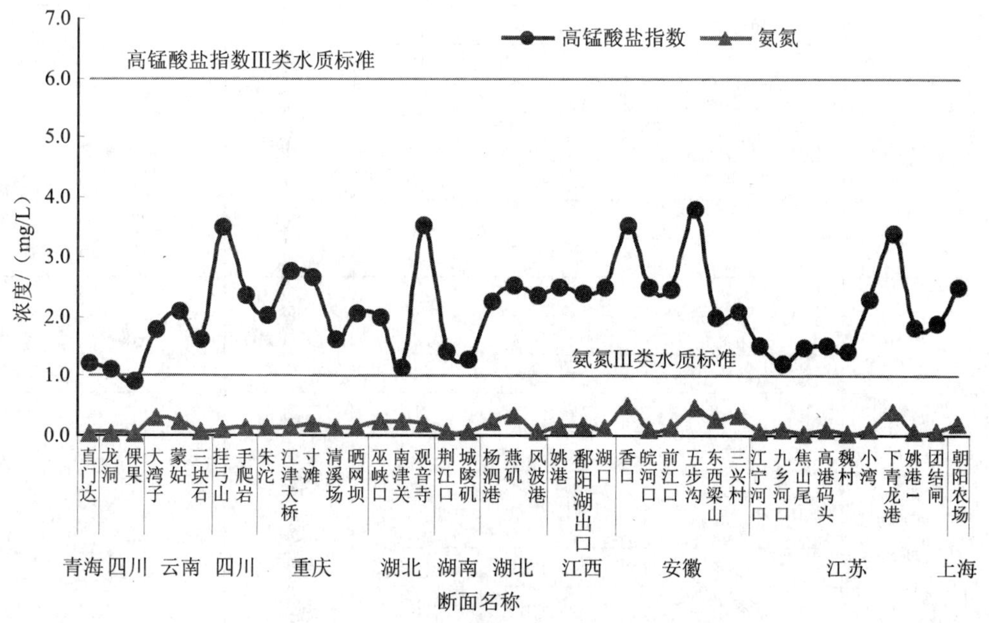

图 6　长江干流高锰酸盐指数、氨氮沿程变化

1.1.2 支流

长江水系主要支流水质总体良好，监测的 63 条支流的 118 个断面的水质类别为：I ~ III类水质占 83%，IV、V类占 10%，劣V类占 7%。

其中：螳螂川、乌江、涢水、黄浦江、府河和釜溪河为重度污染；普渡河、岷江、沱江、沅江、滁河、外秦淮河、绵远河、白河和唐白河为轻度污染；其他河流水质均为优良。

表 2 2012 年 6 月长江水系主要支流水质类别

序号	河流名称	断面名称	所在地区	水质类别	水质状况	主要污染指标（超标倍数）
1	雅砻江	雅砻江口	攀枝花市	II	优	—
2	螳螂川	富民大桥	昆明市	劣V	重度污染	氟化物（6.8）、总磷（6.5）、氨氮（4.8）、汞（0.4）
3	普渡河	普渡河桥		IV	轻度污染	化学需氧量（0.4）、BOD_5（0.3）、总磷（0.2）
4	横江	横江桥	昭通市	II	优	—
5	岷江	都江堰水文站	成都市	II	轻度污染	总磷（0.4）
		岷江大桥	眉山市	劣V		
		河口渡口	乐山市	III		
		凉姜沟	宜宾市	III		
6	沱江	宏缘	简阳市	III	轻度污染	总磷（0.2）
		龙门镇	内江市	III		
		李家湾	自贡市	IV		
		沱江大桥	泸州市	V		
7	赤水河	鲢鱼溪	赤水市	III	良好	—
8	嘉陵江	黄牛铺	宝鸡市	II	优	—
		鲁光坪	汉中市	II		
		八庙沟	广元市	II		
		沙溪	阆中市	II		
		小渡口	南充市	II		
		金子	合川区	II		
		北温泉	重庆市	III		
9	乌江	万木	酉阳县	劣V	重度污染	总磷（1.5）
		龙场	六盘水市	II		
		锣鹰	武隆县	劣V		
10	香溪河	长沙坝	兴山县	III	良好	—
11	湘江	绿埠头	永州市	II	优	—
		归阳	衡阳市	II		
		熬洲		III		
		霞湾	株洲市	II		
		昭山	长沙市	II		
		樟树港	岳阳市	III		

序号	河流名称	断面名称	所在地区	水质类别	水质状况	主要污染指标（超标倍数）
12	资江	桂花渡水厂	邵阳市	II	优	—
		球溪	娄底市	II		
		万家嘴	益阳市	II		
13	沅江	托口	怀化市	V	轻度污染	DO
		浦市上游	湘西州	III		
		五强溪	怀化市	II		
		坡头	常德市	II		
14	澧水	永定澄潭	张家界市	II	优	—
		三江口	常德市	II		
15	新墙河	金凤水库入口	岳阳市	II	优	—
16	清水江	清江大桥	宜昌市	II	优	—
17	汉江	烈金坝	汉中市	I	优	—
		黄金峡		I		
		小钢桥	安康市	II		
		老君关		II		
		羊尾	十堰市	II		
		陈家坡		II		
		坝上		I		
		白家湾	襄阳市	II		
		余家湖		II		
		转斗	钟祥市	II		
		汉南村	仙桃市	II		
		宗关	武汉市	II		
18	涢水	朱家河口		劣V	重度污染	石油类（6.0）、氨氮（4.2）、化学需氧量（1.2）
19	举水	沐家泾		III	良好	—
20	富水	富池闸	黄石市	II	优	—
21	赣江	市自来水厂	赣州市	II	优	—
		新庙前		III		
		生米	南昌市	III		
		滁槎		II		
		周坊		III		
		大港		II		
		大洋洲		II		
		吴城赣江	九江市	II		
22	修河	吴城修河		II	优	—
23	抚河	塔城	南昌市	III	良好	—
		新联		III		
24	信江	弋阳	上饶市	III	良好	—
		梅港	鹰潭市	III		
		瑞洪大桥	上饶市	III		

序号	河流名称	断面名称	所在地区	水质类别	水质状况	主要污染指标（超标倍数）
25	饶河	镇埠	上饶市	II	优	—
		鲇鱼山	景德镇市	II		
		赵家湾	上饶市	III		
26	黄湓河	张溪	池州市	II	优	—
27	青通河	河口		III	良好	—
28	秋浦河	入江口		III	良好	—
29	青弋江	宝塔根	芜湖市	II	优	—
30	水阳江	管家渡	宣城市	III	良好	—
31	滁河	汊河	滁州市	IV	轻度污染	石油类（2.7）、化学需氧量（0.5）
		陈浅	浦口区	V		
32	外秦淮河	七桥瓮	秦淮区	IV	轻度污染	BOD_5（0.4）、氨氮（0.4）
33	夹河	三江营	扬州市	III	良好	—
34	黄浦江	吴淞口	宝山区	劣V	重度污染	氨氮（1.8）、总磷（0.4）、DO
35	府河	黄龙溪	成都市	劣V	重度污染	氨氮（3.5）、阴离子表面活性剂（1.2）、总磷（0.6）
36	大渡河	李码头	乐山市	III	良好	—
37	釜溪河	碳研所	自贡市	劣V	重度污染	氨氮（8.7）、BOD_5（4.4）、总磷（3.9）
38	绵远河	八角	德阳市	IV	轻度污染	氨氮（0.4）
39	白龙江	固水子村	陇南市	II	优	—
40	涪江	平武水文站	绵阳市	I	优	—
		玉溪	潼南县	III		
41	渠江	码头	合川区	II	优	—
42	湘江	打秋坪（两渡水）	遵义市	III	良好	—
43	清水河	棉花渡（普渡桥）	贵阳市	II	优	—
44	潇水	双牌水库	永州市	II	优	—
		诸葛庙		II		
45	蒸水河	联江村	衡阳市	III	良好	—
46	舂陵水	舂陵水入河口		III	良好	—
47	耒水	耒水入河口		III	良好	—
48	涟水	涟水入江口	湘潭市	III	良好	—
49	酉水	里耶镇	湘西州	III	良好	—
50	金钱河	夹河	十堰市	II	优	—
51	天河	天河口		II	优	—
52	堵河	焦家院		II	优	—
53	官山河	孙家湾		III	良好	—
54	浪河	浪河口		II	优	—

序号	河流名称	断面名称	所在地区	水质类别	水质状况	主要污染指标（超标倍数）
55	丹江	构峪口	商洛市	Ⅰ	良好	—
		丹凤下		Ⅲ		
		荆紫关	南阳市	Ⅳ		
		史家湾		Ⅱ		
56	老灌河	张营		Ⅲ	良好	—
57	白河	新甸铺		Ⅳ	轻度污染	总磷（0.3）
		翟湾	襄阳市	Ⅳ		
58	唐河	埠口		Ⅲ	良好	—
59	唐白河	张湾		Ⅳ	轻度污染	总磷（0.4）、BOD_5（0.3）
60	袁水	罗坊	新余市	Ⅲ	良好	—
61	西津河	西津河大桥	宁国市	Ⅲ	良好	—
62	花垣河（清水江）	石花村	湘西州	Ⅱ	优	—
63	淇河	高湾	南阳市	Ⅲ	良好	—

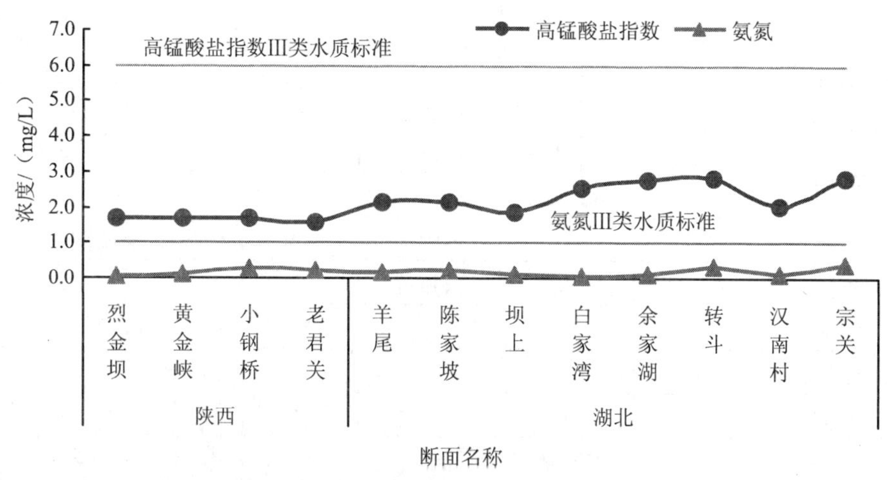

图 7　汉江高锰酸盐指数、氨氮沿程变化

1.2　三峡库区

三峡库区水体水质良好。监测的 3 个断面均为Ⅲ类水质。

表 3　2012 年 6 月三峡库区水质类别

序号	断面名称	所在地区	水质类别	主要污染指标（超标倍数）
1	寸滩	重庆市	Ⅲ	—
2	清溪场	涪陵区	Ⅲ	—
3	晒网坝	万州区	Ⅲ	—

1.3 省界断面

长江流域省界断面水质总体良好，监测的 28 个断面的水质类别为：Ⅰ～Ⅲ类水质占 82%，Ⅳ、Ⅴ类占 14%，劣Ⅴ类占 4%。

表 4 2012 年 6 月长江流域省界断面水质类别

序号	河流名称	断面名称	上下游省份	所在地区	水质类别	主要污染指标（超标倍数）
1	通天河	直门达	青-川	玉树州	Ⅱ	—
2	金沙江	贺龙桥	川-滇	迪庆州	Ⅰ	—
3		龙洞	滇-川	攀枝花市	Ⅱ	—
4		大湾子	川-滇	楚雄州	Ⅱ	—
5		三块石	滇-川	昭通市	Ⅱ	—
6	长江	朱沱	川-渝	永川区	Ⅲ	—
7		巫峡口	渝-鄂	巴东县	Ⅲ	—
8		姚港	鄂-赣	九江市	Ⅱ	—
9		香口	赣-皖	池州市	Ⅲ	—
10		江宁河口	皖-苏	江宁区	Ⅱ	—
11		团结闸	苏-沪	南通市	Ⅱ	—
12	赤水河	鲢鱼溪	黔-川	赤水市	Ⅲ	—
13	嘉陵江	八庙沟	陕-川	广元市	Ⅱ	—
14		金子	川-渝	合川区	Ⅱ	—
15	乌江	万木	黔-渝	酉阳县	劣Ⅴ	总磷（4.1）
16	湘江	绿埠头	桂-湘	永州市	Ⅱ	—
17	沅江	托口	黔-湘	怀化市	Ⅴ	总磷（0.8）
18	汉江	羊尾	陕-鄂	十堰市	Ⅱ	—
19	饶河	镇埠	皖-赣	上饶市	Ⅱ	—
20	滁河	陈浅	皖-苏	浦口区	Ⅴ	石油类（1.4）、化学需氧量（1.0）
21	白龙江	固水子村	甘-川	陇南市	Ⅱ	—
22	涪江	玉溪	川-渝	潼南县	Ⅲ	—
23	渠江	码头	川-渝	合川区	Ⅱ	—
24	酉水	里耶镇	渝-湘	湘西州	Ⅲ	—
25	丹江	荆紫关	陕-豫	南阳市	Ⅳ	总磷（0.2）、BOD_5（0.1）
26	白河	翟湾	豫-鄂	襄阳市	Ⅳ	总磷（0.1）
27	唐河	埠口	豫-鄂		Ⅲ	—
28	花垣河	石花村	黔-湘	湘西州	Ⅱ	—

1.4 城市河段

长江流域国控断面涉及的 50 个城市河段的水质类别为：Ⅰ～Ⅲ类水质占 80%，Ⅳ、

V类占12%，劣V类占8%。

污染较重的河段是：螳螂川云南昆明市段、黄浦江上海宝山区段、府河四川成都市段和釜溪河四川自贡市段。

表5 2012年6月长江流域城市河段水质类别

序号	河流名称	城市名称	所在省份	水质类别	主要污染指标（超标倍数）
1	金沙江	攀枝花市	四川	II	—
2	长江	宜宾市	四川	III	—
3	长江	泸州市	四川	III	—
4	长江	重庆市	重庆	III	—
5	长江	荆州市	湖北	II	—
6	长江	岳阳市	湖南	III	—
7	长江	武汉市	湖北	III	—
8	长江	鄂州市	湖北	II	—
9	长江	黄石市	湖北	III	—
10	长江	九江市	江西	II	—
11	长江	安庆市	安徽	III	—
12	长江	池州市	安徽	II	—
13	长江	芜湖市	安徽	II	—
14	长江	马鞍山市	安徽	II	—
15	长江	栖霞区	江苏	II	—
16	长江	京口区	江苏	II	—
17	长江	泰州市	江苏	II	—
18	长江	江阴市	江苏	IV	化学需氧量（0.2）
19	长江	南通市	江苏	II	—
20	长江	宝山区	上海	IV	总磷（0.1）
21	螳螂川	昆明市	云南	劣V	氟化物（6.8）、总磷（6.5）、氨氮（4.8）、汞（0.4）
22	岷江	乐山市	四川	III	—
23	沱江	内江市	四川	III	—
24	沱江	自贡市	四川	IV	总磷（0.5）、DO
25	沱江	泸州市	四川	V	总磷（0.9）、化学需氧量（0.3）
26	嘉陵江	南充市	四川	II	—
27	乌江	六盘水市	贵州	II	—
28	湘江	衡阳市	湖南	III	—
29	湘江	株洲市	湖南	II	—
30	资江	益阳市	湖南	II	—

序号	河流名称	城市名称	所在省份	水质类别	主要污染指标（超标倍数）
31	汉江	汉中市	陕西	Ⅰ	—
32		安康市		Ⅱ	—
33		襄阳市	湖北	Ⅱ	—
34		武汉市		Ⅱ	—
35	赣江	赣州市	江西	Ⅲ	—
36		南昌市		Ⅱ	—
37	饶河	景德镇市		Ⅱ	—
38	秋浦河	池州市	安徽	Ⅲ	—
39	青弋江	芜湖市		Ⅱ	—
40	滁河	滁州市		Ⅳ	石油类（4.0）、阴离子表面活性剂（0.4）、氨氮（0.3）
41	外秦淮河	秦淮区	江苏	Ⅳ	BOD_5（0.4）、氨氮（0.4）
42	夹河	扬州市		Ⅲ	—
43	黄浦江	宝山区	上海	劣Ⅴ	氨氮（1.8）、总磷（0.4）、DO
44	府河	成都市	四川	劣Ⅴ	氨氮（3.5）、阴离子表面活性剂（1.2）、总磷（0.6）
45	大渡河	乐山市		Ⅲ	—
46	釜溪河	自贡市		劣Ⅴ	氨氮（8.7）、BOD_5（4.4）、总磷（3.9）
47	白龙江	陇南市	甘肃	Ⅱ	—
48	湘江	遵义市	贵州	Ⅲ	—
49	清水河	贵阳市		Ⅱ	—
50	袁水	新余市	江西	Ⅲ	—

2 黄河流域（略）

2.1 黄河水系

2.1.1 干流

2.1.2 支流

2.2 省界断面

2.3 城市河段

3 珠江流域（略）

3.1 珠江水系

3.1.1 干流

3.1.2 支流

3.2 海南岛内河流

3.3 省界断面

3.4 城市河段

4 松花江流域（略）

4.1 松花江水系

4.1.1 干流

4.1.2 支流

4.2 其他水系
4.2.1 黑龙江
4.2.2 乌苏里江
4.2.3 图们江
4.3 省界断面
4.4 城市河段
5 淮河流域（略）
5.1 淮河水系
5.1.1 干流
5.1.2 支流
5.2 沂沭泗水系
5.3 其他水系
5.4 省界断面
5.5 城市河段
6 海河流域（略）
6.1 海河水系
6.1.1 干流
6.1.2 支流
6.2 其他水系
6.2.1 滦河
6.2.2 徒骇马颊河
6.3 省界断面
6.4 城市河段
7 辽河流域（略）
7.1 辽河水系
7.1.1 干流
7.1.2 支流
7.2 其他水系
7.2.1 大辽河
7.2.2 大凌河
7.2.3 鸭绿江
7.3 省界断面
7.4 城市河段
8 浙闽片河流（略）
8.1 浙江省境内河流
8.2 福建省境内河流
8.3 省界断面
8.4 城市河段

9 西北诸河（略）

9.1 主要水系

9.2 省界断面

9.3 城市河段

10 西南诸河（略）

10.1 主要水系

10.2 省界断面

10.3 城市河段

11 南水北调沿线（略）

11.1 南水北调东线

11.2 南水北调中线

三、湖泊和水库

1 太湖

1.1 湖体

太湖湖体共监测 20 个点位。北部沿岸区、湖心区、东部沿岸区和南部沿岸区均为Ⅳ类水质，西部沿岸区为Ⅴ类水质，全湖平均为Ⅳ类水质。主要污染指标为化学需氧量。

总氮单独评价时：东部沿岸区为Ⅴ类，北部沿岸区、西部沿岸区、湖心区和南部沿岸区均为劣Ⅴ类水质，全湖平均为劣Ⅴ类水质。

营养状态评价表明：东部沿岸区为中营养状态，北部沿岸区、湖心区和南部沿岸区为轻度富营养状态，西部沿岸区为中度富营养状态，全湖平均为轻度富营养状态。

表 6　2012 年 6 月太湖湖体营养状态指数与水质类别

湖区	TLI	水质类别
北部沿岸区	55.4	Ⅳ
西部沿岸区	60.6	Ⅴ
湖心区	56.6	Ⅳ
东部沿岸区	45.4	Ⅳ
南部沿岸区	50.1	Ⅳ
全湖平均	55.3	Ⅳ

1.2 出入湖河流

太湖主要入湖河流中：梁溪河为Ⅴ类水质，乌溪港、大浦港、陈东港、洪巷港、殷村港、百渎港、太鬲运河和武进港为Ⅳ类水质，望虞河、东苕溪、西苕溪、长兴港和合溪新港为Ⅲ类水质。

太湖主要出湖河流中：浒光河、苏东河和太浦河为Ⅲ类水质，胥江为Ⅱ类水质。

表 7　2012 年 6 月太湖主要出、入湖河流水质类别

<table>
<tr><th>序号</th><th>河流名称</th><th>河流性质</th><th>断面名称</th><th>断面属性</th><th>所在省份</th><th>所在地区</th><th>水质类别</th><th>主要污染指标（超标倍数）</th></tr>
<tr><td>1</td><td>乌溪港</td><td rowspan="10">入湖河流</td><td>乌溪港</td><td rowspan="10">入湖口</td><td rowspan="14">江苏</td><td rowspan="6">无锡市</td><td>Ⅳ</td><td>氨氮（0.2）</td></tr>
<tr><td>2</td><td>大浦港</td><td>大浦港</td><td>Ⅳ</td><td>氨氮（0.1）</td></tr>
<tr><td>3</td><td>陈东港</td><td>陈东港</td><td>Ⅳ</td><td>氨氮（0.1）</td></tr>
<tr><td>4</td><td>洪巷港</td><td>洪巷桥</td><td>Ⅳ</td><td>氨氮（0.2）</td></tr>
<tr><td>5</td><td>殷村港</td><td>殷村港</td><td>Ⅳ</td><td>石油类（0.6）、氨氮（0.08）</td></tr>
<tr><td>6</td><td>百渎港</td><td>百渎港</td><td>Ⅳ</td><td>石油类（1.0）、氨氮（0.2）、DO</td></tr>
<tr><td>7</td><td>太鬲运河</td><td>黄埝桥</td><td rowspan="2">常州市</td><td>Ⅳ</td><td>石油类（2.4）、氨氮（0.3）、挥发酚（0.2）</td></tr>
<tr><td>8</td><td>武进港</td><td>姚巷桥</td><td>Ⅳ</td><td>石油类（3.2）、氨氮（0.2）、挥发酚（0.1）</td></tr>
<tr><td>9</td><td>梁溪河</td><td>蠡桥</td><td>无锡市</td><td>Ⅴ</td><td>化学需氧量（0.7）、总磷（0.3）</td></tr>
<tr><td>10</td><td>望虞河</td><td>312 国道桥</td><td>相城区</td><td>Ⅲ</td><td>—</td></tr>
<tr><td>11</td><td>浒光河</td><td rowspan="4">出湖河流</td><td>虎山桥</td><td rowspan="4">出湖口</td><td rowspan="3">吴中区</td><td>Ⅲ</td><td>—</td></tr>
<tr><td>12</td><td>胥江</td><td>航管站</td><td>Ⅱ</td><td>—</td></tr>
<tr><td>13</td><td>苏东河</td><td>越溪桥</td><td>Ⅲ</td><td>—</td></tr>
<tr><td>14</td><td>太浦河</td><td>太浦闸</td><td>吴江市</td><td>Ⅲ</td><td>—</td></tr>
<tr><td>15</td><td>东苕溪</td><td rowspan="4">入湖河流</td><td>大钱</td><td rowspan="4">入湖口</td><td rowspan="4">浙江</td><td rowspan="4">湖州市</td><td>Ⅲ</td><td>—</td></tr>
<tr><td>16</td><td>西苕溪</td><td>新港口</td><td>Ⅲ</td><td>—</td></tr>
<tr><td>17</td><td>长兴港</td><td>新塘</td><td>Ⅲ</td><td>—</td></tr>
<tr><td>18</td><td>合溪新港</td><td>合溪</td><td>Ⅲ</td><td>—</td></tr>
</table>

2 滇池（略）

2.1 湖体

2.2 入湖河流

3 巢湖（略）

3.1 湖体

3.2 出入湖河流

4 重要湖泊（略）

5 重要水库（略）

附　表

附表 1　2012 年 6 月地表水河流断面超标情况一览表（略）

附表 2　2012 年 6 月地表水湖库点位超标情况一览表（略）

附　录

1. 地表水水质月报评价项目及标准（略）
2. 河流水质评价方法（略）
3. 湖泊水库评价方法（略）
4. 不同时段水环境变化的判断（略）

第八节　水环境监测的质量保证与质量控制

环境监测质量保证是整个监测过程的全面质量管理，包括制订计划，根据需要和实际情况确定监测指标及数据的质量要求，规定相应的分析监测系统。其内容包括采样、样品预处理、贮存、运输、实验室供应，仪器设备、器皿的选择和校准，试剂、溶剂和基准物质的选用，统一测量方法，质量控制程序，数据的记录和整理，各类人员的要求和技术培训，实验室的清洁度和安全以及编写有关的质量管理体系文件等。

环境监测质量控制是指为了达到质量要求所采取的作业技术或活动，是环境监测质量保证的重要组成部分，质量控制包括内部质量控制和外部质量控制，实验室内部质量控制是实验室自我控制质量的常规程序，能反映分析质量稳定性，以便及时发现分析中异常情况，随时采取相应的校正措施。包括空白试验、校准曲线核查、仪器设备的定期检定、平行样分析、加标样分析、密码样品分析和编制质量控制图等。实验室外部质量控制由常规监测以外的中心监测站或其他有经验人员来执行，以便对数据质量进行独立评价，各实验室可以从中发现所存在的系统误差等问题，及时校正、提高监测质量。常用方法包括分析标准样品以进行实验室之间的评价和分析测量系统的现场评价等。

水环境监测质量保证和质量控制是贯穿水质监测全过程的质量保证体系，包括人员素质、监测分析方法、布点采样方案和措施、实验室内质量控制、实验室间质量控制、数据处理和报告审核等一系列质量保证措施和技术要求。本单元主要针对实验室内部质量控制技术加以阐述。

一、实验室内部质量控制

实验室内部质量控制是实验室内部对分析质量进行控制的过程。各实验室应采用各种有效的质量控制方式进行内部质量控制与管理，并贯穿于监测活动的全过程。

（一）监测分析方法的适应性检验

分析人员在承担新的分析项目和分析方法时，应对该项目的分析方法进行适应性检验。包括进行全程序空白值测定，分析方法的检出浓度测定，校准曲线的绘制，方法的精密度、准确度及干扰因素等试验，了解和掌握分析方法的原理和条件，使结果达到方法的各项特性要求。

1. 空白值测定

空白值是指以实验用水代替样品，其他分析步骤及所加试液与样品测定完全相同的操作过程所测得的值。影响空白值的因素有：实验用水质量、试剂纯度、器皿洁净程度、计量仪器性能及环境条件、分析人员的操作水平和经验等。一个实验室在严格的操作条件下，对某个分析方法的空白值通常在很小的范围内波动。空白值的测定方法是：每批做平行双样测定，分别在一段时间内（隔天）重复测定一批，共测定 5～6 批。

按下式计算空白平均值：

$$\bar{b}=\frac{\sum X_{\mathrm{b}}}{mn} \tag{1-23}$$

式中：$\bar{b}$——空白平均值；

X_{b}——空白测定值；

m——批数；

n——平行份数。

按下式计算空白平行测定（批内）标准偏差：

$$S_{\mathrm{wb}}=\sqrt{\frac{\sum_{i=1}^{m}\sum_{j=1}^{n}X_{ij}^{2}-\frac{1}{n}\sum_{i=1}^{m}(\sum_{j=1}^{n}X_{ij})^{2}}{m(n-1)}} \tag{1-24}$$

式中：S_{wb}——空白平行测定（批内）标准偏差；

X_{ij} ——各批所包含的各个测定值；

i —— 批；

j——同一批内各个测定值。

2．检出限的确定

开展新的监测项目前，应通过实验确定方法检出限，并满足方法要求。实验室所测得的分析方法检出限不应大于该分析方法所规定的检出限，否则，应查明原因，消除空白值偏高的因素后，重新测定，直至测得的检出限小于或等于分析方法的规定值。

检出浓度为某特定分析方法在给定的置信度（通常为 95%）内可从样品中检出待测物质的最小浓度。所谓“检出”是指定性检出，即判定样品中存有浓度高于空白的待测物质。检出限受仪器的灵敏度和稳定性。全程序空白试验值及其波动性的影响。

对不同的测试方式检出限有几种估算方法：

（1）根据全程序空白值测试结果来估算

1）当空白测定次数 $n>20$ 时，

$$\mathrm{DL}=4.6\sigma_{\mathrm{wb}} \tag{1-25}$$

式中：DL——检出限；

σ_{wb}——空白平行测定（批内）标准偏差（$n>20$ 时）。

当空白测定次数 $n<20$ 时，

$$\mathrm{DL}=2\sqrt{2}t_{f}S_{\mathrm{wb}} \tag{1-26}$$

式中：t_f——显著性水平为 0.05（单侧）、自由度为 f 的 t 值；

S_{wb}——空白平行测定（批内）标准偏差（$n<20$ 时）；

f——批内自由度，等于 m（$n-1$），m 为批数，n 为每批平行测定个数。

2）进行大于等于 20 次的空白值的重复测定，求得空白值浓度表示的标准偏差 S_{b}，则 3 倍的标准偏差 $3S_{\mathrm{b}}$，为其检出浓度。

对各种光学分析方法，可测量的最小分析信号 X_{L} 由下式确定：

$$X_L=\overline{X}_b+KS_b \quad (1\text{-}27)$$

式中：$\overline{X}_b$——空白多次测量平均值；

S_b——空白多次测量的标准偏差；

K——根据一定置信水平确定的系数，当置信水平约为 90%时，K=3。

与 $X_L-\overline{X_b}$（即 KS_b）相应的浓度或量即为检出限 DL。

$$\text{DL}=(X_L-\overline{X_b})/S=3S_b/S \quad (1\text{-}28)$$

式中：S——方法的灵敏度（即校准曲线的斜率）。

为了评估 $\overline{X_b}$ 和 S_b，空白测定次数必须足够多，最好为 20 次。

（2）不同分析方法的具体规定

1）某些分光光度法是以吸光度（扣除空白）为 0.010 相对应的浓度值为检出限。

2）色谱法：检测器恰能产生与噪声相区别的响应信号时所需进入色谱柱的物质最小量为检出限，一般为噪声的两倍。

3）离子选择电极法：当校准曲线的直线部分外延的延长线与通过空白电位且平行于浓度轴的直线相交时，其交点所对应的浓度值即为离子选择电极法的检出限。

3．校准曲线的绘制

校准曲线是表述待测物质浓度与所测量仪器响应值的函数关系，制好校准曲线是取得准确测定结果的基础。

（1）水质分析使用的校准曲线为该分析方法的直线范围，根据方法的测量范围（直线范围），配制一系列浓度的标准溶液，系列的浓度值应较均匀分布在测量范围内，系列点≥6 个（包括零浓度）。

（2）校准曲线测量应按样品测定的相同操作步骤进行（经过实验证实，标准溶液系列在省略部分操作步骤时，直接测量的响应值与全部操作步骤具有一致结果时，可允许省略操作步骤），测得的仪器响应值在扣除零浓度的响应值后，绘制曲线。

（3）用线性回归方程计算出校准曲线的相关系数，截距和斜率，应符合标准方法中规定的要求，一般情况相关系数 r≥0.999。

（4）用线性回归方程计算结果时，要求 r≥0.999。

（5）对某些分析方法，如石墨炉原子吸收分光光度法、离子色谱法、等离子发射光谱法、气相色谱法、气相色谱-质谱法、等离子发射光谱-质谱法等，应检查测量信号与测定浓度的线性关系，当 r≥0.999 时，可用回归方程处理数据；若 r＜0.999，而测量信号与浓度确实存在一定的线性关系，可用比例法计算结果。

4．精密度检验

精密度是指使用特定的分析程序，在受控条件下重复分析测定均一样品所获得测定值之间的一致性程度。

（1）精密度检验方法

检验分析方法精密度时，通常以空白溶液（实验用水）、标准溶液（浓度可选在校准曲线上限浓度值的 0.1～0.9 倍）、实际水样、水样加标样等几种分析样品，求得批内、批间标准偏差和总标准偏差。各类偏差值应等于或小于分析方法规定的值。

（2）精密度检验结果的评价

1）由空白平行试验批内标准偏差，估计分析方法的检出限；

2）比较各溶液的批内变异和批间变异，检验变异差异的显著性；

3）比较水样与标准溶液测定结果的标准差，判断水样中是否存在影响测定精度的干扰因素；

4）比较加标样品的回收率，判断水样中是否存在改变分析准确度的组分。

（3）测定结果的精密度表示

1）平行样的精密度用相对偏差表示

①平行双样相对偏差的计算方法：

$$相对偏差=\frac{A-B}{A+B}\times 100\% \tag{1-29}$$

式中：A、B——同一水样两次平行测定的结果。

②多次平行测定结果相对偏差的计算方法：

$$相对偏差=\frac{x_i-\bar{x}}{x}\times 100\% \tag{1-30}$$

式中：x_i——某一测量值；

$\bar{x}$——多次测量值的均值。

2）一组测量值的精密度常用标准偏差或相对标准偏差表示。标准偏差或相对标准偏差的计算方法：

$$标准偏差(s)=\sqrt{\frac{1}{n-1}\sum_{i=1}^{n}(x_i-\bar{x})^2} \tag{1-31}$$

$$相对标准偏差(\mathrm{RSD})=(s/\bar{x})\times 100\% \tag{1-32}$$

式中：x_i—— 某一测量值；

x—— 一组测量值的平均值；

n——测量次数。

5．准确度检验

准确度是反映方法系统误差和随机误差的综合指标。检验准确度可采用以下方法。

（1）使用标准物质进行分析测定，比较测得值与保证值，其绝对误差或相对误差应符合方法规定要求。

（2）测定加标回收率（加标量一般为样品含量的 0.5～2 倍，且加标后的总浓度不应超过方法的测定上限浓度值），回收率应符合方法规定要求。

（3）对同一样品用不同原理的分析方法测试比对。

（4）测定结果的准确度表示

1）以加标回收率表示时的计算式：

$$回收率(P)=\frac{加标试样的测定值-试样测定值}{加标量}\times 100\% \quad (1\text{-}33)$$

2）根据标准物质的测定结果，以相对误差表示时的计算式：

$$相对误差=\frac{测定值-保证值}{保证值}\times 100\% \quad (1\text{-}34)$$

6．干扰试验

针对实际样品中可能存在的共存物，检验其是否对测定有干扰，及了解共存物的最大允许浓度。

干扰可能导致正或负的系统误差，其作用与待测物浓度和共存物浓度大小有关。为此干扰试验应选择两个（或多个）待测物浓度值和不同水平的共存物浓度的溶液进行试验测定。

（二）全程序空白

空白值是指以实验用水代替样品，其他分析步骤及使用试液与样品测定完全相同的操作过程所测得的值。影响空白值的因素有：实验用水的质量、试剂的纯度、器皿的洁净程度、计量仪器的性能及环境条件等。一个实验室在严格的操作条件下，对某个分析方法的空白值通常在很小的范围内波动。每批水样分析时，应同时测定现场空白和实验室空白样品，当空白值明显偏高，或两者差异较大时，应仔细检查原因，以消除空白值偏高的因素。

（三）校准曲线

（1）用校准曲线定量时，必须检查校准曲线的相关系数、斜率和截距是否正常，必要时进行校准曲线斜率、截距的统计检验和校准曲线的精密度检验。检验斜率、截距和相关系数是否满足标准方法的要求，若不满足，需从分析方法、仪器设备、量器、试剂和操作等方面查找原因，改进后重新绘制校准曲线。

（2）校准曲线斜率比较稳定的监测项目，在实验条件没有改变、样品分析与校准曲线制作不同时进行的情况下，应在样品分析的同时测定校准曲线上 1～2 个点（0.3 倍和 0.8 倍测定上限)，其测定结果与原校准曲线相应浓度点的相对偏差绝对值不得大于 5%～10%，否则需重新制作校准曲线。

（3）原子吸收分光光度法、气相色谱法、离子色谱法、冷原子吸收（荧光）测汞法等仪器分析方法校准曲线的制作必须与样品测定同时进行。

（4）校准曲线不得长期使用，不得相互借用。一般情况下，校准曲线应与样品测定同时进行。

（四）精密度控制

对均匀样品，凡能做平行双样的分析项目，分析每批水样时均须做 10%的平行双样，样品较少时，每批样品应至少做一份样品的平行双样。平行双样可采用密码或明码编入。测定的平行双样允许差符合规定质控指标的样品，最终结果以双样测试结果的平均值报出。平行双样测试结果超出规定允许偏差时，在样品允许保存期内，再加测一次，取相对偏差符合规定质控指标的两个测定值报出。

（五）准确度控制

准确度测定一般采用标准物质和样品同步测试的方法作为准确度控制手段，对于受污染的或样品性质复杂的水样，也可采用测定加标回收率作为准确度控制手段。

1．标准样品/有证标准物质测定

监测工作中应使用标准样品/有证标准物质或能够溯源到国家基准的物质。应有标准样品/有证标准物质的管理程序，对其购置、核查、使用、运输、存储和安全处置等进行规定。

标准样品/有证标准物质应与样品同步测定。进行质量控制时，标准样品/有证标准物质不应与绘制校准曲线的标准溶液来源相同。

应尽可能选择与样品基体类似的标准样品/有证标准物质进行测定，用于评价分析方法的准确度或检查实验室（或操作人员）是否存在系统误差。

2．加标回收率测定

加标回收实验包括空白加标、基体加标及基体加标平行等。

空白加标在与样品相同的前处理和测定条件下进行分析。

基体加标和基体加标平行是在样品前处理之前加标，加标样品与样品在相同的前处理和测定条件下进行分析。在实际应用时应注意加标物质的形态、加标量和加标的基体。加标量一般为样品浓度的 0.5～3 倍，且加标后的总浓度不应超过分析方法的测定上限。样品中待测物浓度在方法检出限附近时，加标量应控制在校准曲线的低浓度范围。加标后样品体积应无显著变化，否则应在计算回收率时考虑这项因素。每批相同基体类型的样品应随机抽取一定比例样品进行加标回收及其平行样测定。

3．比较实验

对同一样品采用不同的分析方法进行测定，比较结果的符合程度来估计测定准确度。

4．对照分析

对标准物质进行平行分析，将测定结果与已知浓度进行比较，以控制分析准确度。

5．质控结果

质控样品的测试结果应控制在 90%～110%范围，标准物质测试结果应控制在 95%～105%范围，对痕量有机污染物应控制在 60%～140%。

6．污水样品

污水样品中污染物浓度波动性较大，加标回收实验中加标量难以控制，对一些样品性质复杂的水样，需做监测分析方法适用性试验或加标回收试验。污水平行样的偏差及油类测定的准确度和精密度的控制可适当放宽要求。

（六）密码样分析

1．密码平行样

质量管理人员根据实际情况，按一定比例随机抽取样品作为密码平行样，交付监测人员进行测定。若平行样测定偏差超出规定允许偏差范围，应在样品有效保存期内补测；若补测结果仍超出规定的允许偏差，说明该批次样品测定结果失控，应查找原因，纠正后重新测定，必要时重新采样。

2．密码质量控制样及密码加标样

由质量管理人员使用有证标准样品/标准物质作为密码质量控制样品或在随机抽取的常规样品中加入适量标准样品/标准物质制成密码加标样，交付监测人员进行测定。如果质量控制样品的测定结果在给定的不确定度范围内，则说明该批次样品测定结果受控。反之，该批次样品测定结果作废，应查找原因，纠正后重新测定。

（七）质量控制图

常用的质量控制图有均值-标准差控制图和均值-极差控制图等，在应用上分空白值控制图、平行样控制图和加标回收率控制图等。

日常分析时，质量控制样品与被测样品同时进行分析，将质量控制样品的测定结果标于质量控制图中，判断分析过程是否处于受控状态。测定值落在中心附近、上下警告限之内，则表示分析正常，此批样品测定结果可靠；如果测定值落在上下控制限之外，表示分析失控，测定结果不可信，应检查原因，纠正后重新测定；如果测定值落在上下警告限和上下控制限之间，虽分析结果可接受，但有失控倾向，应予以注意。

1．质量控制图

其基本组成包括：

预期值——即图中的中心线；

目标值——图中上、下警告限之间区域；

实测值的可接受范围——图中上、下控制限之间的区域；

辅助线——上、下各一线，在中心线两侧与上、下警告限之间各一半处；

上控制限（UCL）——Upper Control Limit；

上警告限（UWL）——Upper Warning Limit；

上辅助线（UAL）——Upper Auxiliary Line；

中心线（CL）——Central Line；

下辅助线（LAL）——Lower Auxiliary Line；

下警告限（LWL）——Lower Warning Limit；

下控制限（LCL）——Lower Control Limit。

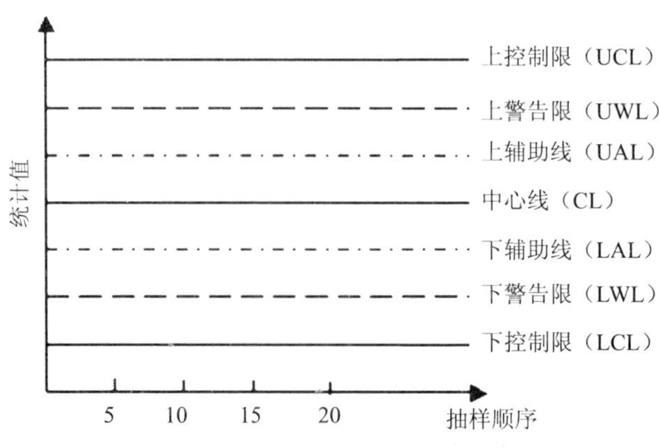

图 1.4　质量控制图

2．均数控制图（$\bar{x}$ 图）

控制样品的浓度和组成和环境样品相似，用同一方法在一定时间内重复测定，至少累积 20 个数据，按下列各式进行计算，以测定顺序为横坐标，相应的测定值为纵坐标作图。

$$\bar{x}_i = \frac{x_i + x_i'}{2} \qquad \bar{\bar{x}} = \frac{\sum \bar{x}_i}{n} \qquad s = \sqrt{\frac{\sum \bar{x}_i^2 - \frac{(\sum \bar{x}_i)^2}{n}}{n-1}}$$

$$R_i = |x_i - x_i'| \qquad \bar{R} = \frac{\sum R_i}{n}$$

中心线——以总均数 $\bar{\bar{x}}$ 估计 μ；

上、下控制限——按 $\bar{\bar{x}} \pm 3s$ 值绘制；

上、下警告限——按 $\bar{\bar{x}} \pm 2s$ 值绘制；

上、下辅助限——按 $\bar{\bar{x}} \pm s$ 值绘制。

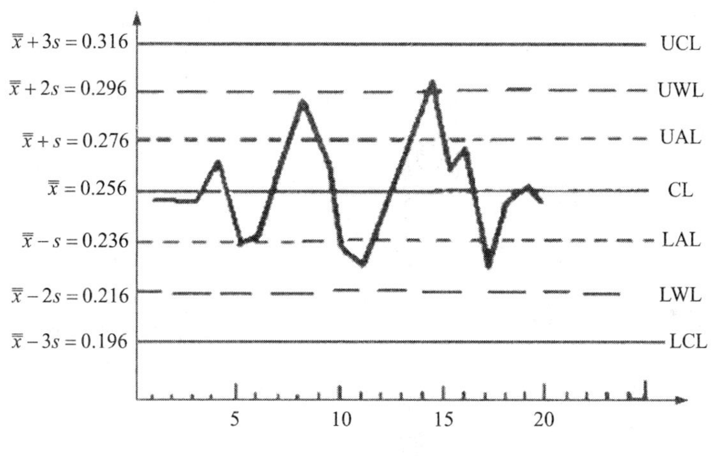

图 1.5　均数控制图

均数控制图的使用：在绘制控制图时，落在 $\bar{\bar{x}} \pm s$ 范围内的点数应约占总点数的 68%。若少于 50%，则分布不合适，此图不可靠。若连续 7 点位于中心线同一侧，表示数据失控，此图不适用。

根据日常工作中该项目的分析频率和分析人员的技术水平，每间隔适当时间，取两份平行的控制样品，随环境样品同时测定，对操作技术较低的人员和测定频率低的项目，每次都应同时测定控制样品，将控制样品的测定结果依次点在控制图上，根据下列规定检验分析过程是否处于控制状态。

（1）如此点在上、下警告限之间区域内，则测定过程处于控制状态，环境样品分析结果有效；

（2）如果此点超出上、下警告限，但仍在上、下控制限之间的区域内，提示分析质量开始变劣，可能存在“失控”倾向，应进行初步检查，并采取相应的校正措施；

（3）若此点落在上、下控制限之外，表示测定过程“失控”，应立即检查原因，予以纠正。环境样品应重新测定；

（4）如遇到 7 点连续上升或下降时（虽然数值在控制范围之内），表示测定有失去控制倾向，应立即查明原因，予以纠正。

即使过程处于控制状态，尚可根据相邻几次测定值的分布趋势，对分析质量可能发生的问题进行初步判断。

当控制样品测定次数累积更多以后，这些结果可以和原始结果一起重新计算总均值、标准偏差，再校正原来的控制图。

3．均数-极差控制图（$\bar{x}-\boldsymbol{R}$ 图）

（1）均数控制部分：

中心线——$\bar{\bar{x}}$；

上、下控制限——$\bar{\bar{x}} \pm A_2\bar{R}$；

上、下警告限——$\bar{\bar{x}} \pm \frac{2}{3}A_2\bar{R}$；

上、下辅助限——$\bar{\bar{x}} \pm \frac{1}{3}A_2\bar{R}$。

（2）极差控制图部分：

上控制限——$D_4\bar{R}$；

上警告限——$\bar{R}+\frac{2}{3}\left(D_4\bar{R}-\bar{R}\right)$；

上辅助限——$\bar{R}+\frac{1}{3}\left(D_4\bar{R}-\bar{R}\right)$；

下控制限——$D_3\bar{R}$。

（3）控制图系数表（每次测 n 个平行样）

见表 1.25。

表 1.25　控制图系数表

系数	2	3	4	5	6	7	8
A2	1.88	1.02	0.73	0.58	0.48	0.42	0.37
D3	0	0	0	0	0	0.076	0.136
D4	3.27	2.58	2.28	2.12	2.00	1.92	1.86

（八）人员比对

不同分析人员采用同一分析方法、在同样的条件下对同一样品进行测定，比对结果应达到相应的质量控制要求。

（九）方法比对或仪器比对

对同一样品或一组样品可用不同的方法或不同的仪器进行比对测定分析，以检查分析结果的一致性。

（十）留样复测

对于稳定的、测定过的样品保存一定时间后，若仍在测定有效期内，可进行重新测定。将两次测定结果进行比较，以评价该样品测定结果的可靠性。

二、实验室间质量控制

实验室间质量控制是指由外部有工作经验和技术水平的第三方或技术组织（如实验室认证管理机构、上级监测机构），通过发放考核样品等方式，对各实验室报出合格分析结果的综合能力、数据的可比性和系统误差作出评价的过程。

应制订并实施年度实验室间比对、质控考核计划，定期使用标准物质或稳定均匀的实验室实际水样对下级站组织实验室间比对和质控考核活动，判断各实验室间测定结果间是否存在显著差异，以利有关实验室及时查找原因，减少系统误差。

常用的实验室间质量控制方法有以下几项。

1．实验间比对

按照预先规定的条件，由两个或多个实验室对相同或类似的被测样品进行检测的组织、实施和评价。

2．能力验证

实验室参加能力验证，对组织者组织的指定检测数据进行比对，以确定实验室从事该项测试活动的技术能力。

实验室应主动、积极、有计划地参加由外部有工作经验和技术水平的第三方或技术组织组织的实验室间比对和能力验证活动，以不断提高各实验室监测技术水平。

3．测量审核

实验室对被测物品进行实际测试，将测试结果与参考值进行比较。测量审核是能力验证的有效补充。

4．质控考核

上级站定期给下属站发放标准样品或质控样。各站按规定的实施方法完成样品测试并上报结果。组织者依据样品种类的不同，采用标准样品保证值、测试结果统计值对上报结果进行评价并通报。

5．统一样品检测

同一批号的样品分别交付不同实验室进行分析，因为不同实验室的各种条件不尽相同，而且所用方法也不强求一致，所以，当其测定结果相符时，即可判定测试结果是不是可以接受的，如果相互之间的结果不符，则应各自查找原因，并重新分析原样品。由于受样品分类、保存条件的限制，应选用稳定均匀的样品开展统一样品检测。

三、水和废水监测质控样判别要求

（一）全程序空白

全程序空白测定值应小于方法检出限，或用控制图方法确定控制限进行控制。

（二）精密度

1．常规分析项目

常规分析项目实验室平行样品控制指标执行项目测试方法中规定要求，若无要求可参照表 1.26 执行。

表 1.26　水质监测部分检测项目平行双样控制指标

项目	样品含量范围/（mg/L）	平行样标准偏差/%	密码平行样标准偏差/%	适用的监测分析方法
氨氮	0.02～0.1	≤20	≤25	纳氏试剂分光光度法
	0.1～1.0	≤15	≤20	水杨酸-次氯酸盐分光光度法
	＞0.1	≤10	≤15	滴定法，电极法
亚硝酸盐氮	＜0.05	≤20	≤25	*N*-（1-萘基）-乙二胺分光光度法
	0.05～0.2	≤15	≤20	离子色谱法、*N*-（1-萘基）-乙二胺光度法
	＞0.2	≤10	≤15	离子色谱法
硝酸盐氮	＜0.5	≤25	≤30	酚二磺酸分光光度法、离子色谱法、紫外分光光度法
	0.5～4	≤20	≤25	酚二磺酸分光光度法、离子色谱法
	＞4	≤15	≤20	戴氏合金还原法
凯氏氮	＜0.5	≤30	≤40	经消解，蒸馏，用纳氏试剂比色法或滴定法测定后，换算为氮的含量
	＞0.5	≤25	≤30	
总氮	0.025～1.0	≤10	≤15	过硫酸钾氧化-紫外分光光度法
	＞1.0	≤5	≤10	
总磷	＜0.025	≤25	≤30	钼锑抗分光光度法、离子色谱法
	0.025～0.6	≤10	≤15	
	＞0.6	≤5	≤10	离子色谱法
高锰酸盐指数	＜2.0	≤25	≤30	酸性法、碱性法
	＞2.0	≤20	≤25	
溶解氧	＜4.0	≤10	≤15	碘量法、膜电极法、便携式溶氧仪法
	＞4.0	≤5	≤10	
化学需氧量	5～50	≤20	≤25	重铬酸钾法
	50～100	≤15	≤20	
	＞100	≤10	≤15	
五日生化需氧量	＜3	≤25	≤30	稀释法（20℃±1℃）
	3～100	≤20	≤25	
	＞100	≤15	≤20	
氟化物	＜1.0	≤15	≤20	离子选择电极法、氟试剂分光光度法、离子色谱法
	＞1.0	≤10	≤15	
硒	＜0.01	≤25	≤30	荧光分光光度法、原子荧光法
	＞0.01	≤20	≤25	

项目	样品含量范围/（mg/L）	平行样标准偏差/%	密码平行样标准偏差/%	适用的监测分析方法
总砷	<0.05	≤20	≤30	新银盐分光光度法、Ag·DDC 光度法
	>0.05	≤10	≤15	Ag·DDC 光度法
总汞	≤0.001	≤30	≤40	冷原子吸收法、冷原子荧光法
	0.001～0.005	≤20	≤25	
	>0.005	≤15	≤20	冷原子吸收法、冷原子荧光法、双硫腙光度法
总镉	≤0.005	≤20	≤25	原子吸收法、石墨炉原子吸收法
	0.005～0.1	≤15	≤20	双硫腙光度法、阳极溶出伏安法
	>0.1	≤10	≤15	原子吸收法、示波极谱法
铬（六价）及总铬	≤0.01	≤15	≤20	二苯碳酰分光光度法
	0.01～1.0	≤10	≤15	
	>1.0	≤5	≤15	硫酸亚铁铵滴定法
总铅	≤0.05	≤30	≤35	石墨炉原子吸收法、离子交换原子吸收法
	0.05～1.0	≤25	≤30	双硫腙分光光度法、阳极溶出伏安法、原子吸收法
	>1.0	≤15	≤20	原子吸收法
总氰化物	≤0.05	≤20	≤25	异烟酸-吡唑啉酮分光光度法、吡啶-巴比妥酸分光光度法
	0.05～0.5	≤15	≤20	
	>0.5	≤10	≤15	硝酸银滴定法
挥发酚	≤0.05	≤25	≤30	4-氨基安替比林光度法
	0.05～1.0	≤15	≤20	
	>1.0	≤10	≤15	溴化容量法、4-氨基安替比林光度法
阴离子表面活性剂	≤0.2	≤25	≤30	亚甲蓝分光光度法
	0.2～0.5	≤20	≤25	
	>0.5	≤20	≤25	
总硬度（以 $CaCO_3$ 计）	<50	≤15	≤20	EDTA 滴定法
	>50	≤10	≤15	

2. 有机项目

有机项目实验室平行样品控制指标执行项目测试方法中规定要求，若无要求可参照以下执行。

（1）样品浓度在 mg/L 级或者显著高于方法检出限（5～10 倍以上），相对偏差≤10%。

（2）样品浓度在μg/L 级或者接近方法检出限，相对偏差≤20%。

（3）对某些色谱行为较差组分，相对偏差≤30%。

（三）准确度

1. 加标回收样

一般样品回收率在 90%～110%或在方法给定的范围内为合格。废水样品回收率在 70%～130%为合格。有机样品浓度在 mg/L 级，回收率 70%～120%为合格。有机样品浓度在μg/L 级，回收率 50%～120%为合格。

对成分复杂等特殊类型有机样品，加标回收率根据实际情况而定。

2. 标准质控样

有证标准物质在其规定范围或 95%～105%范围内为合格；已知浓度质控样在 90%～110%范围内为合格；痕量有机物在 60%～140%范围内为合格。

（四）标准曲线斜率

各分析项目的标准曲线斜率按各自方法中规定要求控制。一般情况相关系数 $r \geq 0.999$。

第二章　水质自动监测

通过实施地表水水质的自动监测，可以实现水质的实时连续监测和远程监控，达到及时掌握主要流域重点断面水体的水质状况、实现重大或流域性水质污染事故预警预报、解决跨行政区域的水污染事故纠纷、开展跨行政区域河流交接断面水质保护管理考核、监督总量控制制度落实情况及排放达标情况等，体现了水环境监测技术手段的科学化和现代化，对国家环境保护决策部门及时做出有效的水污染防治和管理对策等方面均具有重要的意义。

第一节　国家地表水水质自动监测站建设情况

一、国家水质自动监测网

环境保护部（原国家环保总局）于 1999 年 9 月开始，在我国部分主要流域开展了地表水水质自动监测站的试点工作，并分别在松花江、淮河、长江、黄河及太湖流域的重点断面建设了 10 个水质自动监测站。在试点的基础上，从 2000 年 9 月开始，经过“十五”、“十一五”十年的努力，陆续在松花江、辽河、海河、黄河、淮河、长江、珠江、太湖、巢湖、滇池流域十大流域的重点断面以及浙闽河流、西南诸河、内陆诸河、大型湖库以及国界出入境河流上建成了 149 个水质自动监测站。初步形成了覆盖我国主要水体的水质自动监测网络，其点位信息见表 2.1，分布见图 2.1。

表 2.1　国家地表水水质自动监测网点位分布

序号	流域	河流	点位名称	断面情况	建设批次
1	松花江流域	第二松花江	吉林吉林溪浪口		松花江 10 个站
2			吉林长春松花江村		2000 年 32 个站
3			吉林松原松林		松花江 10 个站
4		松花江	黑龙江大庆肇源		1999 年试点
5			黑龙江佳木斯江心岛		2009 年减排 13 个站
6			黑龙江佳木斯同江	入黑龙江前	2000 年 32 个站
7		嫩江	吉林白城白沙滩	入松花江前	2000 年 32 个站
8		饮马河	吉林长春南楼		松花江 10 个站
9		牡丹江	吉林敦化新甸		松花江 10 个站
10			黑龙江依兰牡丹江口内	入松花江前	松花江 10 个站
11		呼兰河	黑龙江哈尔滨铁路桥	入松花江前	松花江 10 个站

序号	流域	河流	点位名称	断面情况	建设批次
12	松花江流域	额尔古纳河	内蒙古呼伦贝尔黑山头	国界	2002年10个站
13		黑龙江	黑龙江漠河北极村	国界	2009年减排13个站
14			黑龙江大兴安岭呼玛	国界	松花江10个站
15			黑龙江黑河卡伦山	国界	世行30个站
16			黑龙江伊春嘉荫	国界	松花江10个站
17			黑龙江佳木斯抚远	国界	松花江10个站
18		根河	内蒙古呼伦贝尔大铁桥		2008年减排26个站
19		海拉尔河	内蒙古呼伦贝尔嵯岗		2008年减排26个站
20		乌苏里江	黑龙江虎林虎头	国界	2008年减排26个站
21			黑龙江抚远乌苏镇	国界	2004年3个站
22		穆棱河	黑龙江鸡西知一桥		2009年减排13个站
23		图们江	吉林延边南坪	国界	2009年减排13个站
24			吉林延边圈河	国界	2002年10个站
25	辽河流域	辽河	辽宁铁岭朱尔山		2000年32个站
26			辽宁盘锦兴安	入海口	2000年32个站
27		大辽河	辽宁营口辽河公园	入海口	2000年32个站
28		浑河	辽宁抚顺大伙房水库	库体	世行30个站
29		太子河	辽宁辽阳汤河水库	库体	世行30个站
30		鸭绿江	吉林白山绿江村	国界	2008年减排26个站
31			吉林临江苇沙河	国界	2008年减排26个站
32			吉林集安上活龙	国界	2008年减排26个站
33			辽宁丹东江桥	国界	2002年10个站
34	海河流域	潮河	北京密云古北口	密云水库入口	2000年32个站
35		永定河	北京门头沟沿河城	官厅水库出口	2000年32个站
36		海河	天津市区三岔口	入海口	2000年32个站
37		黎河	天津蓟县果河桥	于桥水库入口	2000年32个站
38		洋河	河北张家口八号桥	官厅水库入口	2000年32个站
39		岔河	河北沧州东宋门	鲁-冀省界	2000年32个站
40		岗南水库	河北石家庄岗南水库	库体	2000年32个站
41		卫河	山东聊城秤钩湾	豫冀鲁三省交界	2002年10个站
42	淮河流域	淮河	河南信阳淮滨水文站	豫-皖省界	淮河15个站
43			安徽阜南王家坝	豫-皖省界	1999年试点
44			安徽淮南石头埠		2000年32个站
45			安徽蚌埠蚌埠闸	闸上	世行30个站
46			安徽滁州小柳巷	皖-苏省界	淮河15个站
47			江苏盱眙淮河大桥	皖-苏省界	1999年试点
48		洪汝河	河南驻马店班台	豫-皖省界	世行30个站
49		史灌河	河南信阳蒋集水文站	豫-皖省界	淮河15个站
50		颖河	安徽界首七渡口	豫-皖省界	2000年32个站
51		沙河	河南周口沈丘闸	闸上	世行30个站

序号	流域	河流	点位名称	断面情况	建设批次
52	淮河流域	泉河	安徽阜阳徐庄	豫-皖省界	淮河 15 个站
53		黑茨河	安徽阜阳张大桥	豫-皖省界	淮河 15 个站
54		涡河	河南周口鹿邑付桥闸	豫-皖省界	2000 年 32 个站
55		浍河	河南永城黄口	豫-皖省界	淮河 15 个站
56		包河	安徽亳州颜集	豫-皖省界	淮河 15 个站
57		沱河	安徽淮北小王桥	豫-皖省界	世行 30 个站
58		新汴河	安徽宿州泗县公路桥	皖-苏省界	淮河 15 个站
59		新濉河	江苏泗洪大屈	皖-苏省界	淮河 15 个站
60		奎河	安徽宿州杨庄	苏-皖省界	淮河 15 个站
61		沿河	江苏徐州李集桥	苏-鲁省界	淮河 15 个站
62		京杭大运河	山东枣庄台儿庄大桥	鲁-苏省界	世行 30 个站
63		邳苍分洪道西偏泓	江苏邳州艾山西大桥	鲁-苏省界	1999 年试点
64		武河	江苏徐州小红圈	鲁-苏省界	淮河 15 个站
65		沂河	山东临沂重坊桥	鲁-苏省界	淮河 15 个站
66		白马河	山东临沂涝沟桥	鲁-苏省界	淮河 15 个站
67		沭河	山东临沂清泉寺	鲁-苏省界	世行 30 个站
68		新沭河	江苏连云港大兴桥	鲁-苏省界	淮河 15 个站
69	黄河流域	黄河	甘肃兰州新城桥		2000 年 32 个站
70			宁夏中卫新墩	甘-宁省界	世行 30 个站
71			宁夏石嘴山麻黄沟	宁-蒙省界	2008 年减排 26 个站
72			内蒙古乌海海勃湾	宁-蒙省界	世行 30 个站
73			内蒙古包头画匠营子		2000 年 32 个站
74			山西忻州万家寨水库	库体	世行 30 个站
75			河南济源小浪底	坝下	1999 年试点
76			山东济南泺口	入海口	2000 年 32 个站
77		湟水	青海海东民和桥	青-甘省界	2008 年减排 26 个站
78		汾河	山西运城河津大桥	入黄河前	2000 年 32 个站
79		渭河	甘肃天水牛背	甘-陕省界	2008 年减排 26 个站
80			陕西渭南潼关吊桥	入黄河前	2002 年 10 个站
81	长江流域	长江	四川攀枝花龙洞		2000 年 32 个站
82			重庆永川朱沱	川-渝省界	1999 年试点
83			湖北宜昌南津关	三峡水库坝下	2000 年 32 个站
84			湖南岳阳城陵矶	洞庭湖出水	1999 年试点
85			江西九江河西水厂	鄂-赣省界	2000 年 32 个站
86			安徽安庆皖河口		2000 年 32 个站
87			江苏南京林山	皖-苏省界	1999 年试点
88		赤水河	贵州赤水鲢鱼溪	黔-川省界	2008 年减排 26 个站
89		岷江	四川乐山岷江大桥	与大渡河汇合前	世行 30 个站
90			四川宜宾凉姜沟	入长江前	世行 30 个站
91		沱江	四川泸州沱江二桥	入长江前	世行 30 个站

序号	流域	河流	点位名称	断面情况	建设批次
92	长江流域	嘉陵江	四川广元清风峡	陕-川省界	2004 年 3 个站
93		梁子湖	湖北鄂州七星	入长江前	2008 年减排 26 个站
94		汉江	湖北武汉宗关	入长江前	2000 年 32 个站
95		丹江	湖北丹江口胡家岭	丹江口水库（库体）	世行 30 个站
96		湘江	湖南长沙新港	入洞庭湖	世行 30 个站
97		资水	湖南益阳万家嘴	入洞庭湖	2008 年减排之 26 个站
98		沅江	湖南常德坡头	入洞庭湖	2008 年减排之 26 个站
99		澧水	湖南常德沙河口	入洞庭湖	2008 年减排之 26 个站
100		赣江	江西南昌滁槎	入鄱阳湖	世行 30 个站
101			河南南阳陶岔	南水北调中线取水口	2002 年 10 个站
102		夹江	江苏扬州三江营	南水北调东线取水口	世行 30 个站
103	珠江流域	邕江	广西南宁老口		2000 年 32 个站
104		浔江	广西贵港石嘴		世行 30 个站
105			广西梧州界首	桂-粤省界	2000 年 32 个站
106		珠江	广东广州长洲		2000 年 32 个站
107		西江	广东中山横栏	入海口	2002 年 10 个站
108		北江	广东清远七星岗		2000 年 32 个站
109		漓江	广西桂林阳朔		世行 30 个站
110		平而河	广西凭祥平而关	入国境	世行 30 个站
111		水口河	广西崇左八角电站	入国境	2009 年减排 13 个站
112		北仑河	广西防城港狗尾濑	界河	2009 年减排 13 个站
113		海南岛内河流	海南海口铁桥村	南渡江（入海口）	2008 年减排 26 个站
114			海南琼海丹村	万泉河（入海口）	2008 年减排 26 个站
115			海南昌江昌化	昌化江（入海口）	2008 年减排 26 个站
116	浙闽河流	新安江	浙江杭州鸠坑口	皖-浙省界	世行 30 个站
117		闽江	福建福州白岩潭	入海口	世行 30 个站
118	西南诸河	澜沧江	云南西双版纳橄榄坝	出国境	2002 年 10 个站
119		元江	云南红河州河口	出国境	2004 年 3 个站
120		瑞丽江	云南德宏州嘎中桥	出国境	2008 年减排 26 个站
121		怒江	云南保山红旗桥	出国境	2009 年减排 13 个站
122		雅鲁藏布江	西藏林芝米瑞	出国境	2009 年减排 13 个站
123	内陆诸河	额尔齐斯河	新疆阿勒泰南湾	出国境	2008 年减排 26 个站
124		伊犁河	新疆伊犁 63 团大桥	出国境	2008 年减排 26 个站
125	太湖流域	太湖	江苏无锡沙渚	湖体	2000 年 32 个站
126			江苏宜兴兰山嘴	湖体	世行 30 个站
127			江苏苏州西山	湖体	世行 30 个站
128		新塘港河	浙江湖州新塘港	浙-苏省界	1999 年试点
129		急水港河	上海青浦急水港	苏-沪省界	1999 年试点
130		京杭大运河	浙江嘉兴王江泾	苏-浙省界	2002 年 10 个站
131		斜路港河	浙江嘉兴斜路港	苏-浙省界	2002 年 10 个站

序号	流域	河流	点位名称	断面情况	建设批次
132	巢湖流域	巢湖	安徽合肥湖滨	湖体（西半湖）	世行 30 个站
133			安徽巢湖裕溪口	湖体（东半湖）	2000 年 32 个站
134	滇池流域	草海	云南昆明西园隧道	湖体	2000 年 32 个站
135		外海	云南昆明观音山	湖体	世行 30 个站
136			云南昆明罗家营	湖体	2009 年减排之 13 个站
137			云南昆明滇池南	湖体	2009 年减排之 13 个站
138	主要湖泊	洞庭湖	湖南益阳南嘴	湖体	2008 年减排之 26 个站
139			湖南岳阳鹿角	湖体	2008 年减排之 26 个站
140			湖南岳阳岳阳楼	湖体（出口）	世行 30 个站
141		鄱阳湖	江西九江都昌	湖体	2008 年减排之 26 个站
142			江西上饶康山	湖体	2008 年减排之 26 个站
143			江西九江蛤蟆石	湖体（出口）	世行 30 个站
144		抚仙湖	云南玉溪孤山	湖体	2008 年减排之 26 个站
145		洱海	云南大理金河	湖体（入口）	2009 年减排之 13 个站
146			云南大理小关邑	湖体（出口）	2008 年减排之 26 个站
147		兴凯湖	黑龙江鸡西龙王庙	松阿察河口（国界）	松花江项目之 10 个站
148			黑龙江鸡西档壁镇	湖体	2009 年减排 13 个站
149		贝尔湖	内蒙古呼伦贝尔贝尔湖	湖体	2009 年减排之 13 个站

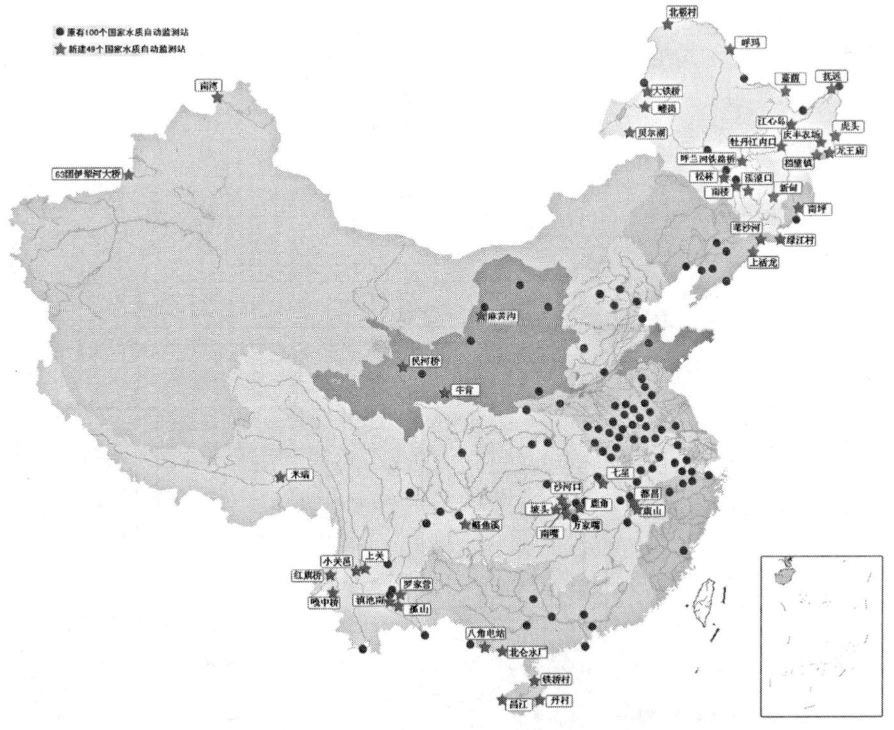

图 2.1　国家地表水水质自动监测网点位分布

国家建站的选点原则是：重要河流的干支流省界、重要支流汇入口及入海口；重要湖库湖体及出入湖河流；国界河流及出入境河流；重大水利工程项目等。

“九五”末期建设了十个试点站，规划了 32 个站。

“十五”期间，利用世行贷款和国家财政资金，分四批规划了 58 个水站的建设。截至“十五”末期，共有 100 个水站投入运行。

“十一五”期间，分三批建设了 49 个国家水质自动监测站。一是根据松花江流域污染防治规划投资建设了 10 个水站；二是 2008 年污染减排专项投资建设 26 个水站；三是 2009 年污染减排专项投资建设的 13 个水站。

国家水质自动监测网建设的特点是：“十五”期间侧重的是污染防治任务艰巨的主要流域重点断面，如三河三湖等；“十一五”期间建设的水站更侧重于国界河流、省界断面和没有涉及的流域等。

二、国家水质自动监测站的配置

国家地表水水质自动监测系统由中国环境监测总站（以下简称总站）、各托管站和各水质自动监测站（以下简称子站）共同组成。已经建成的子站由北京晟德瑞环境技术有限公司集成，该公司研制的 SWM 系列水质自动监测系统实现了多参数水质的在线监测。

国家水质自动监测站配置有相应的采水单元、配水单元、仪器测定单元和系统控制单元，见图 2.2。采水、配水单元设计上考虑了过滤、除沙、清洗、补水系统，确保仪器对样品水的要求得到满足。

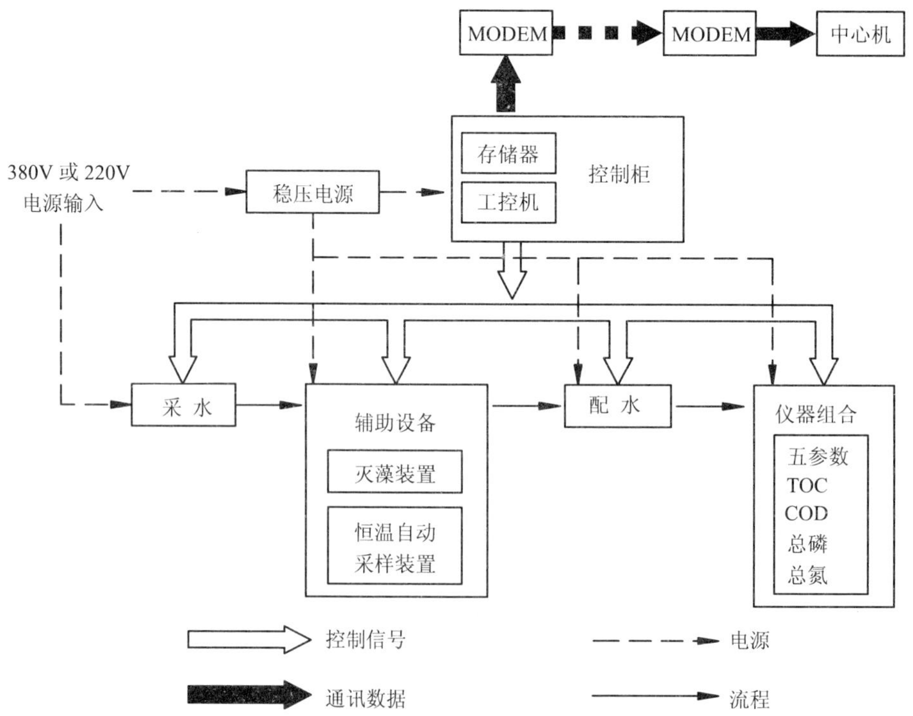

图 2.2 水质自动监测系统框图

三、国家水质自动监测站的监测项目与频次

水质自动监测的可测试的项目包括：常规五参数（水温、pH、溶解氧、电导率、浊度）、氨氮、化学需氧量、高锰酸盐指数、总有机碳（TOC）、总氮、总磷、硝酸盐氮、磷酸盐、毒性、重金属、叶绿素、蓝绿藻、大肠杆菌、氰化物、氟化物、氯化物、酚类、油类、水位计、流量/流向计及自动采样器等。

一般的自动监测断面都可以考虑配置五参数、高锰酸盐指数、氨氮自动分析仪以及自动采样器，当水体中高锰酸盐指数大于 50 mg/L 时，可选用总有机碳分析仪；如果断面所处位置为湖泊或水库时，可以增加总磷、总氮自动分析仪。以保护饮用水水源为目的的监测断面，可以适当增加氰化物、挥发酚、硝酸盐氮及总大肠菌群等自动分析仪。

目前，国家水质自动监测站的监测项目包括水温、pH、溶解氧（DO）、电导率、浊度、高锰酸盐指数、总有机碳（TOC）、氨氮。部分湖泊水质自动监测站的监测项目还包括总氮、总磷和叶绿素。有些站正在开展生物毒性、挥发性有机污染物（VOCs）的试点监测。今后可能还要拓展重金属的监测项目。

水质自动监测站的监测频次可以根据情况连续监测或每几小时监测一次，管理人员可以通过控制软件自行设定。目前，国家水质自动监测站采用每 4 h 采样分析一次的频次。每天每个监测项目可以得到 6 个监测结果。

四、国家水质自动监测站的传输、收集与存储

自动监测数据由控制系统自各台分析测试仪器上采集存储之后通过 VPN 方式传送到各水质自动站的托管站和中国环境监测总站。通过互联网实现实时发布。托管站也可以通过 VPN 和电话拨号两种通讯方式实现对所托管子站的实时监视、远程控制及数据采集。各省环境监测中心站及其他经授权的部门也可随时从总站的数据库中调阅各水站的历史监测数据。

五、国家水质自动监测站的运行管理与质量控制要求

中国环境监测总站作为国家地表水自动监测网络负责单位，自水站建设之日起就对水站的运行和数据质量极为重视。在总结多年运行管理经验的基础上，制定了《国家地表水自动监测站运行管理办法》并颁布实施（总站水字[2007]182 号）。管理办法中对运行管理的职责分工、日常维护、数据上报、质量管理、维护维修、经费使用以及资产管理等方面作出了具体规定。理顺了水站运行维修机制，实现了专业化、社会化运营机制与风险保障机制，解除了水站的后顾之忧，为水站的稳定运行提供了保障。

围绕水质自动监测周报和水质自动监测数据的发布工作，强化自动监测的质量管理，实施“日监视、周核查、月对比”的质量控制措施。组织各仪器设备供应厂商的技术人员共同编制了《水质自动监测站系统维护保养基本要求》和《水质自动监测站常见故障与维修办法》下发至各个托管站，规范了日常仪器设备的维护和保养。

坚持实行技术人员持证上岗制度，对负责水站运行的技术人员定期培训，定期考核。

明确了总站、省站及托管站质量管理监督管理机制，为水站数据的质量提供了保障。

不定期组织技术人员开展经验技术交流，共同提高水站的运行管理水平。

六、国家水质自动监测数据的使用与发布

与常规水质监测相比较，水质自动监测的监测频次高、监测结果传输及时，除便于环境管理系统及时掌握水环境质量外，还可根据需要形成日报、周报等各种形式的报告。淮河和太湖流域水质自动监测周报于 2001 年 3 月 21 日起在《中国环境报》上正式发布，并于 2001 年 6 月 5 日开始每周在《人民日报》和《光明日报》上发布，全国主要流域重点断面的水质自动监测周报也于 2001 年 6 月 5 日在《中国环境报》上正式发布。

目前，100 个水质自动监测站的水质自动监测周报主要在中国政府网（www.gov.cn）、国家环境保护总局网站（www.zhb.gov.cn）及中国环境监测总站网站（www.cnemc.cn）发布。2007 年，中国环境监测总站委托北京晟德瑞环境技术公司完成了《国家地表水水质自动监测站数据实时发布系统》的编制，经过环境保护部的批准，自 2009 年 7 月 1 日起，水质自动监测数据已经通过互联网向全社会公开实时发布（图 2.3）。

七、应用实例

受社会经济技术条件的制约，我国地表水体污染严重，突发性水污染事故不断，跨界水污染纠纷逐年增多，已直接危及人民群众的身体健康及社会的稳定。突发性水污染事故具有时间性，等到发现污染事实再组织监测已意义不大，下游没有足够的时间采取预防性措施。因此，只有采用实时的监测技术手段才可以及时监视污染团的迁移过程并发出预警预报，减少污染造成的损失。近年来在国界河流、出入境河流以及省界断面上的水污染争议不断，周边国家如俄罗斯、越南、哈萨克斯坦等国多次通过外交照会方式要求我方加强水污染控制。虽然个别断面实行了联合监测的措施，受人力物力限制，监测频次也难以保证有效地监视水质变化的过程与趋势，对于一些偷排现象不能及时发现，增加了监督管理工作的难度。

自动监测频次高、数据传输速度快，在省界水污染纠纷监测、突发性水污染事故预警预报监测、重大水利工程的水质影响监测中水质自动监测都发挥了不可替代的作用。现在已基本形成这样的概念，只要哪里有水污染事故的发生，首先想到的就是水站在哪里，水站的监测结果怎么样。

2002 年在运河浙江-江苏的跨省污染纠纷处理过程中，自动站的连续监测数据在监督企业污染治理和防止超标排放方面发挥了重要作用。

长江干流重庆朱沱和宜昌南津关水质自动监测站在 2003 年 5—6 月三峡库区蓄水期间，共取得库区上下游 2 520 个水质实时数据，为管理部门的决策提供了有力的依据。

淮河干流淮南、蚌埠及盱眙站成功地全程监视了 2001—2006 年以来每年淮河干流大型污染团的迁移过程，为沿淮自来水厂及时调整处理工艺，保证饮水安全提供了依据，为环境管理及时提供了技术支持。从图 2.4 看到，污水团到达后，造成水中的溶解氧急剧下降，同时电导率急剧上升。

图 2.3　国家地表水水质自动监测实时数据发布系统网页

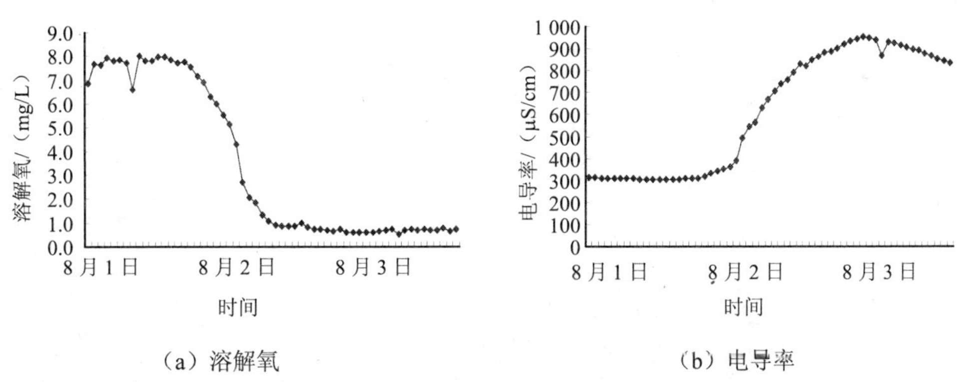

（a）溶解氧　　　　（b）电导率

图 2.4　污水团通过淮南石头埠水站时溶解氧和电导率的变化

汉江武汉宗关自动监测站自建立以来，每年对汉江水华的预警监测都发挥了重要作用，及时通知武汉市主要饮用水处理厂提前做好处理，保障水厂出水达标。

2008 年四川汶川特大地震发生后，中国环境监测总站立即通过自动监测系统远程查看灾区水质状况，将灾区 7 个水质自动监测站的监测频次由原来的 4 h 一次调整为 2 h 一次，在第一时间分析了地震灾区地震前后水质状况，并将灾区水质无明显变化的情况及时向国务院抗震救灾总指挥部上报，并编制《汶川大地震后相关国家水质自动监测站水质监测结果》，每天在公众网上发布自动监测结果，为保障灾区饮用水安全，稳定灾区人心发挥了重要作用。

2008 年北京奥运会期间，利用北京密云古北口自动站（密云水库入口）、门头沟沿河城自动站（官厅水库出口）、天津果河桥自动站（于桥水库入口）、沈阳大伙房水库及上海青浦急水港自动站等国家水质自动监测站对城市的饮用水水源实施严密监控，每日以《奥运城市地表水自动监测专报》形式上报环境部，为保障奥运期间饮水安全提供了技术保障。同样的应用还发生在上海世博会、广州大运会期间。

自 2007 年以来，每年在太湖蓝藻预警监测期间，沙渚、西山和兰山嘴水质自动监测站均开展加密监测，通过水质 pH、溶解氧等藻类生长的水质特异性指标预测判断水体的藻类生长状况，为饮用水水质预警提供了大量实时数据，发挥了重要作用。图 2.5 至图 2.8 是 2007 年太湖蓝藻爆发期间沙渚水站监视到的水中溶解氧、高锰酸盐指数、总氮和总磷的浓度变化。

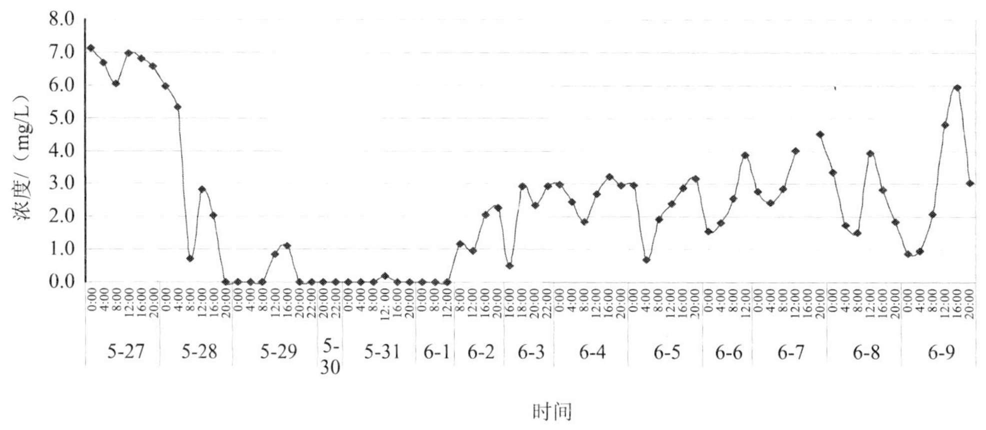

图 2.5 蓝藻爆发期间水中溶解氧的变化

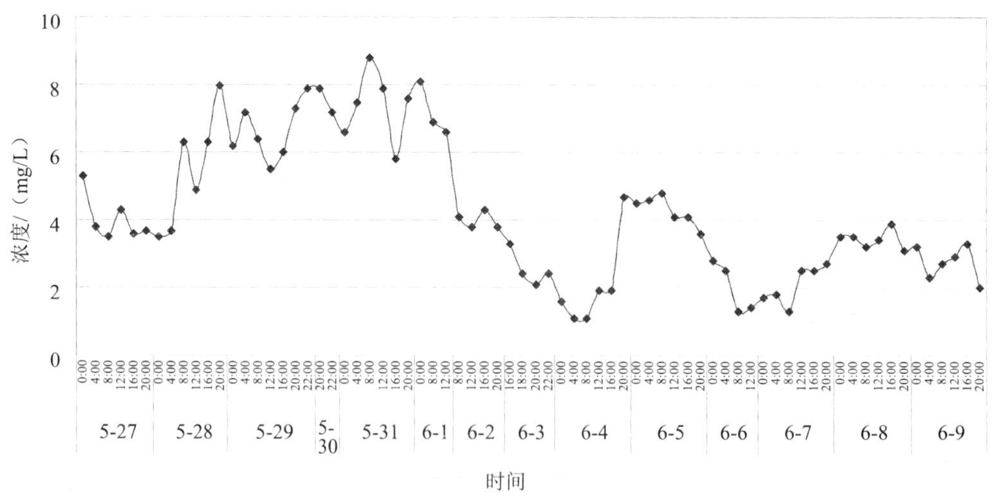

图 2.6 蓝藻爆发期间水中高锰酸盐指数的变化

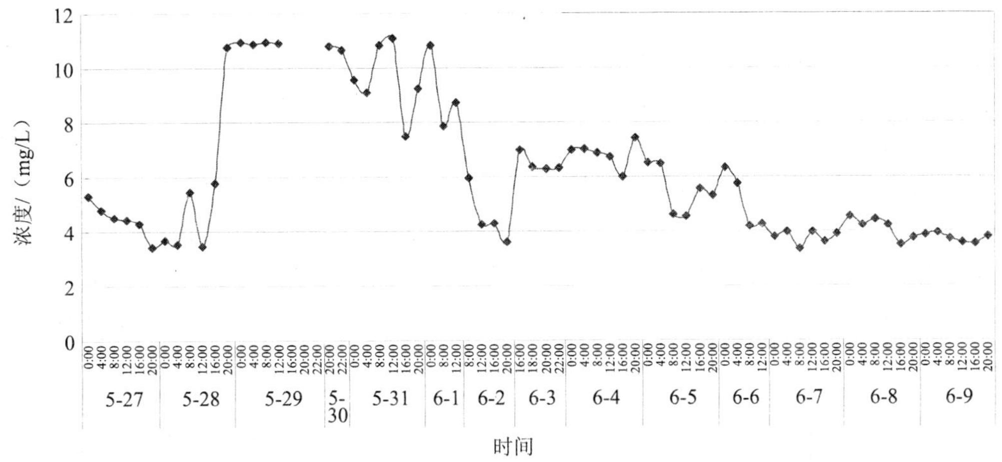

图 2.7　蓝藻爆发期间水中总氮的变化

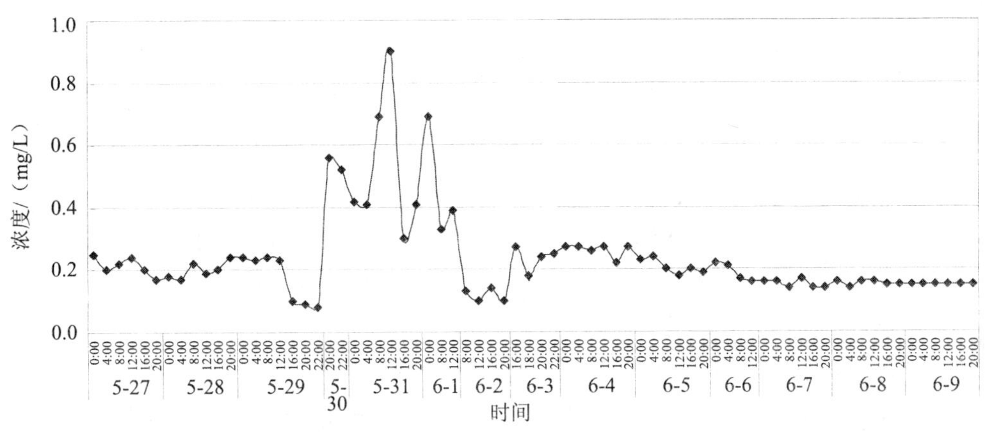

图 2.8　蓝藻爆发期间水中总磷的变化

随着国家水质自动监测系统的运行，充分发挥了实时监视和预警功能。在跨界污染纠纷、污染事故预警、重点工程项目环境影响评估及保障公众用水安全方面已经发挥了重要作用。

第二节　水质自动监测系统介绍

目前水质自动站分为两类：一类称为常规站，另一类称为超级站。常规站：即配备常规五参数，氨氮、高锰酸盐指数等常见理化参数的水质监测站，主要满足一般性的自动监测需要。超级站：即根据实际需要在常规站的基础上配备更多参数的仪器，包括有机物、生物类监测，进行各种有针对性的监测并开展各种研究性监测工作，适合精细化、研究性的监测需要。

常规站和超级站相互配合，相得益彰，共同组建功能强大的自动监测网络。

一、水质自动监测系统的组成

水质在线自动监测系统是一个把多项监测指标的分析仪表集成在一起，从采样，分析到记录、整理数据（包括远程数据），中心遥控组成的系统，结合相应的监控及分析软件，实现实时在线自动监测，满足运行可靠稳定、维护量少的要求，并可实现无人值守。一个完整的水质自动监测系统至少包括 7 个组成部分：

（1）站房：选址应能采集有代表性的水样，并且具备供水、供电、交通方便等条件。

（2）采样单元（即取水单元）：通常有潜水泵式、离心泵式两种，应根据站址的水文等情况选用不同的采样方式。采样单元具有防堵塞、自动反冲洗、安装维护方便等基本条件。

（3）水样预处理及配水单元：负责完成水样的一级、二级预处理，将水样导入相应的管路，已达到水样输送和清洗的目的。应根据水质自动分析仪的要求选择合适的水样预处理方式。预处理单元具备过滤、定期反冲洗、压力和流量指示等基本功能。

（4）分析监测单元：由选择的各类在线水质自动分析仪和水文等测量仪器组成，通常可选择的水质在线自动分析项目包括常规五参数（水温、pH、溶解氧、电导率和浊度）、化学需氧量、高锰酸盐指数、总有机碳（TOC）、氨氮、总氮、总磷、叶绿素等。水文测量仪器主要包括流向/流速计、流量计和水位计等。

（5）控制单元：主要采用 PLC（Process Logic Control）对系统实施可靠的控制。具有对分析仪器设备的安全保护、自动开/关机、自动清洗、断电保护和来电恢复等基本功能。

（6）数据采集及通讯单元：负责完成监测数据从各水质自动监测站到监测中心的通信传输工作。

（7）辅助单元：是保证水质自动监测系统连续、安全、可靠运行的必不可少的条件。主要包括空气压缩设备、防雷设备、UPS 电源、自来水净化设备、纯水制备设备、废水收集处理设备以及视频监控设施等。

二、水质自动监测系统说明

水质自动监测系统整体结构布局如图 2.9 所示，系统各单元之间的关系如图 2.10 所示。

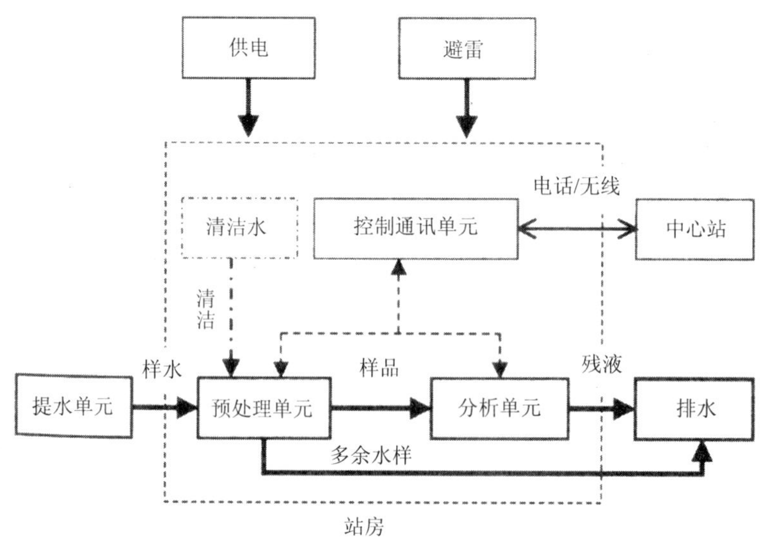

图 2.9　系统结构框图

系统说明：

（1）中心控制模块完成整个系统的采水、配水、分析仪动作等功能的控制。

（2）通讯模块完成与现场工控机、中心站的通讯。

（3）数据模块完成对各分析仪分析数据及系统工作状态等参数的采集与传输。

（4）现场工控机只对系统工作进行控制。

（5）中心站 PC 实现远程系统控制。

（6）采用 GSM/GPRS 无线连接，传送实时监测结果和自动监测站仪器工作状况。

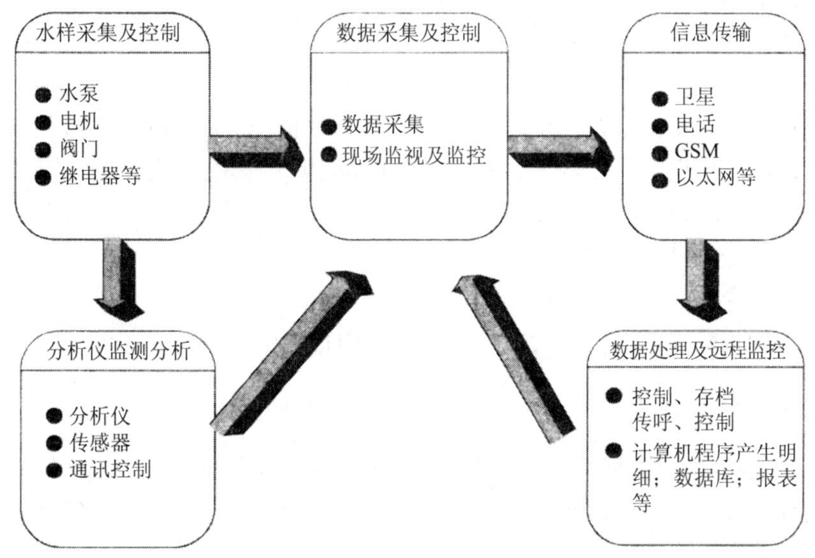

图 2.10　系统各单元之间的关系图

系统说明：

（1）水样采集的相应管路、阀门及辅助继电器等构成水样采集及控制单元，实现监测分析的水样采集及相应的预处理。

（2）在线监测仪器、传感器及标准通讯控制等构成监测分析单元。

（3）现场级的数据终端、水样预处理系统、PLC 控制系统、UPS 电源系统、通讯系统（包括电话线、无线电台、卫星通信、手机报警通讯并预留有以太网接口）等组成数据采集控制及信息传输单元。

（4）计算机监控应用软件可现场或远程对系统的运行进行监控。

辅助系统包括取水/配水系统、过滤系统、清洗单元、超标水样自动收集系统、空气压缩机单元、配电单元等辅助设备。

第三节 水质自动监测系统建设要求

一、点位要求

（一） 基本要求

水质自动监测站位置的选择必须考虑以下几个基本条件：

（1）基本条件的可行性：具备土地、交通、通讯、电力、自来水及地质等良好的基础条件；

（2）水质的代表性：根据监测的目的和断面的功能，具有较好的水质代表性；

（3）站点的长期性：不受城市、农村、水利等建设的影响，比较稳定的水深和河流宽度，保证系统长期运行；

（4）系统的安全性：自动站周围环境条件安全、可靠；

（5）运行的经济性：便于承担管理任务的监测站日常运行和管理；

（6）管理的规范性：承担运行管理的监测站的管理水平和技术与经济能力。

（二）建站基本条件

为了系统能长期稳定地运行，选择的站位必须满足以下建设水质自动站的基础条件。

（1）交通方便。自动站离承担管理任务的监测站的交通距离一般不超过 100 km；

（2）有可靠的电力保证而且电压稳定；

（3）具有自来水或可建自备井水源，水质符合生活用水要求；

（4）有直通（不通过分机）电话通讯条件，而且电话线路质量符合数据传输要求；

（5）取水点距站房的距离不超过 100 m，枯水期时也不得超过 150 m，而且有利于铺设管线和管线的保温设施；

（6）枯水期的水面与站房的高差一般不超过采水泵的最大扬程；

（7）断面常年有水，丰、枯季节河道摆幅应小于 30 m；枯水季节采水点水深不小于 1 m，保证能采集到水样；采水点最大流速一般应低于 3 m/s，这将有利于采水设施的建设和运行维护和安全。

（三） 断面代表性

1. 一般要求

监测断面的代表性应根据断面的功能确定，保证自动站监测的数据能代表需要监测水体的水质状况和变化趋势。各种功能的监测断面的一般要求是：

（1）监测断面应选择在平直河段，水质分布均匀，流速稳定；

（2）距上游支流汇合处或排污口有足够的距离以保证水质的均匀性，一般监测断面距上游入河口或排污口的距离不少于 1 km；

（3）监测断面尽可能选择原有的常规监测断面上，保证监测数据的连续性。

2. 功能断面的要求

根据环保管理需要，水质自动监测站点按功能断面不同应设置在背景断面、交接断面、出入河（湖）口、入海口断面和控制断面。各功能断面设置时应遵循不同的要求，保证监测断面的水质具有代表性。

（1）背景断面

背景断面应选择在河流干流或重要支流的上游，断面以上基本没有受到人类活动的影响，能反映河流的自然水质状况；断面应设置在最上游市、镇的上游，距市镇的距离不得超过 50 km。

（2）省界或市界断面

交界断面应选择在交界线下游第一个市、镇的上游；监测断面至交界线之间不应有明显的排放口，能客观地反映上游地区流入下游地区的水质状况。若交界线下游不具备建站条件时，也可选择在上游靠近交界线的断面，而且在监测断面至交界线之间没有排放口。

（3）入河、入湖、入海口断面

入河（湖、海）口断面的位置应尽可能设置在靠近河流入上一级河流、湖泊、海处，但是基本不受潮汐或回流的影响；断面应在靠近入口的市镇的下游，不应设置在市镇的上游；入海口断面若受海洋潮汐影响时，需要保证水中的氯离子的浓度符合仪器的要求，否则不具备建站条件。

（4）国界断面

国界和出、入境断面的水质代表性要求与交界断面一致，但只设置在国境以内；出、入境断面与国境线间基本没有排污口。

（5）趋势断面

趋势断面主要功能是评价河流（或河段）、湖泊、水库的整体水质现状和变化趋势，因此，其水质代表性的空间尺度有一定的差异，故既要根据评价的水体空间范围来确定断面的水质代表性，又要根据可行点位的实际空间代表性。因此趋势断面应选择在评价河段、湖、库的平均水平位置，避开典型污染水区、回流区、死水区；断面上游 1 000 m 和下游 200 m 处没有排放口；若在城市附近则应设置在城市上游的对照断面或下游的消减断面。

（6）控制断面

控制断面是监视污染源对水体的影响的特殊断面，不作为评价水体整体水质的断面，故断面应设置在污水排放的影响区内，一般断面设置在排放口下游 100 m 左右，城市段设在原控制断面。

（四）采水口水质代表性

为了尽可能减少水质自动站采水点位的局限性对监测结果影响，又要保证采水设施的安全和维护的方便，故采水点位应该满足以下条件：

（1）在不影响航道运行的前提下，采水点尽量靠近主航道；

（2）取水口位置一般应设在河流凸岸（冲刷岸），不能设在河流（湖库）的漫滩处，避开湍流和容易造成淤积的部位，丰、枯水期离河岸的距离不得小于 10 m；

（3）取水点与站房的距离一般不应超出 100 m；

（4）采水点的水质与断面的平均水质的误差不得大于 10%；

（5）取水口处应有良好的水力交换，河流取水口不能设在死水区、缓流区、回流区；

（6）取水点设在水下 0.5～1 m 范围内，但应防止地质淤泥对采水水质的影响。

二、站房建设要求

（一）站房主体技术要求

站房为用于承载系统仪器、设备的主体建筑物和外部保障条件。主体建筑物由仪器间、质控用房和生活用房组成。外部保障条件是指能引入清洁水、通电、有通讯条件和开通的道路以及平整、绿化和固化的站房所辖范围的土地。

主体建筑中仪器间使用面积的确定，以满足仪器设备的安装及保证操作人员方便地操作和维修仪器设备为原则，一般不小于 40 m^2。质控用房和生活用房的使用面积以操作和管理人员实际所需确定。

站房的土建、防雷、供电等需有相应工程资质单位承接施工。

（1）站房基本配置为：仪器用房 40 m^2，其中用于安装仪器的单面连续墙面的净长度不小于 8 m，工作辅助用房 20 m^2；值守人员生活用房 40 m^2。

（2）站房结构：站房使用砖混结构或框架结构，耐久年限为 50 年。

（3）抗震设计：根据当地抗震设防烈度进行抗震设计。

（4）站房地面的高度：根据当地水位变化情况而定，站房地面标高（±0.00）够抵御 50 年一遇的洪水。

（5）站房内净空高度：不小于 2.7 m。

（6）辅助用房：考虑到工作人员在水站工作的方便，建议修建卫生间（厕所）一间。其他用房可根据需要考虑。考虑防盗的必要，站房周围应当建围墙、护栏或护网。

（7）辅助设施：站房的避雷系统和地线系统以及采水和给水、排水设施等也与站房建设同步进行。

（8）道路：通往水质自动监测站应有硬化道路路宽≥3.0 m，且与干线公路相通。站房前有适量空地，保证车辆的停放和物资的运输。

（9）站房式样：站房外形的设计因地制宜。外观美观大方，结构经济实用。在一些风景区和周边景物协调一致。

（10）站房征地：根据上述要求和当地情况综合考虑征地面积。并向设计单位提供所征地域的区域图、平面图（1∶500 或 1∶1 000）。

（11）站房基础及外环境。

站房根据当地地质情况进行设计和建设，遇软弱地基时做相应的地基处理。

站房周围作水泥混凝土地面；站房外地面平整，周围干净整洁，有利于排水，并有适当绿化。

站房设置排水系统，排水点设置在采水点的下游，排水点与采水点间的距离大于 10 m。

站房有防鼠害能力。

（12）站房暖通：仪器间内有空调和冬季采暖设备，室内温度应当保持在 18～28℃，湿度在 60%以内。空调具有来电自动复位功能。另外应当采取必要的保温措施，防止冬季因停电造成室内温度下降而造成系统损坏。

（13）站房仪器间：室内地面铺设防水、防滑地面砖，站房地面向有排水孔的方面倾斜一定的角度可以使室内积水排出。

（14）仪器间内设有专用清洁水源（一般为自来水）管道接口（DN20），并装有截止阀。不具备自来水的地方使用井水，但需在辅助用房顶部或站房内距地面 2 m 的位置建高位水箱并装备自动补水系统，水箱容积为 2 m^3 左右。井水中泥沙含量高时增配过滤设备。

（15）辅助用房内配有防酸碱化学实验台 1 套（1.5～2 m），并且配备 4 个实验凳，台上可以放置实验室对比仪器，台下有工作柜，便于放置试剂。分析间内备有上下水、洗手池等。

（16）站房接地：站房接地系统在站房建设时同步考虑，在站房内设有接地的地线端子排。

（二）配套设施建设要求

所有配套设施均为正常运行水质自动监测站所必需的配套部分，需要切实地贯彻实施。

1．供电

水质自动监测站的供电电源是交流 380V、三相四线制，频率 50 Hz，容量≥15 kW；供电电源电压在接至站房内总配电箱处时的电压降小于 5%。

电源电路供电平稳，电压波动和频率波动符合有关国家及行业的规定。

电源线引入方式符合相关的国家标准，站房内部电源线实施屏蔽。穿墙时预埋穿墙管。

设置站房总配电箱，箱中有电表及空气总开关。在总配电箱处进行重复接地，确保零、地线分开，其间相位差为零；并在此采取电源防雷措施。

从总配电箱引入单独一路三相电源到仪器间，并在指定位置设置自动监测系统专用动力配电箱。照明、空调及其他生活用电（220V）、稳压电源和采水泵供电（220V）分相使用。

电源容量：仪器设备及控制用电为两相（220V）8 kW 左右；仪器间空调及站房照明、生活用电为两相（220V）5 kW；如有其他用电需求，可适量考虑增加供电能力。

站房仪器间照明达到 150 lm，至少配备 40 W 日光灯 2 盏，且照明灯配有控制开关；在空调安装的就近位置配备专用空调插座；同时在仪器间非仪器、设备安装墙面（距地面高 250 mm）设有 2～3 个 220V 多用插座，方便临时用电。

电源动力线和通讯线、信号线相互屏蔽，以免产生电磁干扰。

2．通讯

（1）站房内应当首先保证有 ADSL 网络接入方式，接入速度≥512 kbit/s。ADSL 不能采用代理或非 Windows PPPoE 拨号上网的接入方式。

（2）保证站房内有一条独立的电话通信线路，作为数据传输和远程控制之用。该电话线具有数据传输功能，通讯速率至少满足 9 600 bit/s，通过用电脑进行拨号上网试验确认。如果自动站配有专人值守，则另备一条电话线作为日常联络之用。通信电缆在靠近站房时无飞线，穿墙时，预埋穿墙管，并做好接地。

（3）如果现场条件无法保证 ADSL 的接入，则需要测试站房内 GPRS/CDMA 通讯方式是否可用，可以利用手机测试，同时询问当地的通讯部门。

3．给排水

（1）样品水：采用潜水泵将被监测水样采入自动监测站站房内供仪器进行分析。采水管路室外部分采用加保护套管直埋或地沟铺设方式，采取防冻措施，埋没深度在冻土层以下。

采水管路进入站房的位置靠近仪器安装的墙面下方，并设 PVC 或钢保护套管（DN150），保护套管高出地面 50 mm。

（2）排水：站房内所有排水均汇入排水总管道，并经外排水管道排入相应排水点；排水总管径不小于 DN150，以保证排水畅通。另外需要注意防冻措施。排水管出水口高于河水最高洪水水位，并且设在采水点下游。

站房内设置一个供仪器设备专用的排水管道接口，采用 DN25 的 PVC 管或钢管，排水管道高出地面 50 mm。

（3）辅助用水：站房内引入自来水（或井水），必要时加设高位水箱。

自来水的水量瞬时最大流量 3 m^3/h，压力不小于 0.5 kg/cm^2，每次清洗用量不大于 1 m^3。

（4）站房外区域有雨水排出系统，避免站房外地面积水。

4．办公用房

站房内配有防酸碱化学实验台 2 套（50 cm×80 cm），并且配备 4 个实验凳。

（三）其他辅助设施要求

水质自动监测站的安全问题也是必须加以重视的，从以往站点运行的经验和教训得出，适合当地的防雷接地系统是站点可靠运行、减少雷击和浪涌造成损失的必要条件。因此，要在站房建设的同时设计建设合格规范的防雷接地系统，包括建筑物雷电入侵防护和电力线、通信线路雷电入侵防护，以及电气接地、仪表接地、独立避雷针接地。在建设站房时预设烟感探测器、红外探测器的安装位置。

三、仪器设备技术要求

（一）采水系统

（1）设备用途：采水系统。

（2）配置要求：包括水泵、管路、供电及安装结构部分。

（3）技术要求：

1）采水单元向系统提供可靠、有效的样品水，必须能够自动与整个系统同步工作。

2）采水管路的安装必须保证安全可靠。

3）采水管路必须选用合适材质以避免对水样产生污染。

4）采水管路必须安装保温材料，减少环境温度对水样温度的影响。

5）提供采水设计方案，必须对各种气候、地形、水位变化及水中泥沙提出相应解决措施。

6）采水单元性能要求

①采水单元对测定项目（除水温）监测结果的影响必须小于 5%。

②采水单元对水温的影响必须小于 20%。

③双泵双管路系统。

④具有管道反冲洗。

⑤水压水量满足分析单元的需要。

⑥取水处的防淤积、防杂物、防堵塞、防冻结、防冰凌。

⑦管线的保温措施。

⑧管线材质的稳定性。

⑨管线安装的安全性。

⑩采样泵维护维修的方便性。

⑪室内部分必须有手动取水口，方便水样比对实验的采水。

（二）配水系统

（1）设备用途：配水。

（2）配置要求：包括水样预处理装置、自动清洗装置及辅助部分。

（3）技术要求：

1）配水单元直接向自动监测仪器供水，其水质、水压和水量必须满足自动监测仪器的需要。

2）配水单元设计方案应包括泥沙去除、在线过滤、反冲洗及除藻设计。

3）方案中应针对不同地区、不同现场条件提出相应的针对性措施。

4）配水单元性能要求：

①在线除泥沙装置、在线过滤装置。

②管道反冲洗装置。

5）水量水压分配的控制功能。

①除藻装置。

②维护周期：≥7 天。

③辅助用水供应。

（三）自动采样器

（1）设备用途：采样。

（2）技术要求：

1）样品冷藏存储。

① 24 个 1 L 左右的采样 PE 瓶。

②采样体积可设定。

③样品低温冷藏，控温要求：4℃±0.2℃。

④内含空压机，制冷剂不含氟利昂。

⑤ 3 点模糊温度控制。

2）采样扬程：≥7 m。

3）采样模式：至少有时间、等比例和异常采样三种模式。

4）采样间隔：1 分钟到 99 小时 59 分钟可调。

5）存储器：内置实时时钟，可存储 6 种采样方法，并记录采样正常/失效、电源关闭等各种过程信息。

6）清洗：自动清洗。

7）数字信号输出：1 路 RS232/485 输出。

8）信号输入：1 路模拟信号输入和 1 路开关信号输入。

9）继电器输出：可选择代表分配臂控制信号，跟踪采样状态或故障报警输出。

10）电源：220V（AC），50Hz。

11）安装：采样器；落地式安装，防护等级 IP 65。

（四）五参数水质自动监测仪

（1）设备用途：水质在线监测。

（2）技术要求：

1）水温计

①测量范围：0～40℃。

②准确度：≤±0.02℃。

③分辨率：≤0.01℃。

2）pH 仪

①测量范围：0～14。

②准确度：≤±1%（FS）。

③分辨率：≤0.01（pH）。

④线性度：≤±0.2%（FS[①]）。

⑤校准方式：手动。

⑥温度补偿：在 0～40℃可利用温度传感器自动进行温度补偿。

3）DO 仪

①测量范围：0～20 mg/L。

②准确度：≤±0.1 mg/L。

③分辨率：≤0.01 mg/L。

④校准方式：手动。

⑤温度补偿：至少在 0～40℃可利用温度传感器自动进行温度补偿。

⑥盐度补偿：可对盐度的影响予以校正（以氯离子浓度计，可在小于 1.7 g/L 范围内进行校正）。

4）电导率仪

①测量范围：0～10 mS/cm。

① 注："FS" 表示全量程。

②准确度：≤±1%（FS）。
③分辨率：≤±0.1%（FS）。
④线性度：≤±0.2%（FS）。
⑤校准方式：手动。
⑥参考温度：25℃。
⑦温度补偿：至少在 0～40℃之间可利用温度传感器自动进行温度补偿。
5）浊度仪
①测量范围：0～500/1 000 NTU 可调。
②准确度：≤±2%（FS）。
③重现性：≤1%（FS）。
④分辨率：≤1 NTU。

（五）高锰酸盐指数自动分析仪

（1）设备用途：水质在线监测。
（2）技术要求：
1）原理：酸性高锰酸钾氧化法。
2）量程：0～20（50）mg/L 可调。
3）再现性：≤±5%（FS）。
4）准确度：≤±5%（FS）。
5）最低检出限：≤0.5 mg/L。
6）分辨率：≤0.1 mg/L。
7）测量循环的时间长度：<40 min。
8）维护周期：≥20 天。
9）校准方式：自动。
10）连续和间断测量方式。
11）自动采集水样功能。

（六）总有机碳自动分析仪

（1）设备用途：水质在线监测。
（2）技术要求：
1）原理：有机物的氧化率≥99%，非分散红外检测二氧化碳气体。
2）量程：0～50（100/500/1 000）mg/L 可调。
3）再现性：≤±2%（FS）。
4）准确度：≤±5%（FS）。
5）最低检出限：≤0.5 mg/L。
6）分辨率：≤0.1 mg/L。
7）测量循环的时间长度：<20 min。
8）维护周期：≥7 天。

9）校准方式：自动。

10）连续和间断测量方式。

11）自动采集水样功能。

（七）氨氮自动分析仪

（1）设备用途：水质在线监测。

（2）技术要求：

1）原理：气敏电极法。

2）量程：0～10 mg/L。

3）再现性：≤±2%（FS）。

4）准确度：≤±2%（FS）。

5）最低检出限：≤0.05 mg/L。

6）分辨率：≤0.02 mg/L。

7）测量循环的时间长度：≤10 min。

8）维护周期：≥7 天。

9）校准方式：自动。

10）连续和间断测量方式。

11）自动采集水样功能。

（八）总氮自动分析仪

（1）设备用途：水质在线监测。

（2）技术要求：

1）原理：过硫酸盐紫外氧化分解-光度法。

2）量程：0～2（5/10）mg/L 可调。

3）再现性：≤±3%（FS）。

4）准确度：≤±5%（FS）。

5）最低检出限：≤0.1 mg/L。

6）分辨率：≤0.1 mg/L。

7）测量循环的时间长度：＜40 min。

8）维护周期：≥7 天。

9）校准方式：自动。

10）连续和间断测量方式。

11）自动采集水样功能。

（九）总磷自动分析仪

（1）设备用途：水质在线监测。

（2）技术要求：

1）原理：过硫酸盐紫外氧化分解-光度法。

2）量程：0～0.5（1/2）mg/L 可调。
3）再现性：≤±3%（FS）。
4）准确度：≤±5%（FS）。
5）最低检出限：≤0.01 mg/L。
6）分辨率：≤0.01 mg/L。
7）测量循环的时间长度：<40 min。
8）维护周期：≥7 天。
9）校准方式：自动。
10）连续和间断测量方式。
11）自动采集水样功能。

（十）生物毒性自动分析仪

（1）设备用途：水质在线监测。
（2）技术要求：
1）原理：采用国际上通用发光菌作为检测生物技术指标，符合 ISO 11348 标准。
2）发光菌可检测化学毒性物：≥2 000 种。
3）仪器检测技术：双路对照检测技术，可与参考水样对比。
4）定期自检：系统能定期自动用标样校验，确认仪器工作正常。
5）检测精度：纯水：≤±3%；实际水样：≤±5%。
6）纯水检测光损失：<±2%。
7）20 mg/L Zn^{2+}光损失：>20%。
8）工作环境温度：1～30℃。
9）仪器可控温，满足菌种的保存和样品培养要求。
10）检测生物培养时间：5～30 min。
11）检测周期：<60 min。
12）维护周期：≥7 天。

（十一）挥发性有机物（VOC）自动分析仪

（1）设备用途：水质在线监测。
（2）技术要求：
1）原理：吹脱捕集-气相色谱法。
2）针对水中常见的挥发性有机物（如苯系物、卤代烃等）能够达到 1×10^{-9} 的检出限。
3）具有基本校准和用户校准功能。
4）仪器性能稳定，能实现对水体 VOCs 连续自动监测。
5）工作环境温度：5～40℃，相对湿度：20%～95%。
6）水过滤器：根据不同样品选配不同过滤器。
7）有自动清洗器，可以选装水样加热和制冷装置。
8）满足通用数据交换协议，可在需要时通过数据交换协议获取数据。

9）为了保证水质自动监测系统内各仪器的同步运行，VOCs 仪器需要具备能够接受 PLC 的启动信号的功能。

10）检测周期：<60 min。

11）维护周期：≥7 天。

（十二）控制系统

（1）设备用途：系统控制、数据采集与贮存及通讯功能。

（2）技术要求：

1）控制单元应具有在系统断电或断水时的保护性操作和自动恢复功能。

2）控制系统软件必须与现有的远程监控软件完全兼容。

3）提供控制单元设计方案，并加以详细的说明。

4）主体设备。

①平均无故障时间（MTBF）：≥2 000 h。

②控制软件应具有友好的人—机界面，汉化的图形界面。

③信号输入/输出（DI/DO）：≥16 组，并具有可扩展性。

④信号输出应完全隔离。

⑤功耗：≤100W。

⑥电源要求：150～240V，50Hz。

⑦工作环境：温度 5～40℃和相对湿度<90%。

5）系统控制。

①可远程设置系统的采样周期（2～24 次/天）。

②各单元设备控制参数的远程控制功能。

③控制单元时钟与分析单元的时钟能匹配。

④断电、断水或设备故障时的安全保护性操作。

⑤系统的自动启动和自动恢复功能。

⑥各单元设备工作状态参数的显示。

⑦断电后可继续工作时间：≥12 h。

6）数据采集与存储。

①16 通道以上模拟量采集功能。

②数据采集精度：≥16 bit，采集频率：≥1Hz。

③断电后能自动保护历史数据和参数设置。

④数据储存量：≥400 组。

⑤数据采集正确率：≥99%。

7）其他设备。

①通讯。

a. 能够满足电话拨号和 VPN 通讯方式及现场监控设备的连接。

b. 外接口：≥4 个 RS232。

c. 外置 Modem 56 kbit/s。

②计算机。

a. 预装 Windows XP 或 Windows 7 Professional 正版操作系统。

b. 双核 CPU，每核具有 512kB 的 L2 缓存。

c. 双核 CPU 主频：≥2.2GHz。

d. 系统内存：≥2 GB。

e. 硬盘 SATA 接口：≥160 GB。

f. 光驱：≥16 倍速 DVD-ROM。

g. 显示器：液晶显示器，≥19 英寸。

h. 内置 Modem 56 kbit/s。

i. 内置网卡（10～100Mbit/s）。

j. 内置一个以上串口。

k. 预装正版杀毒软件。

③工控机。

a. 预装 Windows CE 或 Linux 等嵌入式操作系统。

b. CPU 主频：500MHz。

c. 系统内存：512MB。

d. 接口：1 个以上 10/100 Base-T（RJ-45）。

e. 支持外置 Flash 卡作为存储器，容量：2 GB 以上。

f. 板载、集成串口：3 个 RS-232，1 个 RS-485。

g. 具备 VGA 接口，支持触摸屏操作。

h. 看门狗定时器：硬件可编程。

i. 宽电压设计：DC 9～30；功耗规格：≤30W。

j. 工业级嵌入式硬件产品，低功耗 CPU，密封无风扇结构。

k. 具备 CE 认证，Microsoft Windows Embedded 认证。

l. 工作环境：温度 5～40℃，相对湿度＜90%。

（十三）通讯设备

（1）设备用途：数据传输。

（2）技术要求：

1）通讯方式要求：自动站与托管站、省站、总站采用无线上网方式（CDMA）进行数据传输，数据自动上传。为了保证数据传输的安全性，须采用 VPN 硬件加密技术。

2）VPN 硬件技术要求

①性能参数

a. VPN 加密速度（128 bits AES）：5Mbit/s。

b. VPN 隧道数目：50。

c. 最大支持移动用户数量：50。

d. 防火墙吞吐速度：50Mbit/s。

e. 转发时延：0.3～5 ms。

f. 并发会话数目：20 000。

g. 最大防火墙规则数目：2 048。

h. 最大时间规则数目：128。

i. 最大 URL 匹配数目：128。

j. 最大 QOS 规则数目：128。

②电气特性

a. 输入电压：180～240AV。

b. 使用环境温度：－10～50℃。

c. 使用环境湿度：5%～90%。

d. 网口网络接口：2 个 100BASE-T（RJ-45）。

e. 串口：1 个 RS232。

f. 面板指示灯：3 个 LED 网路指示灯。

g. 1 个 LED 告警指示灯。

h. 1 个 LED 运行指示灯。

③工作方式

路由：作为路由网关使用。

④网络特性

a. 支持的 Internet 接口：PSTN/ISDN、ADSL/xDSL、Cable Modem、DDN/ATM、WLAN。

b. 支持的协议：IPv4。

c. 网络分区：WAN、DMZ、LAN。

d. 是否支持 VLAN：支持。

⑤VPN 功能

a. 协议：Sinfor SL（IPSec 的改进协议）。

b. VPN 加密技术：AES 算法，支持 128 位的 AES 加密；支持第三方硬件加密卡。

c. DES：数据加密标准（Data Encryption Standard）。

d. 3DES：国际标准对称算法（三重 DES）、签名算法、RSA 算法、摘要函数、HASH 函数，支持 MD5。

e. 压缩功能：使用 LZO 高速压缩算法。

f. VPN 网络类型：支持网到网的 Intranet VPN；支持单机接入的 Remote Access VPN；支持与合作伙伴和客户连接的 Extra VPN。

g. QOS：使用差分业务模型提供 VPN 内的 QOS；使用随机早期检测 RED 丢弃算法提供流量控制；5 级 QOS 流量规则；1 024 个 QOS 分类规则。

h. 动态 IP 支持：使用 WebAgent 技术支持。

i. 用户权限：提供基于服务的 VPN 内部权限。

j. 多个安全子网支持：50 个。

k. 广播包支持：支持任意广播包跨网复制，支持直接浏览网上邻居。

⑥认证支持

a. 支持的算法：MD5。

b. 支持的数字证书：与硬件绑定的数字证书。

c. 支持 USB Key 认证：使用 USB Key 进行用户身份认证。

⑦防火墙类型

a. 包过滤：支持 TCP/UDP/ICMP 的所有包过滤功能。

b. 状态检测：支持 TCP/UDP 的状态检测功能，使过滤性能大大提高，在后续版本中将实现脚本定义的智能识别和防御攻击。

⑧防御能力

a. URL 内容过滤：支持。

b. 邮件过滤：后续支持。

c. 防御的攻击种类：使用状态检测功能，能防御包括 Dos、Synflood、Icmpflood、碎片攻击等多种攻击。

d. 阻止 ActiveX、Java 攻击：支持。

⑨安全和网络特性

a. NAT 功能：支持静态和动态 NAT、端口 NAT、虚拟服务。NAT 访问权限支持 MAC 地址绑定、时段访问、用户规则等。

b. 提供入侵检测告警：通过日志进行报警。

c. 提供实时入侵的防范：自动封禁 IP。

⑩管理功能

a. 管理员权限：分级管理。

b. 本地管理：GUI 方式。

c. 远程管理：GUI 方式。

d. 分发配置：使用加密的 USB Key 分发配置，移动用户零配置。

⑪高可靠设计

a. 自动恢复：看门狗提供自动恢复功能，配置备份功能。

b. 集群或双机备份：VPN 支持集群、支持双 VPN 系统备份。

c. 多线路备份：支持 2 条线路的备份。

⑫日志和审计功能

a. 日志容量：可以使用独立的日志服务器，容量无限制。12Mbit 内置历史日志容量。

b. 提供审计报表：提供。

c. 日志种类：系统信息、告警日志、错误日志、调试日志、覆盖所有模块。

四、系统的验收

（一）验收工作程序

为了保证国家水质自动监测系统的建设质量，国家水质自动监测站的验收需要根据建设进度按以下几个方面进行。

1. 站房验收

为保障后续仪器设备安装调试工作的顺利进行，水站基建工程完工后，需要对站房的建设情况进行验收。站房的验收由托管站和集成公司共同完成。如站房不满足建设要求则不能进行仪器设备的安装与调试。

2. 系统验收

系统验收是在完成了仪器设备安装调试，各个仪器设备可以在控制系统支配下整体试运行的情况下进行的。系统验收要求进行精密度、准确度等仪器设备的测试，程序和步骤比较复杂繁琐、持续时间也较长。因此需要各托管站选派专职的技术人员负责。

3. 现场检查

水站建设完成进入试运行后（即系统考核验收期间），总站将组织对水站的建设情况进行现场检查，以便于及时发现并解决问题，督促托管站抓紧进行系统验收的各项工作。

4. 总体验收

整个项目所建水站的验收报告完成以后，总站将组织召开项目总体验收会，对整个项目的建设进行评价。

（二）验收考核内容

1. 验货

货物到达安装现场后，托管站负责接收与保存，待托管站、集成公司和仪器供应厂商三方均在场时方能开箱验货；仪器供应厂商应提供详细装箱清单。验货合格后，三方共同填写《仪器设备到货验收单》（附表 1）。如果货物质量或技术规格与合同不符，或货物有明显损坏，买方有权提出索赔。

2. 仪器性能测试

除了设备供货方的标准测试外，仪器供应厂商必须在安装调试后进行精密度、准确度、检测限和线性等仪器设备性能测试。仪器供应厂商、集成公司以及托管站三方共同填写《仪器设备性能验收单》（附表 2）。

仪器供应厂商和集成公司在此阶段对托管站技术人员进行现场培训。

3. 系统测试

仪器调试正常、性能测试合格并完成现场培训后，系统进入为期一个月的试运行阶段。在此阶段，托管站要进行实际水样的自动监测仪器测试与实验室国标方法分析的对比试验，并通过托管站内的计算机远程调取和上传自动监测数据。根据实验结果填写附表 3 和附表 4。

托管站自考核之日起至考核全部结束期间，记录每日的仪器设备运行状况、故障及维护情况（填写附表 5），并保存好运行记录和考核实验原始记录备查。系统应连续运行 30 天无故障。

4. 验收报告

各个自动监测系统测试结束，集成公司应提出最终验收申请及相应的报告，托管站也将提交验收监测报告。总站依据申请组织专家组对各个新建水站的验收报告审核验收。

（三）自动监测仪器考核方法

1. 仪器性能考核

测试样品采用经国家认可的质量控制样品（或按规定方法配制的标准溶液，选择测量范围中间浓度值）。溶解氧的测试样品采用溶解氧饱和的纯水（不同温度下的饱和浓度值见《水和废水监测分析方法（第四版）》第 208 页）。

水温、浊度、电导率仪不参加仪器性能考核。

自动采样器主要是考核仪器与系统的连通以及系统对采样器的控制功能。

（1）仪器的准确度与精密度

仪器经校准后，连续测定 6 次测试样品，根据测定结果计算仪器的准确度和精密度。将测试结果填入附表 4，准确度和精密度的计算见下式。

1）准确度以相对误差（RE）表示，计算公式如下：

$$\mathrm{RE}=\frac{\overline{x}-c}{c}\times 100\% \tag{2-1}$$

式中：x——质控样品 6 次测定平均值；

c——真值（质控标样值）。

2）精密度以相对标准偏差（RSD）表示，计算公式如下：

测试样品的相对误差不大于推荐值的±10%，相对标准偏差不大于±5%。

$$\mathrm{RSD}=\frac{\sqrt{\frac{1}{n-1}\sum_{i=1}^{n}(x_i-\overline{x})^2}}{\overline{x}}\times 100\% \tag{2-2}$$

（2）仪器的检测限

仪器的检测限采用实际获得的检测限，计算公式如下：

$$\mathrm{DL}=3S_{\mathrm{b}} \tag{2-3}$$

式中：S_{b}——多次测定空白或配制的低浓度标准溶液的标准偏差。

（3）线性检查

按仪器规定的测量范围均匀选择 5 个浓度的标准溶液（包括空白）按样品方式测试，并计算其相关系数。

2. 对比实验考核

各托管监测站应按照规定的监测分析方法（表 2.2）对实际水样进行实验室分析，并与仪器的测定结果相对比。比对项目为水温、pH、DO、电导率、高锰酸盐指数、氨氮、总有机碳、总氮、总磷以及叶绿素等所有配置项目，测试项目缩写、单位与要求保留的小数点位数见表 2.3。

对比实验要求提供 10 对数据，每天 1 对数据共做 10 天。

具体的对比实验步骤如下：

1）水样采集与处理

原则上，对比实验应与自动监测仪器采用相同的水样；采样位置、时间与自动监测仪器的取样位置、时间均尽量保持一致。

2）采样频次与样品测定

采集瞬时样，每天采集 1 次，同步记录自动监测仪器读数。对比实验样品取平行样测定。

表 2.2 对比实验规定监测分析方法

序号	项目	对比实验方法
1	水温	水温计法（GB 13195—1991）、现场监测
2	pH	玻璃电极法（GB 6920—1986）、现场监测
3	DO	碘量法（GB 7489—1987）、现场固定样品 电化学探头法（GB 11913—1989）现场标定
4	电导率	电导率仪法*、现场监测
5	氨氮	纳氏试剂比色法（GB 7479—1987）
6	高锰酸盐指数	高锰酸盐指数的测定（GB 11892—1989）
7	总氮	钼酸氨分光光度法（GB 11893—1989）
8	总磷	碱性过硫酸钾消解-紫外分光光度法（GB 3838—2002）
9	叶绿素 a	丙酮萃取法-分光光度法

注：*参见《水和废水监测分析方法（第四版）》，112—113 页，中国环境科学出版社，2002 年。

表 2.3 监测项目缩写、单位与位数

序号	项目名称	缩写	单位	小数位数
1	水温	T	℃	1
2	pH	pH	无量纲	2
3	溶解氧	DO	mg/L	2
4	电导率	EC	μS/cm	0
5	浊度	TB	NTU	0
6	氨氮	NH_3-N	mg/L	2
7	高锰酸盐指数	I_{Mn}	mg/L	1
8	总氮	TN	mg/L	2
9	总磷	TP	mg/L	3
10	叶绿素 a	chl-a	μg/L	1

将对比方法的每日测定结果平均值与自动监测仪器的测定结果填入附表 4。其中测定误差的计算见下式：

$$RE = \frac{\overline{x} - x_l}{x_l} \times 100\% \tag{2-4}$$

式中：$\overline{x}$——自动监测仪器测定值；

x_l——对比方法的测定值（平均值）。

仪器实际水样对比实验考核相对误差应不大于±20%。

（四）仪器运行状况考核

将仪器考核期间自动监测系统运行情况记录于附表 5。

（五）质量保证与质量控制

对比实验的质量保证和质量控制严格按计量认证的有关要求进行。

（六）验收报告编写

验收报告应包括水站地理位置（所在流域、基本位置等）、基本情况（基本水文水质情况、基本建设情况、站房、采水工程等相片）、有资质的单位出具的防雷装置检测报告、基建费用使用决算报告、仪器运行情况、考核结果与讨论、存在问题与建议、自动站年运行费用估算（包括水电费、试剂消耗、通讯、交通、取暖燃料等）等内容，最后水站的受托管理单位应给出综合评价意见（附表6）。

（七）固定资产登记

水站的受托管理单位在完成验收监测报告的综合评价后，填写《水质自动监测站固定资产卡片》（附表7），与验收报告一同上报组织建设部门。

第四节　水质自动监测系统日常运行（例行的维护与保养）

一、水质自动监测系统日常运行管理

为保证水质自动监测系统长期稳定运行，监测数据准确、可靠，及时掌握水质状况和变化趋势，发挥水质自动监测站的预警作用，为环境管理提供及时、准确、有效的监测数据，要建立水质自动监测系统运行、管理规章制度，建立系统质量管理和质量控制体系，并建立相应的监督、考核机制，保证各项规章制度的贯彻执行和体系的有效运转。

（一）管理制度

（1）建立水质自动监测站运行管理办法；
（2）建立水质自动监测站运行管理人员岗位职责；
（3）制定自动监测站巡检和中心站值班制度；
（4）编制水质自动监测站质量管理和质量控制体系文件；
（5）编制水质自动监测站仪器作业指导书（操作规程）；
（6）编制相关工作记录表；
（7）建立水质自动监测站建设、运行和质控档案管理制度；
（8）建立岗位培训及考核制度。

（二）自动站巡检要求

要求对正常运行的水质自动监测站每周至少巡视检查1次，巡视检查的主要内容应包括：
（1）水站周边环境检查
1）检查子站供电系统、通讯线路、外采样装置是否正常；河流水位变化情况；河水

水质外观情况；采水管路有无堵塞和渗漏，做好检查记录。

2）在经常出现强风暴雨的地区，子站房周围的杂草和积水应及时清除。检查避雷设施是否可靠，站房是否有漏雨现象，站房外围的其他设施是否有损坏或被水淹，如遇到以上问题应及时处理，保证系统安全运行。

（2）水站仪器设施巡检

1）检查自动站的供电电源是否稳定，稳压电源电压、电流值是否在正常范围内，接地线路是否可靠；空调、除湿装置工作是否正常；排水排气装置工作是否正常。

2）检查采样和排液管路是否有漏液或堵塞现象，各分析仪器采样是否正常；对仪器试剂消耗情况进行检查记录。

3）检查监测仪器的运行状况和工作状态参数是否正常。

4）检查仪器设备供电、过程温度、搅拌电机、传感器、电极以及工作时序等是否正常，检查有无漏液，管路里是否有气泡等。

5）认真做好仪器设备日常运行、巡查现状工作记录及质量控制实验测试记录。

6）定期对空调进行预防性维护，适时清洁空调过滤网以免积灰，以免影响空调正常运行，经常检查空调运行状况，尤其在夏季和冬季应加强这方面的工作。

（三）中心站值班与监控

各具有水质自动监测系统的环境监测站，应建立中心机房值班制度，要求水站运行管理人员每天必须查阅、审核自动站监测数据，远程监控自动站运行状况，发现监测数据异常时及时采取应对措施。控制中心值班人员应有很强的责任心，具备数据分析、计算机、数据采集与传输等方面的知识，并能熟练操作系统软件。中心值班人员工作内容包括：

（1）每日上午、下午至少 2 次通过专用软件远程调取和监视系统运行情况和监测的实时数据，并对数据进行检查分析。

（2）如果发现监测数据异常，首先应判断异常数据是水质变化还是仪器原因引起的，如是水质变化引起数据异常应及时向主管领导汇报；仪器问题应通知运维人员及时进行仪器维护；无法判断数据异常原因时，应考虑采用质控手段确认数据的准确与否，必要时应到水站现场采样，进行手工监测比对。

（3）编制水质自动监测数据报告（日报、周报、月报等，报出报告应按要求进行统计和填写，按报告审核要求报送报告。

（4）做好值班记录，每月备份水质自动站的原始数据并按要求定期存档。

二、系统维护与保养

（一）采、配水系统的保养与维护

要保证水质自动监测站的正常运行，日常维护工作必不可少，工作人员在水质自动监测站的运行中应注意随时发现问题并及时解决问题，才能使系统长期稳定地运行。

室内、外配水管路经过一段时间后，管壁上肯定会附着一些杂质，如淤泥、藻类等，这会影响监测数据的准确性。采、配水系统的维护周期一般为两周一次。

维护主要内容：

检查各管路阀的工作状态是否正常、检查管路进出水量情况是否正常、清洗外部采水头，夏季时应缩短清洗间隔。

检查水泵的工作情况，即水泵运转时有无异常声响，水泵电缆线的绝缘层有无老化情况，必要时测量绝缘电阻。

配水系统虽然设置自动清洗功能，但定期的人工清洗必不可少。清洗室内管路时可将连接管路的活结处（接口油任）旋开，用长毛刷对管路刷洗或用安替福民溶液浸泡后用清水冲洗干净，安装时依原样固定后旋紧接口油任即可。

1. 采水系统的日常维护

采水系统的检查维护对象主要是对采水泵、浮筒、采水管路、过滤网、管路压力表等设备，其检查维护内容包括：

（1）每周 1 次检查浮筒固定情况，检查自吸泵储水罐中是否有水；运转时有无异常声响，转动是否灵活、均匀，电机是否过热。

（2）每月 1 次检查潜水泵线缆连接情况，检查泵的电源线的绝缘；检查自吸泵泵体清洁；检查内部风叶运转及水量情况。

（3）每 2 月 1 次清洗自吸泵采水头和过滤网；清洗潜水泵泵体、吊桶。

（4）检查取水管路（主要为河道中）是否畅通，可以通过配水管路上的压力表流量、流速情况判断。

（5）每年应聘请专业人员维护维修或更换取水泵。应对浮（船）筒、栈桥等建筑物进行一次维护，对其安全牢固性进行检查等。

2. 自吸泵的维护

对自吸泵进行良好维护可保证水泵长期稳定正常运行，可延长水泵使用寿命，应做到以下几个基本点：

（1）定期检查电机后面风叶，检查转动是否灵活、均匀、无异物。

（2）定期检查水泵进水管路与出水管路是否畅通（通过配水管路上的压力表可以判断自吸泵吸水时流量、流速的变化情况）。泥沙含量大或藻类密集的地方应定期进行人工清洗管路。

（3）水泵泵体应定期清洗，以防止泥沙淤积，降低水泵性能，同时查看有无异物，以免运行时损坏叶轮。

（4）经常检查采水头，特别是枯水期和汛期。查看采水头是否淤在泥中或被杂草糊住；经常清洗采水头的滤网，避免藻类在采水头滤网上附着，增大泵的采水阻力，造成抽水不畅。

3. 潜水泵的日常维护措施

（1）定期检查水泵进水管路与出水管路是否畅通（通过配水管路上的压力传感器可以判断潜水泵吸水时流量、流速的变化情况），如水量较小应检查判断原因并排除。泥沙含量大或藻类密集的地方应视情况进行人工定期清洗管路。

（2）应定期检查泵体吸水口，经常清洗采水泵的滤网或进水口以防止泥沙藻类淤积，运转时损坏叶轮。

（3）潜水泵在水中放置深度应在水面以下 0.5～1.5 m 处为最佳。

（4）水泵的选择应考虑其所工作的介质。例如酸碱度、水中泥沙的含量、不溶固态漂浮物以及水温都会对水泵的寿命造成影响。

（5）水泵长期浸泡在水下，其密封部件逐渐老化，因此应该每隔一段时间（两周到一个月）用摇表测量一下水泵的对地绝缘阻值（一般应大于数兆欧姆），并进行记录，一旦发现其阻值出现明显变小，将水泵提起，首先拆卸下部吸入水部分，清除其中淤塞的泥沙等，然后置于通风处进行干燥处理。

4. 配水系统维护

每月 1 次：检查气泵和清水增压泵工作状况。通过管道的压力变送器检查各水泵是否能达到原设计供水量、供水压力等，检查流量控制阀或其他非流通式流量控制阀是否有堵塞。清洗仪器采样适配器，包括过滤头、水杯和进样管等。

每 2 月 1 次：检查配水管路是否有滴漏现象并清洗。在不影响系统的运行或者关闭系统的前提下，开关 2～3 次配水管路中的所有手动球阀，清除阀内杂物，防止损坏阀体，引起堵塞，并清洗阀体。

（二）常规五参数仪器的保养与维护

1. 在线五参数分析仪测量原理

以 WTW 在线五参数分析仪为例，常用五参数测量方法如下：

（1）pH——玻璃电极法；

（2）温度——温度电极法；

（3）溶解氧——三级式薄膜电极法；

（4）电导率——四级式电导池法；

（5）浊度——90 度散射光比浊法。

2. 在线五参数分析仪的电极日常维护要求

（1）电极维护

1）每周 1 次：清洗 pH 电极、溶解氧电极、电导率电极、浊度电极。把探头从测试液中取出，放在一个装有清水的塑料桶中，用纱布轻轻擦洗电极顶部。

2）每月 1 次：校正 pH 电极，如果校正失败，请维护电极；校正溶氧电极，如果校正失败，请维护电极。

3）每 6 月 1 次：更换一次溶解氧膜头（根据水质情况调整更换时间）。

4）每年：更换 pH 测量电极。

5）停机维护：

短期关机：断电 24 h 以内对仪器无任何伤害性影响；

长期关机：按以下步骤处理仪器：①关掉仪器电源；②拆下 pH 传感器，清洗并沥干，放回含有饱和 KCl 的凸起电极帽中；③溶解氧传感器最好放置到存在饱和湿空气的环境中；④其他传感器盖上保护帽即可；⑤将测量池清洗干净。

（2）pH 电极和溶解氧电极的维护方法

见仪器校准部分。

（3）浊度电极的维护方法

浊度电极不需要经常进行保养，超声波自清洗系统可防止污染物在电极测试面上沉积并避免由于气泡对测试面的冲撞而引起的故障（注意：设备运行时最好打开超声波自清洗系统，否则可能会出现 OFL 或“----”）。若电极受污染严重或“SensorCheck”信息出现在记录簿上，应清洗电极杆和测试面，如有沉淀和松软黏附物或生物附着物，用软布或软刷和加有清洁剂的温自来水清洗。如有盐或石灰沉积物，用醋酸（体积百分比=20%）软布或软海绵清洗。

（4）电导率电极的维护方法

电导电极不需经常保养。若电极被严重污染则会影响测试精度。因此，建议定期清洗电极。如有水溶性物质污染用自来水清洗，如有油脂污染用温水和家用清洗剂清洗。如有石灰、羟化物污染用醋酸（10%）溶液清洗即可。

（三）氨氮仪器的保养与维护

1. 一般维护

以 JAWA-1005 氨氮在线分析仪为例，仪器工作原理及方法如下。

氨氮测量采用氨气敏电极法，将水样加入强碱溶液提高 pH 值后，使铵盐转化为氨气，通过氨气敏电极检测，经数据计算处理后显示出氨氮的含量。仪器采用了标准加入法。在每一次分析中，利用设定浓度的标准液 1（15#桶）和标准液 2（16#桶）对电极进行标定，克服电极漂移及衰减的缺点；并在样品中加入标液，使低浓度的样品测定值落在曲线的线性部分，经过计算后，得出样品水的氨氮值。

2. 更换试剂

更换试剂周期为每 15 天，按仪器操作规程配制相关试剂。更换试剂时应注意以下几点：

（1）关闭分析仪。

（2）注意试剂桶的标识及颜色，与其管路接口的标识及颜色相一致。将进液管与新试剂桶连上并将接头拧紧。

（3）检查一下废液桶，将废液清空。

（4）开启分析仪，重置分析仪中试剂存量。检查一下试剂桶的容量，使其与显示在电脑中所记载的试剂桶的容量一致。运行仪器，检查进液管、出液管是否有漏液现象。

3. 电极维护

（1）电极的维护周期与使用频率、被测水样条件、现场环境温度有关，通常情况下应每 2 周更换一次电极液，每 4 周更换一次电极膜，每 12 个月更换新的氨气敏电极。当使用频率每天 6 次，被测水样清洁且氨氮浓度较低，环境温度稳定且不高于 30℃时，如电极性能稳定可适当延长维护周期。

（2）电极维护步骤：

①关闭电源；②将电极从反应池中取出；③旋开电极顶端，取出内部电极用去离子水冲洗并擦拭干净，弃去电极内部液体，旋开电极末端的电极膜紧固套，弃掉以前的电极膜，用镊子夹取一片新的电极膜，将电极膜盖在电极末端，整理好使电极膜平整，盖好电极膜紧固套。注意：确保电极膜表面没有任何皱褶和污渍。④向电极内部滴入电极液约 1.5 mL，

安回内部电极，轻轻拽动电极电缆十数次。旋紧电极固定套，将电极固定在反应池中，盖好电极支架盖。注意：电极液的填充应已将内部电极插入套筒后没过内电极 1/2～2/3 为宜，切不可过少，或过多从电极通气孔中涌出。注意：安装完成后必须拽动电极电缆大于 10 次，不可省略。

4．蠕动泵管维护

根据需要，每 6 个月换一次泵管。水样管和试剂管路更换时间视现场的具体情况而定，通常更换时间为 6～12 个月。调整阀管，每个月将电磁阀切断阀管的位置调整一下，每 6 个月更换全部阀管。

（四）高锰酸盐指数仪器的保养与维护

1．仪器测量原理

样品中加入已知量的高锰酸钾和硫酸，在 97～98℃加热一定时间（与在沸水浴中加热 30 min 相当），高锰酸钾将样品中的某些有机物和无机还原性物质氧化，反应后加入过量的草酸钠还原剩余的高锰酸钾，再用高锰酸钾标准溶液回滴过量的草酸钠。通过计算得到样品中高锰酸盐指数。

2．日常维护

（1）检查试剂是否充足，及时更换试剂（草酸钠、高锰酸钾、硫酸和蒸馏水），更换时注意不得让试剂受污染。更换后必须运转蠕动泵，让新试剂更新掉试剂管路中残存的旧试剂。

（2）每 2～3 个月更换一次蠕动泵管，更换泵管时必须注意对号入座（粗：32 号、中：15 号、细：8 号），更换泵管的同时在蠕动泵轴承和泵管表面涂抹润滑油，防止泵管工作时破裂；每种蠕动泵的泵管长度均有明确的要求，为 188～190 mm，用户在更换时须进行确认；更换泵管时必须小心，防止试剂腐蚀仪器。更换泵管时仪器应该处在关机状态。注意：每种型号的泵管、接头、泵体与其他型号不通用。

（3）检查各路试剂管路是否畅通，确保管路中无气泡。

（4）检查冷却剂乙二醇有无渗漏。

（5）检查测量室的清洁情况，必须保证其洁净，必要时须取出进行清洗。仪器工作较长时间后或长时间待机而残存试剂并未引出时，测量室玻璃壁有可能有紫黑色的二氧化锰结垢，会遮挡住光路影响测量，用盐酸羟胺、热的酸性草酸钠溶液或氯化亚锡盐酸溶液可进行清洗，注意在清洗过程中，不要将液体遗留在玻璃测量室外壁，以免液体流入外壁下部加热电阻处造成短路。

3．日常维护注意事项

（1）标定时应特别注意 V_0 值及 V_2 值是否在许可的范围内。

（2）确定发射极与接收极在底座上插入是否到位且稳固，避免影响仪器对终点的确认。

（3）每次清洗之后，必须保证测量室被完全清空并用蒸馏水反复清洗。

（4）检查管路尤其高锰酸钾管是否阻塞或结晶，及时清洗。

（5）检查测量室在注液过程中的进液或排液情况，泵管有无泄漏，测量室本身有无泄漏，电磁阀处有无泄漏。

（6）蠕动泵必须完成一个确定的完整转数并正确地将试剂注入测量室。

（7）测量室连接元件诸如发射极、接收极、加热装置，温控装置，必须正确地放置，其线缆要正确连接；磁力搅拌器驱动的磁芯必须持续地旋转。

（五）总有机碳仪器的保养与维护

1. 仪器测定原理（TOC-4100）

在水中存在与氧或氢等结合构成有机化合物的碳（总有机碳 TOC）和作为二氧化碳、碳酸根离子、碳酸氢根离子等构成无机化合物的碳（无机碳 IC），它们合起来称为总碳（TC），即 TC=TOC+IC。TOC 又分为经通气处理从试样挥发失去的成分（挥发性有机碳 POC）和不挥发的成分（不挥发性有机碳 NPOC），即 TOC=NPOC+POC。一般水样中的挥发性有机碳和非挥发性有机碳相比，比例非常小，可以忽略，即 TOC=NPOC+POC≈NPOC。

样品通过八通阀，在注射器中经过酸化曝气后里边的无机碳就会被去除，再通过注射器泵注射到燃烧管中，供给纯氮气并在 680℃的温度燃烧氧化，生成二氧化碳和水，导入进电子冷凝器分离出水分，二氧化碳则送入非红外 NDIR 检测器中检测二氧化碳的量，再根据校正曲线来计算出 TOC 的浓度。

2. 日常维护

（1）日常检查

TOC-4100 系列日常检查每周 1 次。检查内容包括：

1）载气气源供应是否正常，载气瓶气压应大于 2MPa，二次表为 0.3MPa，不足时应更换新气瓶。

2）检查管道是否堵塞、泵的工作是否正常，保证试样水在检测时正常流动。

3）仪器面板上的红色 Ready 灯常亮。

4）加湿器里边的蒸馏水应保持在上、下标线之间。若蒸馏水面低于下标线，须补充蒸馏水至上标线。B 型卤素洗涤器内边的蒸馏水应保持在使进气管底端浸入水中的高度。若蒸馏水水面低于进气管底端，须加入蒸馏水到将进气管底端浸入水中同时水面应低于出气管口。

卤素洗涤器内部的吸收剂不能完全变黑，若内部的吸收剂从入口就发黑变色且到出口，则须更换。

冷凝水容器里边的蒸馏水应保持在溢流管口的近处约 10 mm 以内，若蒸馏水面较低时，须补充蒸馏水至溢流管口位置。

（2）TOC-4100 仪器主要零配件更换周期及相关更换要求

1）CO_2 吸收器 2（光学系统清扫用），约 1 年更换一次。

2）CO_2 吸收器 1（载气精制用），载气采用高纯氮气，约 1 年更换一次。

3）白金催化剂，约半年更换一次，保证催化剂不能发白或破碎。

4）燃烧管，约 1 年更换一次，保证燃烧管透明、不漏气。

5）注射器的柱塞头，约半年更换一次，不能因磨损产生裂缝而导致泄漏。

6）滑动式试样注入部分的垫圈，约 3 个月更换一次，不能漏气。

3. 日常维护注意事项

（1）三个水位：①加湿器中的水位要在瓶上两个刻度之中；②B 型卤素洗涤器中的水位要高过进气管底端；③冷凝水容器中的水位要接近溢流口，否则会有样气漏掉，此点尤为重要。

（2）两个气体流量和一处气泡状态：气体流量是指载气和喷射气的流量一般设定为 150 和 50（mL/min）；气泡状态是指仪器在工作状态时 B 型卤素洗涤器中的气泡是均匀急促的，否则可能有漏气或堵塞。

（3）检查峰的形状和面积，峰的形态应为正态分布，面积随样品浓度而定，如果峰的形态不呈正态分布，则很有可能催化剂或载气有故障。

（4）在更换完注射器和进样管之后一定要做"注射器的零点检测"和"进样量的零校正"。

（5）每次校正前，必须做"进样量的零校正"。

第五节　水质自动监测系统数据质量控制

一、数据质量控制内容

（一）异常值判定规则

异常数据的判别及处理应根据以下原则：

（1）当仪器一次监测值在前 7 天的监测值范围内，但连续 4 次为同一值时，应检查仪器及系统的运行状况，系统或仪器为正常时，确定为正常值。若仪器不正常时，判断为异常值。

（2）当一次监测值或最低值超过前 3 天和后 2 天各次监测平均值的 2 倍标准差时，确定为异常值，该值不参加均值计算。也可根据一次监测值前后 16～30 组数据平均值的 2 倍标准差进行判断。

（3）若数据采集系统发出异常值警告，但确认仪器正常时，警告值不作为异常值处理。

（4）当已知仪器或系统运行不正常，电极、泵管等耗材需要更换或仪器的测定结果与国标分析方法的测定结果有显著性差异时，仪器的测定数据应予剔除，不能参加各种数据统计上报，但数据进行标注后应作为历史数据保留，以便进行故障分析。

（5）仪器连续出现可疑值时应及时采集水样进行实验室分析，并以实验室分析结果代替仪器值进行均值计算。

（二）平均值计算

1. 日均值

应采用对至少进行了 16 h/d 监测的水质有效数据计算日均值。各项指标日均值的计算采用算术平均方法。

如测定浓度仪器未检出而出现 0 值时，以二分之一检出限参与平均值的计算。

2. 周均值

应采用 5 个有效日均值数据进行周均值的计算和统计。计算方法同日均值。

3. 月均值

应采用 20 个有效日均值数据进行月均值的计算和统计。

4. 年均值

应采用 240 个有效日均值数据进行年均值的计算和统计。

如遇取水不稳定等特殊情况，导致有效数据个数较少时，可以对已有的有效数据进行统计，而不必在意有效数据个数的规定。

（三）数据审核

水质自动监测站报出的监测数据严格执行三级审核制度。对于异常值应从仪器的工作状况、近期水质变化趋势及相关参数变化趋势等方面加以判断，如有必要则进行人工采样分析加以确认。

（1）一级审核为自动站监测人员随时对仪器监测数据进行的检查和审核，发现异常值时应对仪器的运行情况进行检查，若确定为仪器故障时，对异常数据做标志，并及时排除仪器故障。

（2）二级审核为自动站技术负责人（或室主任）对上报的监测数据进行审核，并对一级审核提出的异常数据进行复核。

（3）三级审核为站长对上报上级监测站的数据进行审核。

二、数据质量控制方法

要保证仪器测量准确，仪器的校准环节非常重要，它是数据质量控制的基础。

（一）仪器校准方法及要求

1. pH 电极的校正方法

（1）校正方法：把用蒸馏水清洗后的 pH 电极放入 pH=6.86 标准液中，按“Cal”键，再按“Enter”键启动校正程序，等待直到屏幕显示 pH 数值，用旋钮手动输入当前温度下的 pH 值，按“Enter”键确认；然后用蒸馏水漂洗电极后，再把电极放入 pH=4.01 标准液中，手动输入当前温度下的 pH 值，按“Enter”键确认，完成校正。

建议每个月校正一次，如果校正失败，则需保养电极。

（2）电极保养：先使用 0.1mol/L 稀盐酸溶液浸泡电极，时间 5 min；再使用温热的加有洗洁精的温水浸泡电极，时间 5 min；最后使用蒸馏水彻底漂洗干净。

2. 溶解氧电极的校正方法

（1）校正方法：用蒸馏水清洗电极后，用滤纸吸干电极薄膜上的水珠，把电极放在离液面上方约 20 cm 处，按“Cal”键，再按“Enter”键开始校正，等待直到屏幕显示出电极斜率值。

（2）电极保养：把电极从水中提起来，旋下电极顶端的保护罩，再旋开盖式薄膜，把薄膜中剩下的电解液倒干净，放在一旁待用。用蒸馏水喷洗电极头，再用标准配备的黄色研磨薄片磨砂面轻轻擦拭电极最顶端的一点（金阴极），再用蒸馏水漂洗。

把电极头浸泡在清洗液（RL/Ag-Oxi）中，时间 10 min（注意：电极头最上方的参考电极不能接触到清洗液，否则会损坏电极！如果不小心接触到了，请立刻用大量的蒸馏水冲洗）。

用蒸馏水漂洗电极，往盖式薄膜中倒入电解液到八分满的位置，用笔轻轻敲击薄膜侧面，以赶出多余的气泡，然后再把盖式薄膜旋到电极头上。45 min 后，校正电极。系统又可正常测试了。

3．高锰酸盐指数分析仪校准

高锰酸盐指数分析仪通过空白循环确定的 V_0 和校正循环由已知浓度值的标液确定的 V_1（校正）建立工作曲线。

（1）执行空白循环

选空白循环菜单“Blank cycle”（使用者菜单第 2 页第 1 项），连续执行 2～3 次空白循环。

选择阅读参数菜单“Read parameter”（使用者菜单第 2 页第 2 项），然后分别计算连续两次空白循环的 ΔV_2 及 ΔV_0，观察仪器是否稳定。

仪器在执行空白循环的时候，将确定两个参数 V_0 和 V_2，其中，第一次滴定确定的 V_0 表示空白值，影响 V_0 值的因素主要包括三个方面：试剂、蒸馏水中的有机物本底值；发光二极管和光敏二极管的性能及相对位置；电路元件的影响。第二次滴定确定的 V_2 则反映了高锰酸钾与草酸钠的相互关系，用于求得高锰酸钾溶液的校正系数。如果 V_0 出现异常变化，首先检查蒸馏水质量，并从上面提到的三个因素进行检查；如果（V_2–V_0）出现异常变化，首先检查草酸钠和高锰酸钾浓度是否正确。

（2）执行校正循环

选择校正循环菜单“Calibration coef”（使用者菜单第 1 页第 3 项），连续执行 2～3 次校正循环。选择阅读参数菜单“Read parameter”（使用者菜单第 2 页第 2 项），然后计算连续两次校正循环的 ΔV_1（校正），观察稳定性、准确性是否满足要求。

仪器在执行校正循环的时候，已知浓度的标准溶液消耗高锰酸钾溶液的体积为 V_1（校正），V_1 与 V_0 两点共同确定了 COD_{Mn} 分析仪的工作曲线。

4．TOC 校准

（1）标准曲线的校准

在仪器主界面按“F4”键进入菜单画面：

在菜单界面选择“标准曲线登记”进入标准曲线登记画面：

输入相关项目后，按“F1”键确定后，回到初始画面，再按 F3 键校正后，进入标准曲线制作界面：按“START”键开始校正。

（2）TOC 校正曲线制作的注意事项

1）制定曲线的标准液需新配置；

2）TOC 校正曲线的测量次数三次以上，CV≤1.0%；

3）校正前必须做“进样量的零校正”。

（二）比对实验及标准溶液核查方法与要求

1．标准溶液核查

应按仪器使用说明对水质自动监测仪器定期进行校准。每周对 pH、溶解氧、高锰酸盐指数、氨氮、TOC 等在线分析仪做一次标准溶液核查，测量值与标准溶液浓度相对误差应小于±10%，否则需要对自动监测仪器重新校准。

2．对比实验

每月对 pH、溶解氧、TOC、高锰酸盐指数和氨氮在线分析仪等进行 1 次对比实验，比较自动监测仪器监测结果与国家标准分析方法（人工采样）监测结果的相对误差，其值应小于±20%，否则需要对自动监测仪器重新校准或进行必要的维护和调整。

3．对比实验方法及数据误差统计

（1）对比实验方法

各项目的对比实验方法应采用现行的国家环境保护标准分析方法。

（2）水样采集与处理

1）对比实验应与自动监测仪器采用相同的水样；

2）若试验仪器需要过滤或沉淀水样，则对比实验水样用相同过滤材料过滤或沉淀。

3）采样位置与自动监测仪器的取样位置尽量保持一致。

（3）相对误差计算

测定误差的计算见下式：

$$\mathrm{RE}=\frac{x_i-x_j}{x_j}\times 100\% \tag{2-5}$$

式中：x_i——自动监测仪器测定值；

x_j——国家标准分析方法测定值。

（三）自校验

水质自动监测分析仪器尚未纳入国家计量器具强检目录、当地计量检定部门没有检定或校准资质，是国家或行业没有计量检定规程的仪器。因其特殊的安装使用条件，为保证水质自动监测数据的质量，必须建立完善的自动站运行管理制度，在日常监视与维护的基础上，定期进行自动监测仪器的标定、标准溶液核查和实验室比对实验，并每年进行一次系统自校验，以此方法进行标准传递。

三、检查与考核

为加强地表水环境质量自动监测全过程质量管理，分级进行不定期的监督检查与考核是系统质量保证与质量控制的重要环节。

（一）质量保证和管理

检查主要内容包括：

（1）是否制定水站运行的相关管理制度。如水站运行管理办法；水站运行管理人员岗位职责；水站质控规程；水站仪器作业指导书；岗位培训及考核制度；水站建设、运行和质控档案管理制度等。

（2）从事水站运行维护的技术人员是否实行持证上岗。从事水站运行维护的技术人员是否定期参加技术培训。

（3）是否每周巡视子站 1～2 次，认真填写巡检的各项记录，及时处理和排除故障。

（4）查看各台分析仪器及设备的状态和主要技术参数，判断运行是否正常。

（5）检查水站供电系统和通讯线路是否正常。

（6）检查采水系统、配水系统是否正常。

（7）检查自动站运行记录。是否按时清洗电极、泵管、反应瓶等关键部件；检查试剂、标准液和实验用水存量是否有效；是否定期更换使用到期的耗材和备件；是否进行了必要的仪器校准等；是否按要求对流路及预处理装置进行清洗、排除事故隐患，保证水站正常运行。

（8）标准溶液核查：是否按仪器使用说明对水质自动监测仪器定期进行校准。每周对pH、溶解氧、高锰酸盐指数、氨氮、TOC 等在线分析仪做一次标准溶液核查，相对误差应在±10%以内，否则需要对自动监测仪器重新校准。

（9）对比实验：是否每月对 pH、溶解氧、高锰酸盐指数和氨氮在线分析仪进行 1～2 次对比实验，其结果相对偏差应在±20%以内，项目检测浓度在检测限 3 倍以内时不受此限（其中 pH、DO 对比结果按绝对误差评价，pH 绝对误差在±0.2 以内，DO 绝对误差在±0.5 mg/L 以内）。否则需对自动监测仪器重新校准或进行必要的维护和调整。

（二）数据管理和审核

检查中心站值班记录及相关报告的完整性和规范性。检查主要内容包括：

（1）控制中心值班人员是否具备计算机、数据采集与传输等方面的知识，并能熟练操作。定期监视系统运行情况和调取监测实时数据，如果发现异常情况是否及时报告和赶赴现场处理。

（2）是否定期备份水质自动站监测的原始数据并每年进行存档。

（3）水质自动站监测数据报出是否按报表要求进行统计和填写，并执行三级审核。报出的监测报告是否严格执行三级审核制度。

（4）监测仪器存贮的数据、数采仪数据与监控中心终端数据相对偏差是否在允许范围内，异常数据的判别及处理。

（5）当仪器一次监测值在前 7 天的监测值范围内，但连续 4 次为同一值时，应检查仪器及系统的运行状况，系统或仪器为正常时，确定为正常值。若仪器不正常时，判断为异常值。

（6）当已知仪器或系统运行不正常，电极、泵管等耗材需要更换或仪器的测定结果与国标分析方法的测定结果有显著性差异时，仪器的测定数据予以剔除。

（三）现场考核

现场考核内容有：

监测人员口试、现场操作演示和盲样测试等。

监测人员应能正确回答现场检查专家提出的有关自动站运行管理、质量保证等相关的技术问题。操作演示考核，监测人员应能熟练掌握所运行仪器的使用校准和一般维护技能。盲样测试结果相对误差应在±10%以内。

第三章　水环境生物监测

第一节　水环境生物监测概况

一、水环境生物监测基础

保护人体健康和生态安全是环境保护的根本宗旨，生物及其多样性是全球生态系统的基础和核心，同时，人与环境间的健康问题首先是人的生物学属性受环境污染影响而产生的健康问题，因此，包括水环境生物监测在内的环境生物监测对环境保护具有非常重要的意义，是环境管理的重要技术支撑。

（一）什么是环境生物监测

生物监测是一个广泛使用的词汇，不同的领域、不同的行业有不同的含义和应用，例如，除环境生物监测外，还有劳动卫生人体生物监测、口岸及医学病媒生物监测、林业有害生物监测、灭菌器生物监测等等。即使是环境生物监测，不同的国家、不同的学者也有不同的定义，以下是一些教科书的定义：

定义 1：利用生物的组分、个体、种群或群落对环境污染或环境变化所产生的反应，从生物学的角度，为环境质量的监测和评价提供依据，称为生物监测。

定义 2：生物监测是系统地利用生物反应来评价环境的变化，将其信息应用于环境质量控制程序中的一门科学。

美国环保署对生物监测（Biological Monitoring or Biomonitoring）有如下定义：

定义 1：The use of living organisms to test the suitability of effluents for discharge into receiving waters and to test the quality of such waters downstream from the discharge.（利用生物测试污水对受纳水体的排放是否可以接受并对排放点下游的水体质量进行生物学质量的测试）

定义 2：Use of a biological entity as a detector and its response as a measure to determine environmental conditions. Toxicity tests and ambient biological surveys are common biological monitoring methods.（生物监测利用生物实体作为探测器，通过其对环境的响应来判定环境的状况，毒性试验及环境生物监视是常用的生物监测方法）

定义 3：Analysis of blood，urine，tissues，etc.，to measure chemical exposure in humans.（人体中化学品暴露水平的血液、尿液、组织等生物材料的分析测试）

维基百科对水环境生物监测定义如下：

Aquatic biomonitoring is the science of inferring the ecological condition of rivers，lakes，streams，and wetlands by examining the organisms that live there. While aquatic biomonitoring is the most common form of such biomonitoring，any ecosystem can be studied in this manner.（水环境生物监测是一门通过检测被检环境中生存的生物来判定河流、湖泊、溪流及湿地的生态状况的科学，这里，水环境生物监测是最常见的生物监测形式，任何生态系统都可以这样的方式进行研究）

Biomonitoring typically takes two approaches：① Bioassays，where test organisms are exposed to an environment to see if mutations or deaths occur. Typical organisms used in bioassays are fish，water fleas（Daphnia），and frogs. ② Community assessments，also called biosurveys，where an entire community of organisms is sampled，to see what types of taxa remain. In aquatic ecosystems，these assessments often focus on invertebrates，algae，macrophytes（aquatic plants），fish，or amphibians. Rarely，other large vertebrates（reptiles，birds，and mammals） are considered as well.（生物监测通常采取两种方法：① 生物检测，将受试生物暴露于环境中，观察是否有变化或死亡出现。用于生物检测的典型生物有鱼、溞、蛙等；② 群落评价，也称生物监视，对整个生物群落进行采样，观察有哪些生物类群生存其中。在水生态系统中，这些评价常关注于无脊椎动物、藻类、高等水生植物、鱼类及两栖类等，其它大型脊椎动物（爬行动物、鸟类及哺乳类）罕有应用）。

根据我国环境监测系统生物监测的实际情况，从实用的角度对生物监测进行如下定义：生物监测是以生物为对象（例如水体中细菌总数、底栖动物等）或手段（例如用 PCR 技术测藻毒素、用生物发光技术测二噁英等）进行的环境监测。

（二）作为保护对象和作为污染因素的生物

生物作为环境监测的对象时，可以有双重身份，它可以是环境保护的对象，即人体健康和生态系统中生物多样性及生物完整性的保护；同时，它也可以是环境管理控制的污染及外来干扰因素。

生物作为保护对象时，环境生物监测就是要搞清环境中生物对各种环境胁迫的响应是怎样的，这是环境生物监测的核心内容。

生物作为污染或干扰因素时，环境生物监测就是要搞清它们的强度和环境负面影响，主要有以下几种类型：

（1）对病原体及其指示生物的监测，属原生性生物污染监测；

（2）对外来生物的监测，属原生性生物污染监测；

（3）对富营养化生物（藻类等）的监测，属次生性生物污染监测。

（三）环境胁迫与生物响应

环境胁迫的生物响应是环境生物监测的核心内容，因此，研究环境生物监测必须搞清环境胁迫和生物响应两个方面的有关内容。

胁迫是指引起生态系统发生变化、产生反应或功能失调的外力、外因或外部刺激。胁迫可分为正向胁迫（eustress）和逆向胁迫（dysstress），正向胁迫并不影响生态系统的生存力（viability）和可持续力（suatainability）。这种胁迫重复发生，已经成为自然过程的组成部分，许多生态系统依此而维持。如草原上的火烧、潮间带的海浪冲刷等。然而在更为一般的意义上，胁迫通常指给生态系统造成负面效应（退化和转化）的逆向胁迫，主要涉及到以下几种：

（1）水生生物等可更新资源的开采（直接影响生态系统中的生物量）；

（2）污染物排放（发生在人类生产生活活动中），如污水、PCB、杀虫剂、重金属、石油及放射性等污染物质的排放，包括点源污染、面源污染等，是环境生物监测重点关注的胁迫因素；

（3）人为的物理重建（有目的地改变土地利用类型），如森林→农田、低地→城市、山谷→人工湖、湿地挤占、河道裁弯取直、水利设施建设等等；

（4）外来物种的引入、病原体的污染等生物胁迫因素；

（5）偶然发生的自然或社会事件，如洪水、地震、火山喷发、战争等。

环境胁迫在生命系统组建的各个层次（包括酶-基因等生物大分子、细胞器、细胞、组织、器官、个体、种群、群落、生态系统、景观等微观到宏观的）上都会有相应的响应。其响应的敏感性随着生命系统组建层次从宏观到微观不断增强，响应的速度不断加快（即时间不断减小），而生态关联性在减少。因此，作为短期预警及应急监测敏感指标的开发和筛选可在个体水平以下进行，作为中长期生态预警指标则更适合在种群以上水平筛选。物种是生命存在的基本形式，从兼顾生态关联性及响应敏感性来看，传统生物毒性检测主要定位在种群水平、生物监视主要定位在群落水平上是必需的，这是环境生物监测的基础。

（四）水环境生物监测的内容

按实际工作情况，水环境生物监测的内容主要包括以下 4 个方面：

（1）水生生物群落监测，主要包括大型底栖无脊椎动物、浮游植物、浮游动物、着生生物、鱼类、高等水生维管束植物，甚至微生物群落的监测；

（2）生态毒理及环境毒理监测，前者以水生生物为受试生物，后者以大小鼠及家兔等哺乳动物为受试生物；

（3）微生物卫生学监测；

（4）生物残毒及生物标志物监测。

水环境生物监测是以生态学、毒理学、卫生学为学科基础，广泛吸收和借鉴现代生物技术的一项应用性技术。

水环境生物监测的监测指标包括结构性指标（例如，叶绿素 a 测定）和功能性指标（例如，光合效率测定）。

从研究方法来看，水环境生物监测包括被动生物监测和主动生物监测，前者是指对环境中某一区域的生物进行直接的调查和分析；后者是指在清洁地区对监测生物进行标准化培育后，再放置到各监测点上，克服了被动监测中的问题，易于规范化，可比性强，监测结果可靠。实际上，这反映了观测科学与实验科学的区别。类似地，人工基质采样、微宇宙试验等都具有主动监测的特性。

（五）生物监测的特点及其在环境监测中的地位

生物监测具有直观性、综合性、累积性、先导性的特点，同时它还具有区域性、定量-半定量的特点，是环境监测的重要组成部分。

生物指标是响应指标，水化学指标是胁迫指标，因此生物监测和理化监测同等重要，不应对立分割，是一个事物的两个方面，是两条都不能缺少的“腿”。

生物监测与化学、物理监测三位一体，相互借鉴，全面反映环境质量、服务环境管理。生物监测要重点着眼于其独有的综合毒性和生物完整性指标。

过去往往认为生物指标是理化指标的补充和佐证，这些都是片面的，需要重新认识和定位。

水环境生物监测在环境质量监测、污染源监测、应急监测、预警监测、专项调查监测等环境监测的各个方面都具有广泛应用的前景。

二、我国水环境生物监测的发展历史

我国水环境生物监测发端于20世纪80年代，1986年颁布《环境监测技术规范　第四册　生物监测（水环境）部分》时有20个城市进行生物监测试点，随后许多城市的监测站涉足这一新的监测领域，到1992年前后达到高峰，但由于管理和技术的原因，随着对生态监测和生物监测定位的调整，各级监测站逐渐放弃生物监测，仅有极少数监测站坚持发展这类监测能力，我国环境生物监测出现萎缩的局面。1998年随着国家“污染防治与生态保护并重”方针的确定，水环境生物监测逐渐又重新受到各级环境管理部门及监测站的重视，特别是，近年来随着环境管理要求的提高及监测技术的发展，水环境生物监测迎来了第二次快速发展的阶段。

我国水环境生物监测可以划分为4个阶段：20世纪80年代中期～90年代初期为第一次快速发展期；20世纪90年代中期～90年代末期为衰退期；2000～2010年为恢复期；2010年到现在为第二次快速发展期。

三、我国水环境生物监测存在的主要问题及当前环境管理需求

（一）水环境生物监测定位不清，观念落后，需要更新

生物监测在环境监测和环境管理中应有怎样的定位，其地位和作用是什么，与理化监测应有怎样的关系？多年来这一问题没有很好解决。当前普遍的看法还停留在20世纪80年代的水平上，即认为生物指标是理化指标的补充和佐证，同时生物监测仅针对污染问题，缺少“生态系统健康”、“生物完整性”等现代理念。此外，非常重要的是，生物监测的法律地位不明，环境质量标准中生物学目标普遍缺失，这是环境管理方面的一大缺陷。我们认为目前的定位和观念是片面的，需要重新思考、探讨和更新。

（二）水环境生物监测虽已形成监测技术体系，但标准化、系统化、QA/QC 等方面还存在突出的问题和不足，需要革新

水生生物监测已建立了较为系统的监测方法体系，国家环保总局 1986 年颁发了《环境监测技术规范　第四册　生物监测（水环境）部分》、1993 年出版了《水生生物监测手册》一书、2002 年出版发行了《水和废水监测分析方法　第四版》，此外，20 世纪 90 年代还颁布了以下生物监测方法的国家标准：

GB/T 12990—91《水质　微型生物群落监测　PFU 法》；

GB/T 13266—91《水质　物质对溞类（大型溞）急性毒性测定方法》；

GB/T 13267—91《水质　物质对淡水鱼（斑马鱼）急性毒性测定方法》；

GB/T 15441—1995《水质　急性毒性的测定　发光细菌法》。

近年来，还颁布了：

HJ/T 347—2007《水质　粪大肠菌群的测定　多管发酵法和滤膜法（试行）》；

GB 21903—2008《发酵类制药工业水污染物排放标准》、GB 21904—2008《化学合成类制药工业水污染物排放标准》、GB 21905—2008《提取类制药工业水污染物排放标准》、GB 21906—2008《中药类制药工业水污染物排放标准》、GB 21907—2008《生物工程类制药工业水污染物排放标准》、GB 21908—2008《混装制剂类制药工业水污染物排放标准》等（这六个标准都引入了发光细菌急性毒性 $HgCl_2$ 毒性当量指标）。

但是，在技术方法体系上还存在许多突出的问题，对生物监测应用于环境管理的支持还不到位。例如，对底栖动物采样方法代表性的规定还不足，物种分类方面的规定还几乎是空白，QA/QC 的力度还很薄弱，快速方法及生物在线监测技术发展不足等等，这一切需要我们围绕正确的定位来进行不断的改进和革新。

（三）水环境生物监测目前还无应用于环境管理的评价技术体系，需要创新

虽然 1993 年国家总局印发了《环境质量报告书编写技术规定（水质生物学评价部分）（暂行）》，但生物监测还远未建立起应用于环境管理的评价技术体系，环境质量标准中除有基于卫生学考虑的微生物指标外并没有真正意义上的生物学指标。在水域功能管理中生物群落的指标是缺失的，在污染源及水环境管理中综合生物毒性指标同样是缺失的。目前环境管理缺失生物学指标处于理化管理的水平，为此，需要我们进行系统的创新，建立应用于管理的环境生物评价技术体系，健全环境管理的技术手段。

（四）当前我国水环境管理对生物监测的需求

当前，环境管理已进入了总量管理、流域管理、风险管理、生态管理的时代，迫切需要生物监测等新的技术手段的支撑。

在总量管理中，随着污染物减排的落实，管理者迫切需要了解减排的生态效应是怎样的，为此，水环境生物监测可以大显身手。

在流域管理中，“一湖一策、一河一策”政策及流域水生态功能分区的实施，离不开水环境生物监测提供具有水体生态特征的生物学信息。

在风险管理中，需快速响应的应急与短期预警需水环境生物监测提供综合生物毒性的信息，中长期预警也需水环境生物监测提供水生生物群落演替的信息，同样，风险评价需了解污染物的污染水平与生物效应的关系，也是生物监测应用的领域。

在生态管理中，随着水质目标管理向生态目标管理的转变，生物学指标将纳入管理目标成为管理指标体系的重要组成部分，水环境生物监测将成为环境监测的主要内容。

四、国际水环境生物监测的发展趋势

发达国家已普遍开展了环境生物监测，借鉴发达国家先进的技术理念和方法是我国环境生物监测技术发展的必由之路。

（一）具有明确的法律地位及监测评价体系

欧盟水框架指令（Water Framework Directive，具有法律效力） 和美国清洁水法（Clean Water Act）的条款中都蕴含有明确生物监测法律地位的内容。

例如，水框架指令第二款（Article 2 Definitions）第 17 条（17. Surface water status. is the general expression of the status of a body of surface water，determined by the poorer of its ecological status and its chemical status.）明确了水质状况由水生态状况和水化学状况决定，而第 21 条（21. Ecological status. is an expression of the quality of the structure and functioning of aquatic ecosystems associated with surface waters，classified in accordance with Annex V.）明确了水生态状况监测评价的具体内容，其中生物监测为核心内容，并要求其成员国在 2015 年前使其水域的生态状况都达到“良好”（good）的状态：

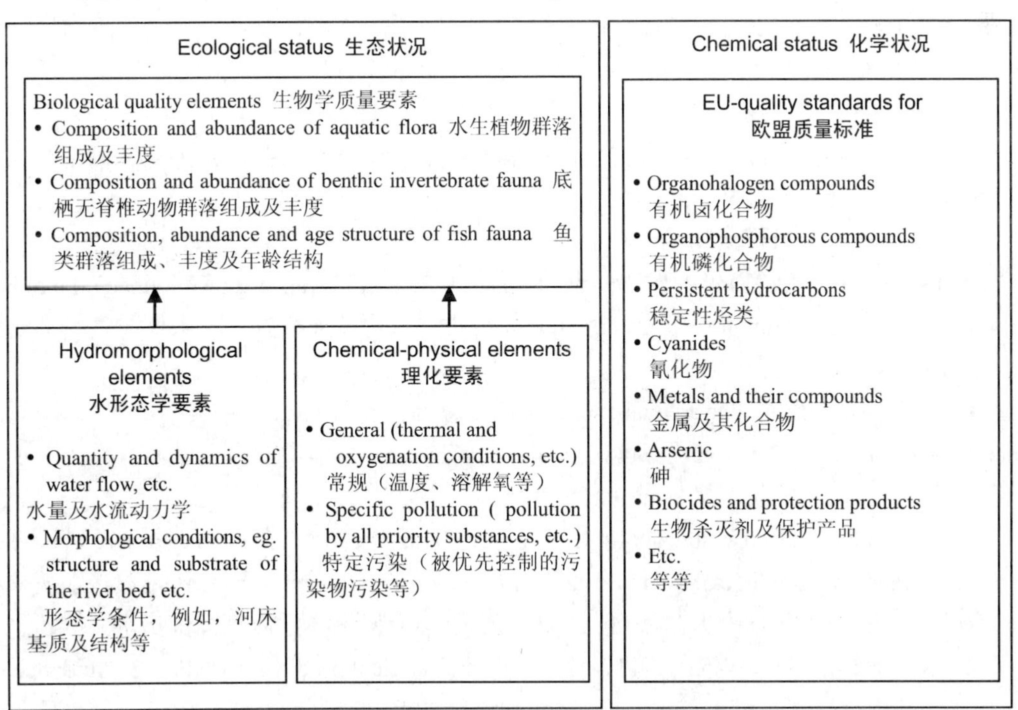

图 3.1 欧盟的地表水水质评价框架

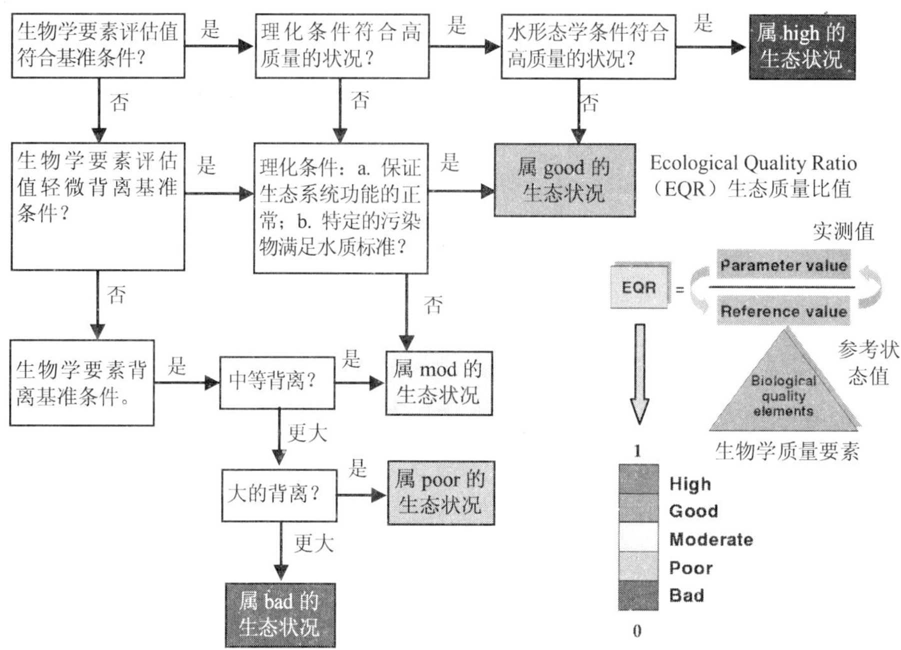

图 3.2　生态状况等级的划分

美国清洁水法（Clean Water Act）第 101 部分第 1 条（SECTION 101.（a） The objective of this Act is to restore and maintain the chemical，physical，and biological integrity of the Nation's waters.）表明该法的目标是恢复和维持国家水体化学、物理、生物的完整性。化学、物理、生物的完整性三位一体构成了生态完整性的全部内容。

对于水环境生物监测，ISO、EPA 标准等形成了系统的监测评价规范。

（1）ISO 标准是欧盟水环境生物监测的技术依据，以下列出了有关大型底栖无脊椎动物及有关毒理试验的 ISO 标准：

有关底栖大型无脊椎动物的 ISO 标准

★ ISO 7828：1985 Water quality—Methods of biological sampling—Guidance on handnet sampling of aquatic benthic macro-invertebrates（水质—生物学采样方法—水生大型底栖无脊椎动物手抄网采样指南）

★ ISO 8265：1988 Water quality—Design and use of quantitative samplers for benthic macro-invertebrates on stony substrata in shallow freshwaters（水质—多石底浅水型淡水水体大型底栖无脊椎动物定量采样的设计与使用）

★ ISO 8689-1：2000 Water quality—Biological classification of rivers—Part 1：Guidance on the interpretation of biological quality data from surveys of benthic macroinvertebrates（水质—河流生物学分类—第 1 部分：大型底栖无脊椎动物监测数据生物学质量评价指南）

★ ISO 8689-2：2000 Water quality—Biological classification of rivers—Part 2：Guidance on the presentation of biological quality data from surveys of benthic macroinvertebrates（水质—河流生物学分类—第 2 部分：大型底栖无脊椎动物生物学质量报告指南）

★ISO 9391：1993 Water quality—Sampling in deep waters for macro-invertebrates—Guidance on the use of colonization，qualitative and quantitative samplers（水质—深水大型无脊椎动物采样—群集采样器、定性采样器及定量采样器使用指南）

★ ISO/CD 10870 Water quality—Guidance on the selection of sampling methods and devices for benthic macroinvertebrates in fresh waters（水质—淡水大型底栖无脊椎动物采样方法及设备选择指南）

★ ISO 16665：2005 Water quality—Guidelines for quantitative sampling and sample processing of marine soft-bottom macrofauna（水质—海洋软质底大型动物定量采样及样品处理指南）

★ ISO 19493：2007 Water quality—Guidance on marine biological surveys of hard-substrate communities（水质—海洋硬质底群落生物监视指南）

②有关毒理试验的 ISO 标准

★ ISO 11348-1：2007 Water quality—Determination of the inhibitory effect of water samples on the light emission of *Vibrio fischeri*（Luminescent bacteria test）—Part 1：Method using freshly prepared bacteria（水质—水样对费歇尔弧菌发光抑制效应的测定—第 1 部分：使用新鲜制备细菌的方法）

★ ISO 11348-2：2007 Water quality—Determination of the inhibitory effect of water samples on the light emission of *Vibrio fischeri*（Luminescent bacteria test）—Part 2：Method using liquid-dried bacteria（水质—水样对费歇尔弧菌发光抑制效应的测定—第 2 部分 使用液体干燥细菌的方法）

★ ISO 11348-3：2007 Water quality—Determination of the inhibitory effect of water samples on the light emission of *Vibrio fischeri*（Luminescent bacteria test）—Part 3：Method using freeze-dried bacteria（水质—水样对费歇尔弧菌发光抑制效应的测定—第 3 部分 使用冻干细菌的方法）

★ ISO/CD 21338：2010 Water quality—Kinetic determination of the inhibitory effects of sediment，other solids and colour containing samples on the light emission of *Vibrio fischeri*（kinetic luminescent bacteria test）（水质—沉积物、其他固体及带色样品对费歇尔弧菌发光抑制效应的动态测定（动态发光细菌试验））

★ ISO 8692：2004 Water quality—Freshwater algal growth inhibition test with unicellular green algae（水质—淡水单细胞绿藻生长抑制试验）

★ ISO 14442：2006 Water quality—Guidelines for algal growth inhibition tests with poorly soluble materials，volatile compounds，metals and waste water（水质—藻类生长抑制试验指南）

★ ISO 6341：1996 Water quality—Determination of the inhibition of the mobility of *Daphnia magna* Straus（Cladocera，Crustacea）—Acute toxicity test（水质—大型溞活动抑制测定—急性毒性试验）

★ ISO 10706：2000 Water quality—Determination of long term toxicity of substances to *Daphnia magna* Straus（Cladocera，Crustacea）（水质—物质对大型溞长期毒性测定）

★ ISO 16712：2005 Water quality—Determination of acute toxicity of marine or estuarine sediment to amphipods（水质—海洋及河口沉积物对端足类急性毒性的测定）

★ ISO 7346-1：1996 Water quality—Determination of the acute lethal toxicity of substances to a freshwater fish [*Brachydanio rerio* Hamilton-Buchanan（Teleostei，Cyprinidae）]—Part 1：Static method（水质—物质对淡水鱼（印度斑马鱼）急性致死毒性测定—第 1 部分 静态法）

★ ISO 7346-2：1996 Water quality—Determination of the acute lethal toxicity of substances to a freshwater fish [*Brachydanio rerio* Hamilton-Buchanan（Teleostei，Cyprinidae）]—Part 2：Semi-static method（水质—物质对淡水鱼（印度斑马鱼）急性致死毒性测定—第 2 部分 半动态法）

★ ISO 7346-3：1996 Water quality—Determination of the acute lethal toxicity of substances to a freshwater fish [*Brachydanio rerio* Hamilton-Buchanan（Teleostei，Cyprinidae）]—Part 3：Flow-through method（水质—物质对淡水鱼（印度斑马鱼）急性致死毒性测定—第 3 部分 动态法）

★ ISO 15088：2007 Water quality—Determination of the acute toxicity of waste water to zebrafish eggs（*Danio rerio*）（水质—废水对斑马鱼卵急性毒性的测定）

★ ISO 12890：1999 Water quality—Determination of toxicity to embryos and larvae of freshwater fish—Semi-static method （水质—淡水鱼幼体及胚胎的毒性测定—半静态法）

★ ISO 10229：1994 Water quality—Determination of the prolonged toxicity of substances to freshwater fish—Method for evaluating the effects of substances on the growth rate of rainbow trout（*Oncorhynchus mykiss* Walbaum（Teleostei，））（水质—虹鳟鱼长期毒性测定）

★ ISO 20079：2005Water quality—Determination of the toxic effect of water constituents and waste water on duckweed（*Lemna minor*）—Duckweed growth inhibition test（水质—浮萍生长抑制试验）

★ ISO 10253：2006 Water quality—Marine algal growth inhibition test with Skeletonema costatum and Phaeodactylum tricornutum（水质—海藻生长抑制试验）

★ ISO 16240：2005 Water quality—Determination of the genotoxicity of water and waste water—Salmonella/microsome test（Ames test）（水质—水及废水遗传毒性的测定—Ames 试验）

★ ISO/WD 11350：2012 Water quality—Determination of the genotoxicity of water and waste water—Salmonela/microsome fluctuation test（Ames fluctuation test）（水质—水及废水遗传毒性的测定（Ames 波动试验））

★ ISO 13829：2000 Water quality—Determination of the genotoxicity of water and waste water using the umu-test（水质—采用 umu 试验测定水及废水的遗传毒性）

★ ISO 21427-1：2006 Water quality—Evaluation of genotoxicity by measurement of the induction of micronuclei—Part 1：Evaluation of genotoxicity using amphibian larvae（水质—两栖类幼体微核诱导的遗传毒性测定）

★ ISO/TS 20281：2006 Water quality—Guidance on statistical interpretation of ecotoxicity data（水质—生态毒理数据的统计学分析指南）

（2）美国环保署开展生物完整性的评价，1990 年 EPA 制订政策，要求各州在各自的水质标准中发展和执行生物基准，EPA 主要生物监测技术文件如下：

1）生物群落监测方面

★《Policy on the Use of Biological Assessments and Criteria in the Water Quality Program》（水质项目中生物基准及生物评价使用的政策）

★《Biological Criteria：National Program Guidance for Surface Waters》（地表水生物基准国家项目指南）

★《Lake and Reservoir Bioassessment and Biocriteria，Technical Guidance Document》（湖泊和水库生物基准及生物评价技术指南）

★《Rapid Bioassessment Protocols for Use in Wadeable Streams and Rivers：Periphyton，Benthic Macroinvertebrates，and Fish，2nd edition》（河溪快速生物评价规程：着生生物、大型底栖无脊椎动物、鱼类 第二版）

★《Summary of Biological Assessment Programs and Biocriteria Development，Streams and Wadeable Rivers》（河溪生物基准发展及生物评价项目概要）

★《Development of a Standardized Large River Bioassessment Protocol（LR-BP） for Macroinvertebrate Assemblages》（标准化大河生物评价规程的发展——大型底栖无脊椎动物）

★《Estuaries and Coastal Marine Waters Bioassessment and Biocriteria Technical Guidance》（河口及沿海水体生物基准及生物评价技术指南）

★《Biological Assessment of Wetlands》（湿地生物评价）

★《Stressor Identification Guidance》（环境胁迫识别指南）

2）生态毒理评价方面：

★《Methods for Measuring the Acute Toxicity of Effluents and Receiving Waters to Freshwater and Marine Organisms，5th ed.》（污水及受纳水体对淡水及海洋生物的急性毒性测定方法 第 5 版）

★《Short-term Methods for Estimating the Chronic Toxicity of Effluents and Receiving Waters to Freshwater Organisms，4th ed.》（污水及受纳水体对淡水生物的慢性毒性短期评估方法 第 4 版）

★《Short-term Methods for Estimating the Chronic Toxicity of Effluents and Receiving Waters to Marine and Estuarine Organisms，3rd ed.》（污水及受纳水体对海洋及河口生物的慢性毒性短期评估方法 第 3 版）

（二）在环境监测和管理中具有重要的作用和地位

美国 EPA 俄亥俄州水环境生物监视与化学评价的比较表明有 58%的情况结论一致，36%的情况是生物评价认为有损害而化学评价认为无损害（对这 36%的问题是视而不见好，还是将其客观反映出来好），6%的情况是生物评价认为无损害而化学评价认为有损害。可见，生物监测对环境损害的检出有更高的覆盖，脱离生物监测就有可能有接近 40%的环境损害漏检，这从一个侧面反映了生物监测的作用和重要性。

从《美国排污许可证写作指南 NPDES（National Pollutant Discharge Elimination System）

Permit Writers'Manual（1996 年）》有关生物监测内容的阐述中可以看出美国生物监测在环境管理中应用的一些情况。在执行水质标准方面有 3 个不同层次的方法：特定化学指标控制的方法、综合污水毒性指标（生物毒性指标）控制的方法、生物基准及生物评价方法。

生物学指标在 EPA 环境质量报告书中有大量反映，2008 年的环境质量报告书（EPA's 2008 Report on the Environment）包括 Air（空气）、Water（水）、Land（土地）、Human Exposure and Health（人体暴露与健康）、Ecological Condition（生态状况）等五大部分，其中 Water 和 Ecological Condition 部分就有许多有关生物监测的指标，例如：Benthic Macroinvertebrates in Wadeable Streams（河溪大型底栖无脊椎动物）、Fish Faunal Intactness（鱼类区系的完整）、Bird Populations（鸟类种群）、Coastal Benthic Communities（沿海底栖群落）、Submerged Aquatic Vegetation in Chesapeake Bay（沉水植被）、Contaminants in Lake Fish Tissue（湖泊中鱼肉中污染物含量）、Harmful Algal Bloom（有害水华）、Non-Indigenous Benthic Species in the Estuaries of the Pacific Northwest（水底外来物种）等。

生物评价为复合型水质问题的管理提供了至关重要的信息，一般而言，达到了生物完整性的要求就意味着良好的水体健康状况。生物评价已应用于美国环境管理的各个领域。

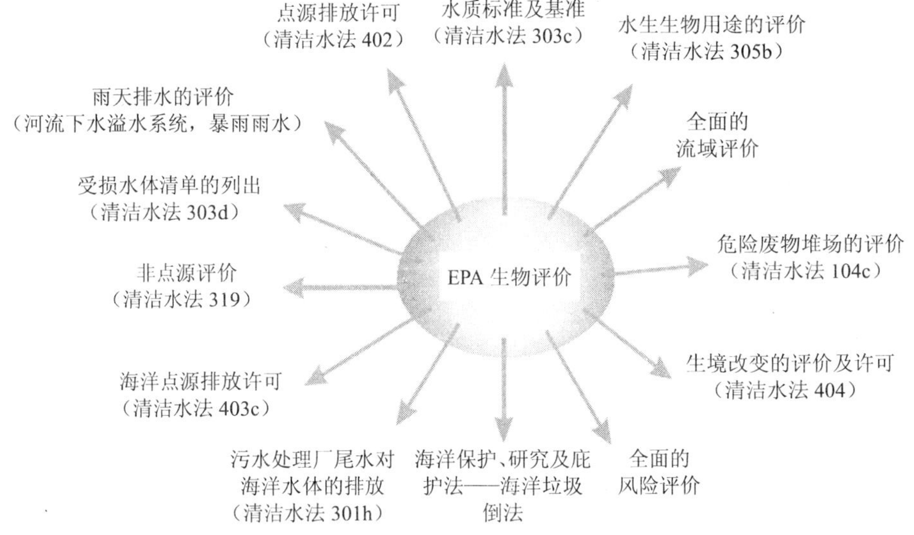

图 3.3　美国环保署水环境生物评价领域

（三）现代技术的应用

（1）生物在线监测及早期预警系统。

现代技术的应用使生物在线监测特别是早期预警系统得到较好发展，例如德国 BBE、荷兰 Microlan 公司的藻、溞、鱼及发光菌系统等。

德国 BBE 公司的溞类生物早期预警在线监测系统

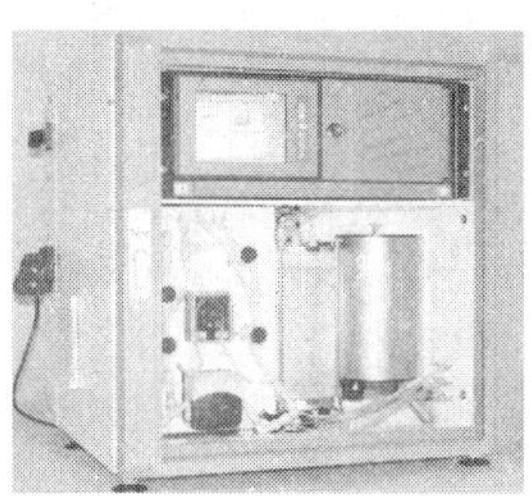

德国BBE公司的藻类生物早期预警在线监测系统

Bio-sensor 水质安全监测系统由美国弗吉尼亚州 Biological Monitoring, Inc. (BMI)公司生产，用小型鱼类作为传感生物，通过鱼的呼吸行为反映水质污染情况

荷兰 Microlan 公司发展了发光细菌的生物早期预警在线监测系统

德国 BBE 公司的鱼类生物早期预警在线监测系统

德国E+H公司的STIP-TOX生物毒性仪，通过连续监测反应器中微生物的呼吸状态即耗氧量来监测水质突发变化

荷兰 CytoBuoy 公司发展了在线监测藻类的流式细胞仪

德国 LIMCO 公司的 MFB 多物种淡水生物监测仪，几乎可以利用所有水生生物在水体的不同层次进行在线生物监测

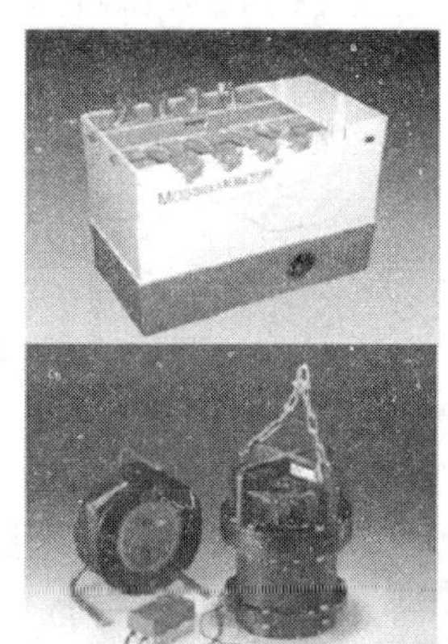

荷兰 Delta Consult 公司产品主要为蚌（蛤）在线生物监测仪（Musselmonitor）

图 3.4　生物在线监测预警系统

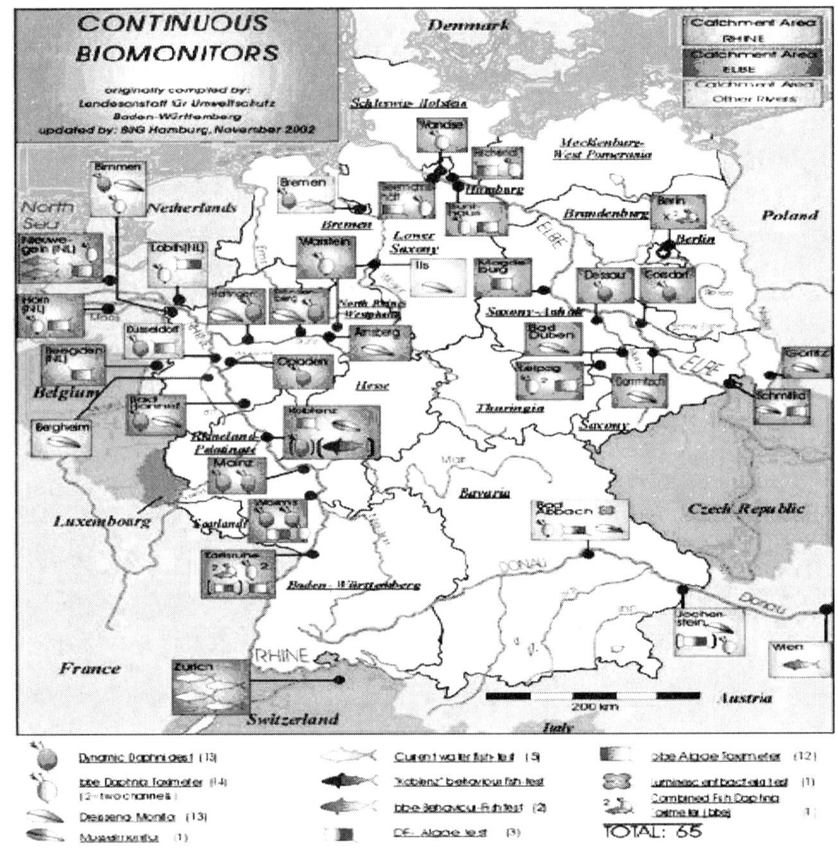

图 3.5　北欧成组生物在线早期预警系统及分布

（2）便携式生物毒性测试仪，例如美国 SDI、德国 WALZ 公司的发光菌、微藻系统等。

（3）生物监测用试剂盒，例如加拿大 EBPI 公司的 Ames 试验、SOS 试验试剂盒等。

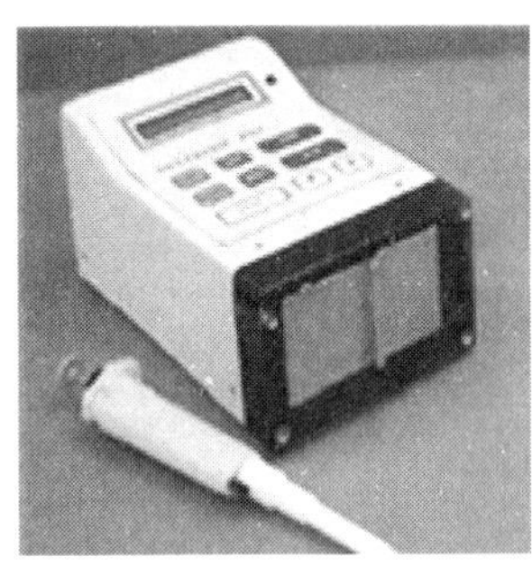

美国 SDI 公司便携式发光细菌毒性测试仪

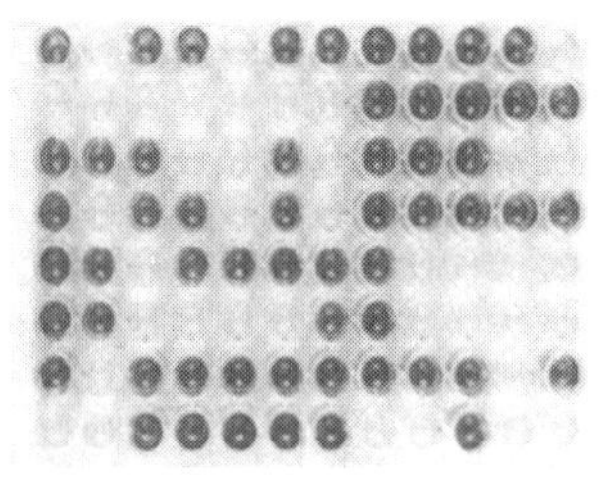

加拿大 EBPI 公司 Ames 试验试剂盒

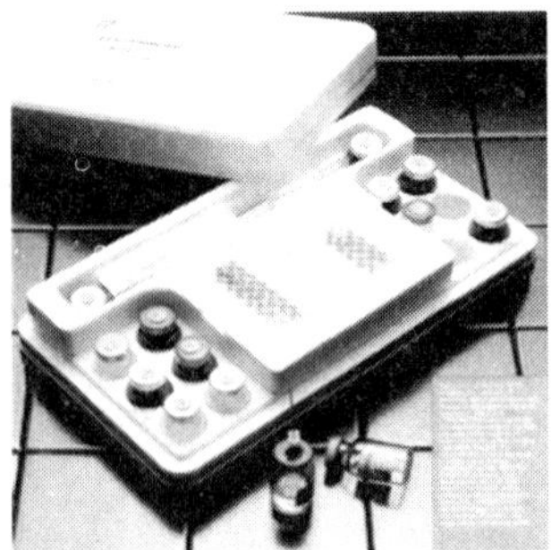

加拿大 EBPI 公司 SOS 试验试剂盒

图 3.6　便携式生物毒性测试仪与试剂盒

（4）分子生物学及生物技术的应用。

五、我国水环境生物监测的发展方向

（一）我国水环境生物监测的发展方向

（1）宗旨：保障生态安全和人体健康，满足环境管理和社会经济发展需要；

（2）理念：水环境生物监测以生态学、毒理学、卫生学等学科为基础，充分应用现代技术手段，更新理念，引入“生态系统健康”、“生物完整性”、“环境胁迫”、“全排水毒性”等现代环境生物监测的基本概念，建立环境生物监测技术发展的理论基础；

（3）目标：生物指标是环境实际状况最客观的指示，应建立环境质量管理的生物学目标，确立法律地位，将污染物目标管理转变到生态目标管理上来；

（4）体系：在技术体系中，首先，要以问题为导向，对环境生物评价技术体系进行创新，建立环境生态健康评价及综合毒性评价指标体系、基准及分级管理标准；其次，要以国际发展趋势为导向，对现行环境生物监测方法体系进行革新，建立包括 QA/QC、快速方法等支持系统在内的现代化生物监测方法体系；

（5）应用：要在全面客观反映环境质量及变化趋势、污染源状况及潜在的环境风险方面切实发挥生物监测的应有作用，确立其管理的地位。

（二）水环境生物监测要重点关注的核心技术

1. 生物完整性监测与评价

我国地大物博，不同地区生物分布的区系是不同的，因此，不可能建立全国统一的水环境生物评价标准，应在生态地理分区（我国已进行了这方面的工作，可比较借鉴北美的生态分区 Ecoregion、Sub-ecoregion）的基础上，建立不同生态地理分区（亚区）的水环境生物评价基准和标准，例如，江苏省可建立本省平原水网地区水生生物评价的地方环境质量标准。

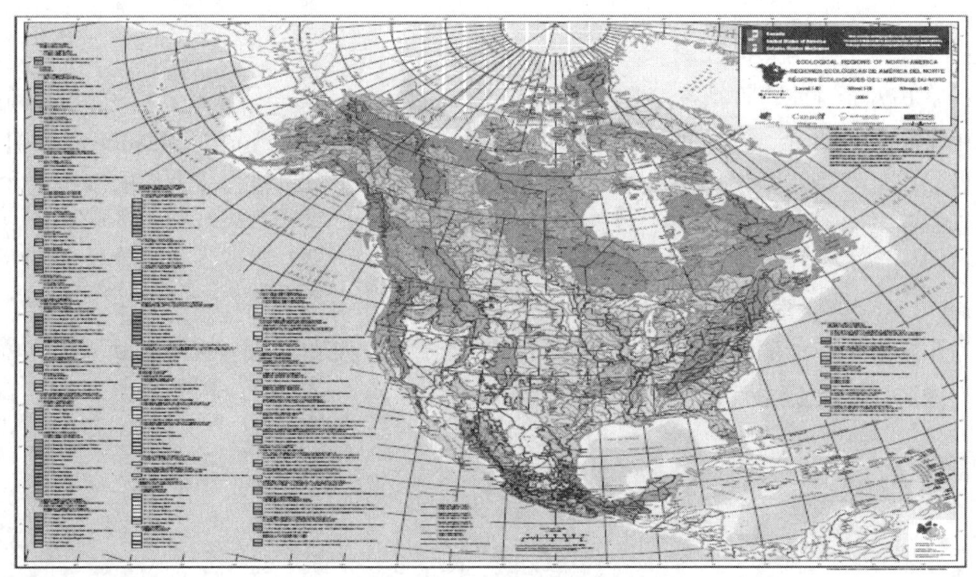

图 3.7　北美III级生态分区

IBI 指数是综合性指数，它强调不同生物类群间的综合以及同一生物类群不同指标的综合。水环境生物评价 IBI（生物完整性指数）指标体系的构建，除在上述生态分区的基础上，重点还要关注：

（1）参考点位（reference condition site）的选择

选取无人类干扰或干扰极小的一组样点作为参考点位，例如可考虑水质类别III类水以上、滨岸及汇水区植被条件好的样点。但无或极小人类干扰的样点往往很难找到，因此，也可用水生态还未受影响时的历史数据作为参考点位数据，还可借用生态地理条件类似地区的参考点位。即便是上述条件都不具备，也应选取所有调查样点中生态条件最好的一组样点作为参考点位建立 IBI 综合评价的基础，随着生态条件的恢复，定期重复以上工作对评级基础进行修正，不断接近客观存在的 IBI 综合评价基准。

（2）人类干扰梯度与备选指标关联性分析

根据调查地区的水生态条件、自身生物监测能力及前人与同行的经验，尽可能多地选取有潜在评价价值的候选生物学指标。采用参考点位与受干扰点位的生物监测数据，分别计算各候选生物学指标并进行统计分析，剔除那些变化小、干扰点位与参考点位间差异小的不敏感指标，得到一组对干扰有良好响应的初选指标。

（3）初选指标冗余度分析

对初选指标进行相关性分析，对于相关性高的一组指标，表明其信息有很大的重叠，只要选取其中最能反映当地生态特征及生物学信息的一个指标即可，剔除同一组中的其他指标，避免信息重复。最后，得到若干信息相对独立的一组指标，综合这些指标就可构建 IBI 指数。

（4）基准及分级标准的建立

以参考点位筛选得到的指标值的 25%分位数为该指标评价的基准，在此基础上对指数进行等分或非等分分级，对每一指标进行归一化处理，最后对各指标进行平均得到 IBI 指数值。

2. 综合毒性监测与评价

借鉴 EPA 全排水毒性指标 WET（Whole Effluent Toxicity）、毒性鉴别评价 TIE（Toxicity Identification Evaluations）、毒性削减评价 TRE（Toxicity Reduction Evaluations）等建立的方法，发展我国水环境管理的综合毒性指标，这需要选择和整合代表性的水生生物以及急性、亚急性、短期慢性毒性试验指标。要重视 QA/QC 工作，参与国内外实验室能力验证。

3. 微生物卫生学指标测试

微生物卫生学指标是环境管理的重要指标，其测试应重视无菌操作技能培养、环境设施条件的监控以及通过标准菌株和标准样品进行的质量控制和量值溯源。

4．生态数据统计分析技术

较常用的统计工具

SPSS、PAST	数据统计（参数检验、非参数检验、方差分析、相关性分析、聚类分析等）
CANOCO	排序分析，我们可以认识群落格局，也可以将排序轴跟我们已知的环境条件联系起来，看是否代表某一环境梯度
ORIGIN/ SIGMAPLOT	制图及基础统计
Mapinfo/ArcGIS	制作各种空间信息图
Endnote	文献管理
……	

根据研究目的，各种统计手段的应用可以将枯燥的数据集呈现不同的表现形式

图 3.8　常用统计工具

SPSS、PAST　　一些应用示例：

非参数检验：

在两类样点中，中位数的差异采用 Mann-Whitney U 法检验，分布特征的差异是采用 Kolmogorov-Smirnov 法进行检验，显著性水平取 0.01。

Person 相关性分析：

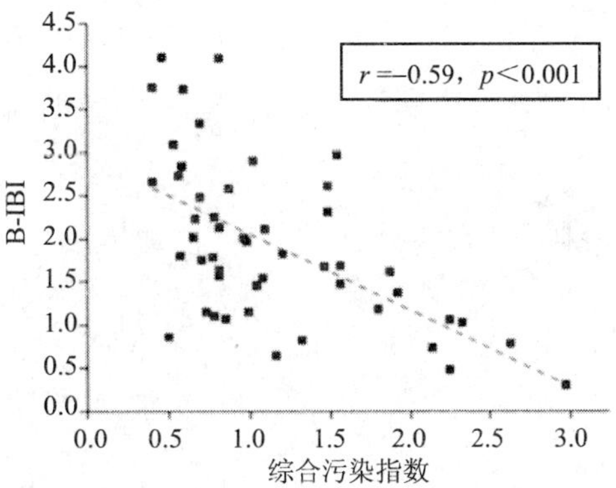

图 3.9　应用示例（1）

溪流（洑溪涧、湖滏）
Stream
水库（大溪水库）
Daxi Reservoir
苏南河网
River network in South Jiangsu
长江（魏村水厂、西石桥）
Yangtze River
相似性
洑溪涧
湖滏
长江魏村水厂
长江西石桥
大溪E
大溪A
大溪D
大溪B
大溪C
袁巷
三汉河
上兴
长荡湖北干河口
二干河
二圣
浦庄
七都
大溪河观山桥
滆湖南区
京杭运河横洛间
京杭运河新河口
京杭运河水门桥
滆湖太滆河口
滆湖北区
滆湖北干河口
北干河渎南桥
湖滨带底栖动物
排序分析（PCA）
表示梅梁湾点位；
表示竺山湖点位；
表示西部沿岸点位；
表示南部沿岸点位；
表示东太湖点位；
表示东部沿岸点位；
表示贡湖点位。
东部湖区、东太湖、贡湖部分点位
北部三湾、西部沿岸、南部沿岸部分点位
50.5%
17.1%
SD
pH
SNH3-N
NH3-N
NO3-N
物种组成及空间等值线示例
底栖动物个体密度
3 000
1 500
300
软体动物
寡毛类
摇蚊幼虫
水生昆虫
其他（多毛类、蛭类、甲壳类）
单位：mg/L
2.00～2.67
2.68～3.33
3.34～4.00
4.01～4.67
4.68～5.33
5.34～6.00
6.01～6.66
6.67～7.33
7.34～8.00
湖滨带底栖动物空间分布
滆湖 TN 浓度分布

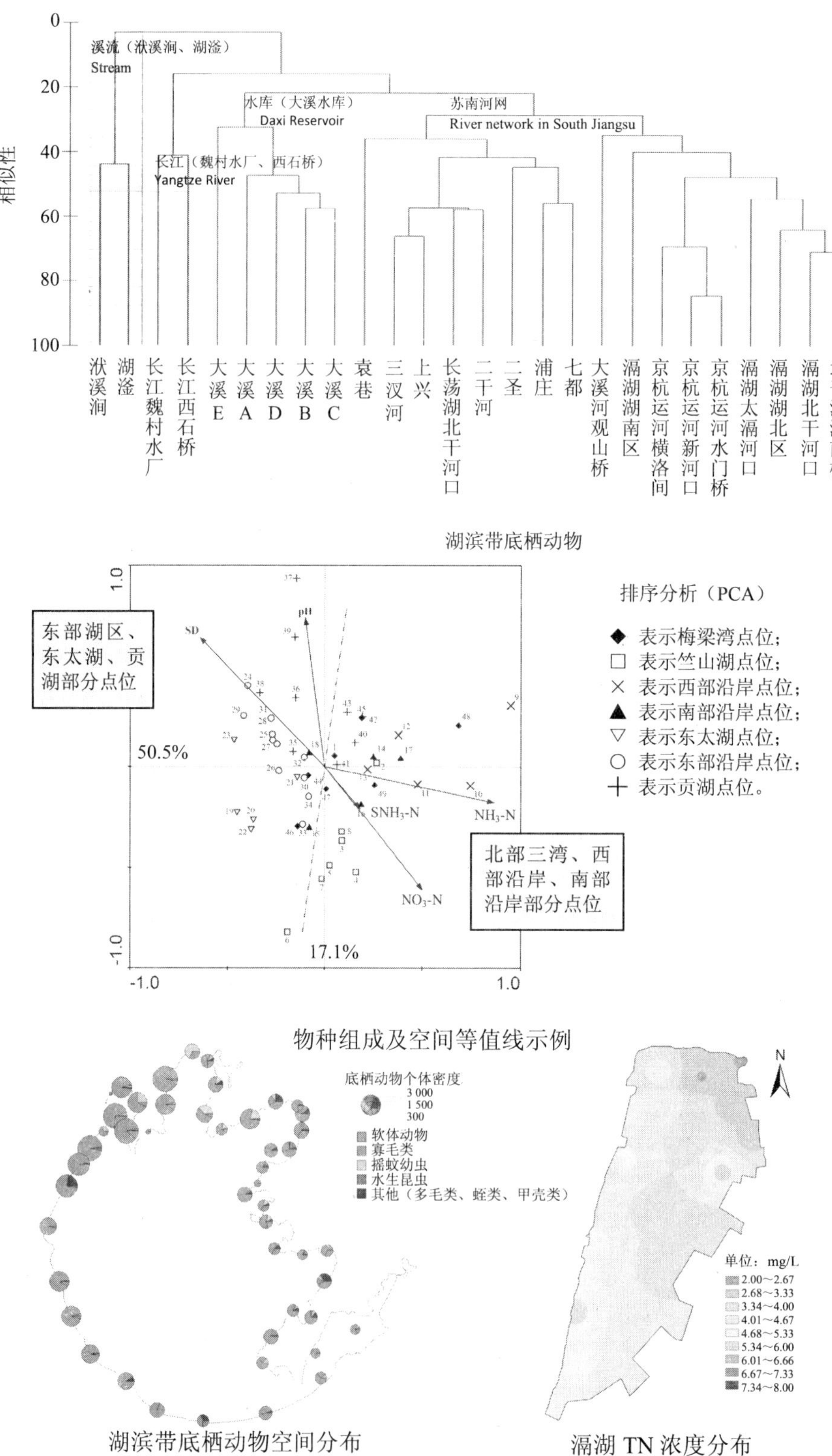

图 3.10 应用示例（2）

第二节　水生生物群落监测

一、水生生物采样方法

（一）水生生物采样工具

1．通用工具

（1）交通工具：车、船、橡皮艇等；

（2）防护工具：水衩、手套、创可贴、探杆等；

（3）测量工具：温度计、酸度计、溶解氧测定仪、米尺、GPS、测距仪、透明度盘等；

（4）样品收集及固定：剪刀、毛刷、手术刀、白瓷盘、脸盆、塑料水桶、镊子、分样筛、采样瓶、固定液、洗瓶等；

（5）照相器具：照相机或摄像机等；

（6）记录工具：记录纸、防水笔等。

2．专项工具

着生藻类监测定性采样的专用采样工具包括剪刀、牙刷、手术刀或裁纸刀片。剪刀等用于采集挺水、沉水植物的茎、叶；手术刀或裁纸刀片用于刮取石块、沉木、枯枝上的着生藻类；牙刷用于刷下各种基质上的着生藻类。定量采样目前多使用硅藻计（图 3.11），有专业销售的有机玻璃材质的硅藻计，还可以自制简易的硅藻计，用木材制作，降低采样成本（图 3.12），共有 8 个格子，固定载玻片（26 mm×76 mm）8 片，采样时可将载玻片插入。聚酯薄膜采样器（图 3.13）用 0.25 mm 厚的透明、无毒的聚酯薄膜作基质，规格：4 mm×40 mm，一端打孔，栓绳。

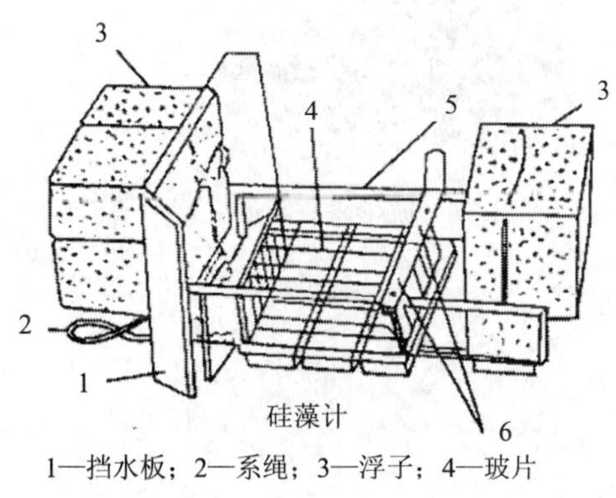

图 3.11　硅藻计

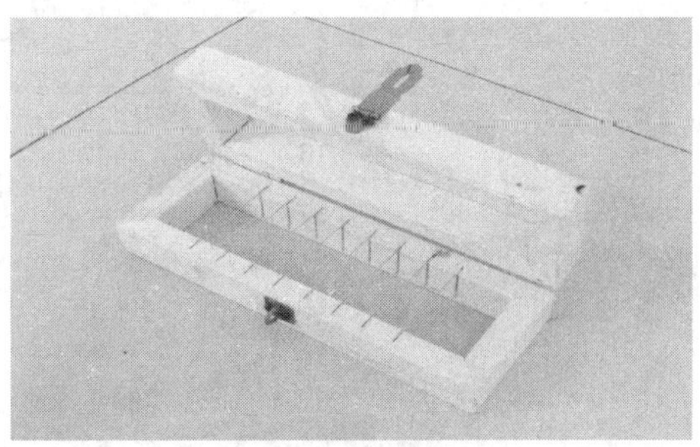

图 3.12　简易硅藻计

浮游生物监测定性采样采用浮游生物网（图 3.14），呈圆锥形，网口套在铜环上，网底管（有开关）接盛水器。网的本身用筛绢制成，根据筛绢孔径不同划分网的型号。小型浮游生物用 25 号浮游生物网，网孔 0.064 mm（200 孔/英寸），用于采集藻类、原生动物和轮虫。大型浮游生物用 13 号浮游生物网，网孔 0.112 mm（130 孔/英寸），用于采集枝角类和桡足类。定量采样主要使用定量采水器（图 3.15）、浮游生物网。

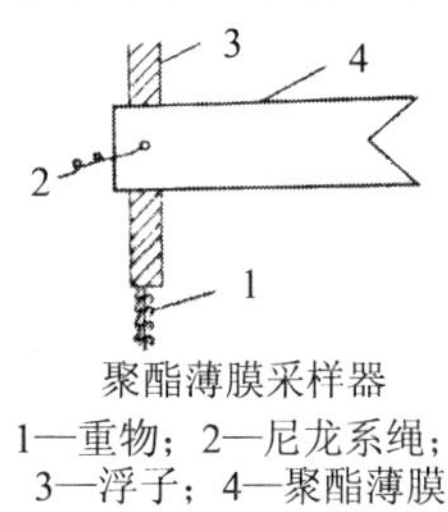

图 3.13 聚酯薄膜采样器

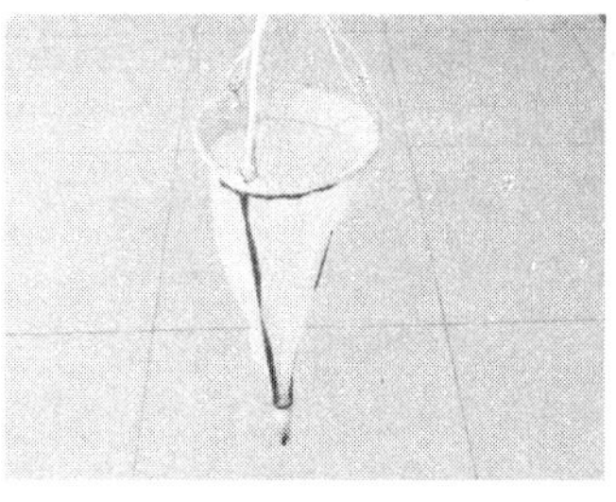

图 3.14 浮游生物网

图 3.15 定量采水器

底栖动物监测定性采样主要有手抄网、踢网、铁锹、彼得森采泥器、三角拖网、分样筛、镊子、毛刷等（采样工具很多、因采样目的而不同）；手抄网（图 3.16）用于采集处于游动状态、草丛、枯枝落叶、底泥表层的底栖动物；踢网用于采集底泥中、石缝中、某些隐藏在草丛和落叶中、简易巢穴中的底栖动物；铁锹和彼得森采泥器主要采集底泥中的底栖动物。定量采样主要有彼得森采泥器（图 3.17）、索伯网、十字采样器（图 3.18）、篮式采样器（图 3.19）等。篮式采样器规格为直径 18 cm，高 20 cm 的圆柱形铁笼，此笼携带方便，不怕碰撞。用 8 号和 14 号铁丝编织，小孔为 4～6 cm^2，使用时笼底铺一层 40 目的尼龙筛绢，内装长度为 7～9 cm 的卵石，其重量约为 6～7 kg。松花江流域监测主要是篮式采样器，在试点过程中还研制了十字采样器，边长 40 cm，高 20 cm，中间十字分格，分别放入鹅卵石、水草、泥和砂，鹅卵石、水草下面放一层 40 目的尼龙绢筛铺底，泥、砂放入尼龙纱绢制作的网兜里。具体采用哪种采样器要根据当地的实际情况而定。

图 3.16 手抄网

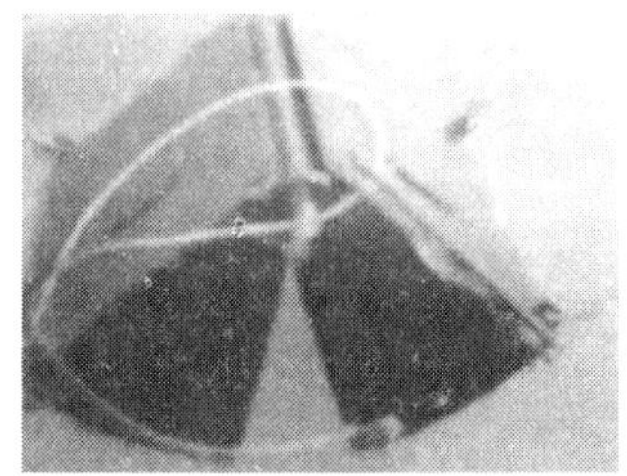

图 3.17 彼得森采泥器

图 3.18 十字采样器

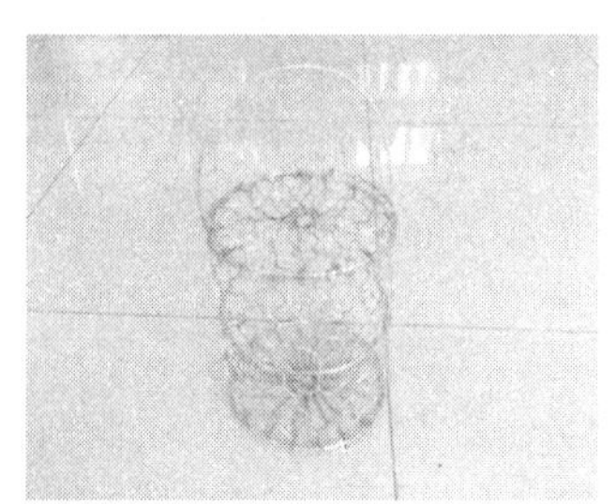

图 3.19 篮式采样器

（二）生境的选择

生物监测方法的建立是以环境生物学理论为基础的。根据监测生物系统的结构水平、监测指示及分析技术等，可以将生物监测的基本方法大致分为四大类，即生态学方法、生理学方法、毒理学方法及生物化学成分分析法。

我们这里就是应用生态学方法，利用指示生物群落结构特征反映水体受污染的情况。

1. 基本概念

（1）生境

生境指生物的个体、种群或群落生活地域的环境，包括必需的生存条件和其他对生物起作用的生态因素。生境是指生态学中环境的概念，生境又称栖息地。生境是由生物和非生物因子综合形成的，而描述一个生物群落的生境时通常只包括非生物的环境。

水生生境很多，基本上可分为：单一生境、复合生境。

单一生境：采样点生物栖息环境只有一种类型，如：石头、沙子、泥等。

复合生境：采样点生物栖息环境由两种或以上的类型构成，如：泥-草、泥-沙、泥-石、沙-草、石-草、沙-石-草、泥-石-草-枯枝落叶等。

（2）指示生物

指示生物是对某一环境特征具有某种指示特性的生物。它可分为水污染指示生物、大气污染指示生物。

1909 年德国学者 B·科尔克维茨和 M·马松在一些受有机物污染的河流中对生物分布情况进行调查，发现河流的不同污染带，存在着表示这一污染带特性的生物。他们在此基础上提出了指示生物的概念。例如水中存在着襀翅目、蜉蝣目稚虫或毛翅目幼虫，水质一般比较清洁；而颤蚓类大量存在或食蚜蝇幼虫出现时，水体一般是受到严重的有机物污染。摇蚊幼虫、溞和藻类等浮游生物、水生微型动物、大型底栖无脊椎动物对水体受到的有机物污染具有指示作用。

2. 影响指示生物生存的环境因素

生物的生活依赖环境要素，且受到周围环境的影响。大量的研究表明底栖动物在水体中的分布不均匀，但他们的分布还是有规律可循的。了解底栖动物生存规律，有利于样品的采集工作，做到“采得到，有代表性，反映客观实际状况”。

（1）影响底栖动物的环境因素

大量研究表明，底栖动物的分布受多种因素的影响，这里就主要因素归纳如下：

1）物理条件

a. 底质：

底质是河流生态系统的重要组成部分，是底栖动物等水生生物依存的基本条件，可提供多样的栖息地环境，对许多水生生物繁殖和产卵等重要阶段起到关键的作用，同时还是底栖动物的避难所和栖息地。底质分矿物底质和有机底质，根据主要底质颗粒的中值粒径大小通常将河床底质分为七种类型：基岩、漂石（＞200 mm）、卵石（20～200 mm）、砾石（2～20 mm）、粗沙（0.2～2 mm）、细沙（0.02～0.2 mm）、浮泥（＜0.02 mm，为粉沙和淤泥的混合物），因为此类底质均由不同的矿物质组成，故将其称为矿物底质（mineral substrate）。苔藓、大型水生植物、木块、树根、有机碎屑以及由大量嫩叶和树枝等构成的障碍物可作为特殊的河床底质类型，此类底质一方面可以作为底栖动物重要的食物来源，另一方面又可创造比矿物底质异质性更高的栖息地，因此被称为有机底质（organic substrate）。

研究发现，河床底质的粒径、稳定性对底栖动物的影响极其显著，底栖动物多样性随底质的粒径增大而发生规律性变化，在浮泥质河床中较高，当变为沙质河床时骤减，继而随着粒径增大而升高，当增至卵石大小且有水生植物生长时达最多，变为基岩或漂石河床时略有降低。

不同粒径的底质中底栖动物组成及其优势种群不同，每种底质都支持一组特定的底栖动物群。

b. 水深和流速：

一般情况下，底栖动物群落的密度和多样性随水深的增加而不断降低，多数时候，浅水中底栖动物的物种丰度和生物密度最高，敏感种类最多。湖泊因水深不同，底栖动物的群落组成也不同。

流速对底栖动物的现存量和种类影响较大，河流生物群一般可分为急流生物群和缓流生物群，底栖动物群落的物种丰度、EPT 丰度和密度的最大值出现在流速为 0.3～1.2 m/s 的各种底质中。

c. 流量和物理干扰：

流量急剧变化和降雨等都会对底栖动物造成干扰，干扰一般会导致底栖动物物种丰富度和密度降低，但一定的干扰可以防止某种物种成为绝对优势种。一般情况，中等程度的干扰对底栖动物群落比较有利。

d. 泥沙沉积和悬沙：

虽然泥沙和悬沙不对生物产生直接的毒性，但通过不同的方式影响底栖动物的生命活动，进而影响到群落组成和丰度。

e. 河宽：

研究表明，河宽越窄物种丰度越大，岸边的生物量要比中央大。

f. 河流级别和流域面积：

近年来的研究成果表明，物种丰度与流域面积之间并没有显著关系，大流域的物种丰度不一定比其他地区的小流域要高。甚至流域面积大于 100 平方英里（约 258.999 km^2）时，二者呈负相关，即河流的流域面积越大，物种丰度越低。

g. 河型与上下游沿程变化：

一般来说，季节性河流中的底栖动物的物种丰度要低于常年流水河流，上游河流要比下游平原河流底栖动物组成丰富。

2）水化学条件

a. 水温：

水温影响溪流的底栖动物群落，尤其是喜温或喜冷生物的生存，所以河流是长期大面积受到太阳照射还是受树荫遮掩对河流中的底栖动物组成影响均较大。

b. 溶解氧：

氧气是底栖动物的限制因子，溶解氧分布不均，通常水气交界面附近的氧气最丰富，随着深度的增加氧气的含量也逐渐减少。不同的溶解氧含量会养育不同的底栖动物类群。

c. 水质的污染状况：

包括生化需氧量、氨、酸碱度、盐度、重金属及其他有毒物质等水质指标的变化均会对底栖动物的群落组成和密度产生影响，敏感的物种消失，耐污种类密度大幅提升，成为绝对的优势种；若污染非常严重，直至底栖动物全面消失。

3）生物条件

水生植物、滨河植物都会对底栖动物的分布产生重要的影响，不同底栖动物类群与水生植物的关系表现不同，取决于各类动物的生活习性。一般情况下，底栖动物密度和物种丰富度在水草覆盖的卵石河床中最高，若底质中缺乏必要的附生植物，底栖动物的多样性将大大降低。

4）其他条件

纬度和海拔：

纬度对底栖动物群的影响研究较少，目前还没有明确的结论；海拔对底栖动物群的影响较大，但影响的结果不一致，因地域不同而变化。

（2）影响浮游生物、着生生物的环境因素

1）营养盐

营养盐是浮游及着生植物赖以生存的物质基础，营养盐含量的变化对浮游及着生植物种类及其数量的变动有很大的影响。S. S. S. Lau 等在对英国的 Barton 湖长期研究中发现，水体中的生物数量与水中 N、P 的含量存在一定关系。一般认为，浮游及着生植物生长所需的氮、磷的原子个数比近似 16∶1，相当于 7.2∶1 的重量比。但同时以藻类为例，若水体中磷的含量过高，则会导致藻类过度繁殖，水体透明度降低，水质变坏，甚至形成水华。赵倩等在蓝藻越冬机理研究中表明，大量的磷元素对蓝藻成为优势种有很大的促进作用。

2）气候因子

光照是浮游及着生植物进行光合作用唯一的能量来源。光照强度和光质对浮游及着生植物的光合作用速率影响较大。一般来说，浮游及着生植物的光合作用会随着光照强度的改变而变化。在低光照条件下，光合速率与光强成正比，当光强达到饱和后，光合速率将会保持平稳，如果光强继续增加，则会产生光抑制，浮游及着生植物的光合作用或下降或停止。然而，强光照对多数藻类的生长有抑制作用，但浮游植物中的蓝藻在生理上对强光有很好的耐受性。

温度是水环境中重要因子之一，水温的高低影响着水体中动植物的新陈代谢速率。在其它条件适宜的情况下，温度每上升 10℃浮游及着生植物的代谢强度会增加两倍。温度会随着季节的改变而变化，这不仅影响着浮游及着生植物的生长速率和分布，同时也影响了水体对浮游及着生植物的选择，因此，温度可以通过影响浮游及着生植物的生长速率继而影响水体中浮游及着生植物群落结构的变化。

降雨作为气候因子干扰着浮游及着生植物群落的结构、组成及密度等指标，并且受季节周期性变化的影响。Dellamano-oliveira 等在研究中指出在枯水期期间浮游植物的密度显著低于丰水期。

风场对浮游及着生植物的影响很大，主要是影响浮游及着生植物在水体中的迁移。在富营养化或污染严重的湖泊水层，浮游及着生植物随风漂移能够迅速聚集导致水华的发生。有研究认为大约 3 m/s 的风速可以使小型湖泊表面水层水平漂移，可促使浮游及着生植物移向湖泊下风向区域。在较大型的湖泊中，风场引起湖水水平循环，浮游及着生植物最高密集度可出现在中央的循环区。

3）生物因子

水生高等植物不仅与浮游、着生植物竞争营养物质和光照，而且还通过分泌化感物质抑制浮游、着生植物的生长繁殖。沉水植物吸收的营养物质的能力较浮游、着生植物更强，它们可以通过根系和植株体直接吸收营养盐，降低水体的营养水平，从而抑制了它们的生长。与此同时，很多大型水生生物也为一些着生植物提供了着生基质，一些种类利用胶质柄在其表面固着。

部分鱼类以水中的浮游生物及着生植物为主要食物，某些鱼类对它们的捕食也是影响种群密度的重要因素之一。同时，浮游动植物之间也有一定的捕食关系，当大量浮游动物繁殖时，对浮游植物大量捕食，势必导致浮游植物数量相应减少。

4）其他影响因素

水体的透明度是由水中悬浮颗粒、溶解性有机物、浮游植物的丰度和纯水量共同决定。生物密度大、水体透明度低，这表明水体具有较高的初级生产力。透明度的高低直接影响着浮游生物的光合作用。同时，水中的溶解氧、酸碱度、化学需氧量及生化需氧量的因素，都是影响不同类型水体中浮游及着生动植物生长的重要因素，具体影响机理还在研究中。

（三）生境评价

生境是生物群落的生存条件，生境多样性是生物群落多样性的基础，生物群落多样性随生境的空间异质性增加而增加。对采样点做生境评价，有利于了解栖息地的环境情况，对评价水质有积极的帮助。

1. 生境调查要素

（1）采样点基本信息

记录河流或支流名称、调查日期和时间，进行采样点编号并确定其经纬度，注明负责数据质量和完整性的研究人员。

（2）天气条件

记录调查当天和前几天的天气条件。

（3）河流总体特征

1）河流类型

注明河流为冷水性或暖水性。

2）河流的时间变化性

如果河流的年内或年际变化（如，季节性干涸等）对生物群落具有重要影响，或者河流的潮汐会改变生物群落的结构及功能，应当对其时间变化性加以描述。

3）河流源头

已知的情况下，注明调查河流的发源地，如冰川、山区、湿地或沼泽。

4）环境压力要素

土地利用类型：注明该水域主要的土地利用类型，以及其他可能影响水质的土地利用类型。可考虑采用土地利用图精确标注该信息。

非点源污染：注明该水域分散的农业及城区污染物排放以及其他可能影响水质的危害因子包括养殖场、人工湿地、化粪池系统、水坝和水库、矿井渗漏等。

流域侵蚀：注明该水域是否存在或可能存在土壤流失，通过水域及河流特征的观察，对侵蚀进行定级。

5）河岸植被

典型的河岸带要包括河流两岸至少 18 m 的缓冲带。在调查过程中，可根据实际情况进行调整。已知的情况下，记录河岸带的优势植被类型及物种。

调查河段特征

河长：测量或估计调查河段的长度。若调查河段长度不一，该信息极为重要。

河宽：估计调查河段典型横断面的两岸距离，若宽度不同，则采用平均值。

河段面积：将调查河段的河长乘以河宽，估算出河段面积。

水深：估计代表性测点自水面至河底的垂直距离，计算平均深度。

流速：在代表性区域测量水体表面流速，若未测量流速，以慢、中、快来估计。

林冠盖度：注明开阔区与覆盖区的大体比例，可用密度计代替肉眼估测。

高水位线：估测河岸丰水期边缘至最高溢流水位的垂直距离。

渠道化：观察调查河段或站位周围是否有过疏浚。

水坝：观察河段或站位下游是否修筑水坝；如果有，记录水流变化的相关信息。

6）水生植物

观察水生植物的大体类型和相对优势度。仅对水生植物的范围进行估测。已知的情况下，列出水生植物的种类。

7）常规水体环境

温度、电导率、溶氧、pH、浑浊度：采用经过校准的便携式水质监测仪器，测量并记录每项水质参数表征值，注明使用的仪器类型和数量单位。如果有例行监测的数据也可直接引用。

水体气味：注明调查区域内河水的相关气味描述。

表层油污：描述水体表层的油污量。

浑浊度：若未直接测量浑浊度，根据观察，描述河水悬浮物数量。

8）常规沉积环境

沉积物气味：注明调查区域内沉积物的相关气味描述。

沉积物油污：描述调查区域内沉积物的油污量。

沉积物组成：观察调查河段出现的沉积物；同时，注明陷入沉积物的岩石底部是否为黑色（通常指示低溶氧或厌氧环境）。

2．生境状态评价

选择调查站位内 100 m 河段（或其他指定河长，如 30～40 倍河宽），通过目测，对调查河段的所有评价参数进行评分。评价参数由 10 个指标构成，包括底质、栖息地复杂性、流速-深度结合特性、河岸稳定性、河道变化、河水水量状况、植被多样性、水质状况、人类活动强度、河岸土地利用类型，评分范围为0～20（最高值）。将分数累加，并与参照环境比较，得到最终的栖息地等级。为确保评价程序的一致性，评分时参照评分表（附表2）中所描述的物理参数及相应标准。

进行生境状态评价时，应注意以下问题：① 近距离观察栖息地特征，以便充分评价；②避免干扰采样栖息地；③ 至少由2人共同完成栖息地评价。

3. 记录

填写河流栖息地环境调查数据表（附表1）和河流栖息地评价数据表（附表2），并勾画调查河段简图，以箭头标明水流方向。

（四）采样点位的选择

1. 前期准备

采样前要进行必要的准备，除了必需的器材外，还要先查阅相关的地图，对采样断面附近的水域做全面的了解，包括河道弯曲度、纬度、周围的人为干扰情况、河岸的土地利用类型等；如果可能还可以提前进行实地踏勘，并通过向导（如渔民或知情者）了解断面的底质、水深、江水涨落情况等自然条件；底栖动物种类、分布、昆虫羽化时间等相关情况，将有利于采集工作的顺利完成。

2. 采样点的选取原则

野外采样要遵循代表性和客观性的原则，所谓代表性即具有典型水域特征的地区和地带；客观性即能够真实反映采样点的状况。通常布设断面要考虑底质、水深、流速、水体受污染的情况、水生高等植物的组成等影响水生生物生存的各种因素。定性采样主要有以下几点：

（1）尽量采集不同的生境，石头、沉水植物、沙子、草丛、底泥等各种生境。

单一生境采样采用梅花布点、一字布点，还可以采用“S”形布点，样方的大小视环境而定；复合生境采样要考虑到生境、水深、流速等要素进行布点。

（2）尽量采集不同深度的样品，0～20 cm，20～50 cm，50～100 cm，大于100 cm。

（3）尽量采集不同流速的样品，主流（可涉）、浅滩、回水湾。

（4）采样范围在断面上下100 m，每个断面需要采集至少3个样点，最好代表着不同的生境。可涉河流采样人员要下水，采集不同的基质；大河要左右岸采样。

（5）要有分层采样的概念，按照水体的透明度来定，透明度以上、以下的都应该采集，尤其是大河（不可涉河流）。

定量采样主要选择采样断面上下一定范围内生境最好的点位，以便表达出水质最佳的状态。

3. 采样频率

根据不同的研究需要进行，要考虑到生物的习性，比如昆虫的羽化时间等。

（五）采样方法

1. 底栖动物采样

（1）定性采样

结合点位的底质、水流、水深等环境条件确定相应的采样方法。

1）踢网法：踢网规格为 1 m×1 m，孔径为 0.5 mm，主要适用于底质为卵石或砾石且水深小于 1 m 的流水区。采样时，网口与水流方向相对，用脚或手扰动网前 1 m 的河床底质，利用水流的流速将底栖动物驱逐入网。用踢网进行采样，移动性强的一些物种会向侧方游动而不被采获。一般采集 3～5 个样方，视样品量而定，记录采集样方个数，采样方法如图 3.20。

图 3.20 踢网法采样

图 3.21 手抄网采样

2）抓取法：彼得逊采泥器用于大型河流湖泊等深水区的底栖动物的采集，但仅适用于软底质河床且水流较缓的区域。彼得逊采泥器重 8～10 kg，每次采集面积 1/16 m^2，每点采样两次。每断面几个样方最少折合采样面积 1 m^2，对于底质的采集厚度，河流一般为 10～15 cm，基本能具代表性；对于疏松湖底至少应穿透 20 cm 才能采到 90%的生物。

使用时将采泥器打开，挂好提钩，将采泥器缓缓放至底部，然后抖脱提钩，轻轻上提 20 cm，估计两页闭合后，将其拉出水面，置于桶或盆内，用双手打开两页，使底质倾入桶内。经 40 目分样筛筛去污泥浊水后，检出底栖动物放入装有 30% 酒精的广口瓶中，带回实验室。同一采样点一般选择 3 个位点，每个位点采集 2～3 斗。采泥器拉出后如发现两页未关闭，则需另行采集。

3）手抄网法：适用范围较广，迎水站立，深水可以采用“∞”形画法，采集一定面积；浅水可一手将手抄网迎水插到底质表面并握紧，用另一只手将其前面 50～60 cm 见方小面积上的石块捡起，在手抄网前将附着的底栖动物剥离，以水流冲入网兜，然后用脚扰动底质，使底栖动物受到扰动，冲入网兜，持续大约 30 s。提起手抄网，转移采集的样品，每个点位采集几次，然后挑捡所采集的样品。见图 3.21。

具有典型生态意义的样品，应拍照、观察并记录。

（2）定量采样

定量采样选用哪种方法要根据底质等各种情况综合分析，试验后确定。

1）人工基质法

为了将人为的干扰或破坏降到最低，应该将人工基质隐藏在视野之外，避开走航、观光河流的主干道。放置时间为 14 天，如果在样品孵育期间发生洪水或冲刷等情况，待水体平稳后，重新安置人工基质。定期了解采样器材放置情况，如果样品丢失要及时补样。如果条件允许可以雇渔民看护。

篮式采样器：

适用于河流湖泊，在每个采样点至少放置两个采样器，两个采样器用 5～6 m 的尼龙绳连接，或用尼龙细绳固定岸边的固定物上，或用浮漂做标记。

河流水体可涉的至少两个，要考虑到流速和生境的不同；不可涉河流需要左右岸采样，各下两个，考虑到流速和生境；湖泊水库至少要下两个；另外防止丢失，可以多下。采样深度一般为 1 m 左右，采样器放置时间为 14 天。

采样器提出水面后，放置到白磁盘或盆里（以免采到的样品丢失）运到岸边，将卵石转入盛有少量水的桶里，附在卵石上的底栖动物用尖角镊子直接捡到盛有 30% 酒精的广口瓶中；再用猪毛刷将卵石上的泥沙刷下，经 40 目的分样筛（图 3.22）过滤，将生物捡出，装入广口瓶；筛绢上的直接捡到盛有 30% 酒精的广口瓶中，带回实验室。捡拾动物时要轻拿轻放，保持动物个体完整。根据采集种类多少，可将坚硬的甲壳类和软体动物与水生昆虫幼虫及蛭类等分开保存。来不及分检的样品，应放入冰箱内保存，以免虫体腐烂不利于分析。

十字采样器：

方法与篮式采样器采集方法基本相同。

2）抓取法：同定性采样方法。

3）索伯网法：网口迎水，扰动所围面积内的底质，将底栖动物收集到网兜里。

其他资料上还有一些定性、定量采样的方法，可以通过试验，总结经验后加以应用。

图 3.22　分样筛

（3）几个需要注意的问题

1）岸上、草上的生物怎么算

样点水边的螺、蚌（水中、岸上均能生活的种类）可以算入底栖动物定性样品；草上的蜉蝣目、蜻蜓目等昆虫褪的壳、皮等，如果完整、满足鉴定要求，也可以算入底栖动物的定性样品。

2）成虫怎么算

采样过程中，羽化的成虫捕获后，可以算入底栖动物，尤其是飞行能力较弱的成虫。飞行能力较强的成虫，不能算入。

3）人工基质外面的枯草上附着的生物怎么算

少量枯草中的底栖动物可以算定量样，大量的枯草需要将其清除，不算定量，但如果定性采样时未采到，可以算定性。

4）湖泊、水库防浪问题

大型湖泊、水库岸边浪大，放置点应该尽量避免浪区，减少狂浪冲刷。

5）石头种类：一定要放卵石，不能放毛石，尤其是山上刚采集的毛石效果差。

（4）做好各种采样记录

采样记录见附表 3、附表 4，认真填写有利于了解采样条件。

（5）固定及保存

采样现场用 30% 的酒精或 1% 的福尔马林固定，没过样品，贴上标签，回实验室后换用 70% 的酒精或 5% 的福尔马林固定（因福尔马林有害尽量少用），固定液的体积应为动物体积的 10 倍以上，常温保存，每隔几周检查防腐剂，必要时进行添加，直至完成种类鉴定，可选择部分样品或具有生态意义的样品制作标本，长期保存。

将永久性标签分别附于样品瓶内外侧，附以下信息：水体名称、点位编号、采样时间、采集人姓名、防腐剂类型。

2．着生生物采样

（1）定性采样

安排在放样的当天，采用天然基质作为定性采样器材，以采样点周围的植物叶片、石块和木块等为天然基质，尽可能多的采集不同的基质，要记录基质的名称。填写采样记录，见附表 5。

（2）定量采样

器材选用人工基质，在河流中避开急流和漩涡，采样时必须固定好器材，可以与底栖动物的篮式采样器相连，以此作为重物或缚在钉入河流底部的钢筋或其他结构上。通过调节绳子的长短，保证硅藻计距离水面 5～10 cm，使之得到合适的光照。每个采样点至少放置 2 个人工基质，避免不确定的事故，确保采样成功。

为了将人为的干扰或破坏降到最低，应该将人工基质隐藏在视野之外，避开走航、观光河流的主干道。条件允许可以雇渔民看护。

放置时间为 14 d。如果在样品孵育期间发生洪水或冲刷等情况，待水体平稳后，重新安置人工基质；定期了解采样器材放置情况，如果样品丢失要及时补样。取样时填写采样记录，见附表 6。

（3）样品的保存和制备

1）定性样品

装入盛有少量水的塑料袋里。贴好标签，做好记录，带回实验室。

用牙刷、毛刷或硬胶皮等将所选基质上的藻类全部刮到盛有蒸馏水的烧杯中。当基质的手感从光滑、黏腻变为粗糙、不黏时，才能判断着生藻类已经被完全取下。

刮取后，用福尔马林液或鲁哥氏液（Lugols solution）固定（按每升水加 15 mL 鲁哥氏液的比例），经 24 h 沉淀，弃去上清液，用虹吸法或用移液管，将导管放在水面下水体的中间，勿搅动、勿贴壁，剩余的液体量适宜时，将液体搅动，无需定容，直接将样品移入贴有标签的试剂瓶中即可，并用上清液冲洗烧杯。

2）定量样品

采样现场将所取基质（硅藻计-载玻片法、聚酯薄膜法）放入装有采样点水样的广口瓶中，做好记录，贴好标签，带回实验室，并尽快对样品进行处理。

用牙刷、毛刷或硬胶皮等将所选基质（载玻片取 3 片、聚酯薄膜取中段 4 cm×15 cm，根据着生的情况可以增减面积，一定要记录）上的藻类全部刮到盛有蒸馏水的烧杯（贴有采样点名称标签）中，并用蒸馏水将基质冲洗多次，用鲁哥氏液或福尔马林液固定，经 24 h 沉淀，弃去上清液，将剩余的液体搅动，转移至比色管中，并用之前的上清液冲洗，定容至 30 mL，贴上标签，备用。如果液体总量超过 30 mL，可以再沉淀，并弃去上清液，定容至 30 mL。

保存时，每隔几周检查固定液，必要时进行添加，直至完成种类鉴定。如需长期保存可按 5%浓度加入福尔马林溶液长期保存。

将永久性标签放入样品瓶内，附以下信息：水体名称、站位编号、日期、采集人姓名、固定液类型，应注意鲁哥氏液或其他碘固定液可使纸质标签变黑。同时，在样品瓶外标注采样地点、站位编号、日期与样品类型。

3．浮游生物

尽量选择在晴天采样，每次采样需要采集 3 个样品，即每天的 9 点、12 点和 16 点分别采集。但落实到每个监测点最好经过试验，了解不同时间浮游生物的差异，如果差异较小，可减少采样次数。

（1）定性采样

同次采样过程中，浮游藻类的定性样品和定量样品均需进行采集，定性样品的采集应当在定量样品采集结束后进行。采样深度在表层至 50 cm 深处之间，以 20～30 cm/s 的速度作“∞”形循回缓慢拖动，采样时间不少于 5 min。应注意网口必须面朝水流方向，与水面垂直，并且网口上端不能露出水面。如果采样点无水流，可将浮游生物网栓长绳，抛出去，往回拉，反复 3～4 次也可。或在水中沿表层拖滤 1.5～5.0 m^3 水，过滤取样 30～50 mL。

将过滤后的样品转移至样品瓶中，用蒸馏水冲洗浮游生物网，所得过滤物并入样品瓶中，重复该过程 2～3 次。水样采集之后，马上加固定液固定。

注：用浮游生物网采集样品时，先检查网头，关好阀门，待水样聚集网头，打开网头的阀门，将水样注入标本瓶中。

（2）定量采样

在湖泊和水库中，水深 5 m 以内的，采样点可在水表面以下 0.5 m、1 m、2 m、3 m 和 4 m 等五个水层采样，混合均匀，从中取出定量水样。水深 2 m 以内的，仅在 0.5 m 左右深处采集亚表层水样即可，若透明度很小，可在下层加取一样，并与表层样混合制成混合样。深水水体可按 3～6 m 间距设置采样层次。变温层以下的水层，由于缺少光线，浮游植物数量不多，浮游动物数量也很少，可适当少采样。对于透明度较大的深水水体，可按表层、透明度 0.5 倍处、1 倍处、1.5 倍处、2.5 倍处、3 倍处各取一水样，再将各层样品混合均匀后再从混合样中取一样品，作为定量样品。

浮游生物密度高，采水量可少些；密度低采水量要多些。常用于浮游生物计数的采水量：对藻类、原生动物和轮虫，以 1 L 为宜。甲壳动物要采 10～50 L，并且通过 25 号网过滤浓缩。

每次采样均加固定剂，然后混合成一个样品，再取 1 L 混合样作为鉴定样品，带回实验室。

对藻类、原生动物和轮虫水样，每升加入 15 mL 左右鲁哥氏液固定保存。可将 15 mL 鲁哥氏液事先加入 lL 的玻璃瓶中，带到现场采样。固定后的样品贴上标签。送实验室保存。

鲁哥氏液配制方法：40 g 碘溶于含碘化钾 60 g 的 1 000 mL 水溶液中。福尔马林固定液的配制方法是：福尔马林（市售的 40%甲醛）4 mL，甘油 10 mL，水 86 mL。对枝角类和桡足类水样，现场按 100 mL 加 4～5 mL 福尔马林固定液保存。

采样结束后，检查所有标签和表格记录信息的准确性和完整性。

二、水生生物分类鉴定

（一）浮游生物

浮游生物（plankton）是指悬浮在水体中的生物，它们多数个体小，游泳能力弱或完全没有游泳能力。浮游生物可划分为浮游植物和浮游动物两大类。在淡水中，浮游植物主要是藻类，它们以单细胞、群体或丝状体的形式出现。浮游动物主要由原生动物、轮虫、枝角类和桡足类组成。浮游生物是水生食物链的基础，在水生生态系统中占有重要地位。许多浮游生物对环境变化反应敏感，可作为水质的指示生物。

（1）器材

解剖镜、显微镜、解剖针、标本瓶（30～50 mL）、浮游生物计数框。

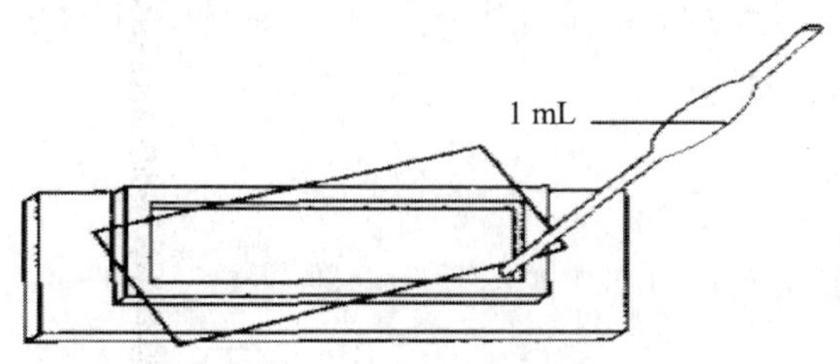

图 3.23　浮游生物计数框

（2）实验室处理

1）样品浓缩

从野外采集并经固定的水样，带回实验室后必须进一步沉淀浓缩。为避免损失，样品不要多次转移。水样直接静置沉淀 24 h 后，用虹吸管小心抽掉上清液，余下 20～25 mL 沉淀物转入 30 mL 定量瓶中。为减少标本损失，再用上清液少许冲洗容器几次，冲洗液加到 30 mL 定量瓶中。

2）样品鉴定、计数

个体计数仍是目前常用的浮游生物定量方法。浮游动物计数时，要将样品充分摇匀，将样品置于计数框内，在显微镜或解剖镜下进行计数。常用计数框容量有 0.1 mL、1 mL、5 mL 和 8 mL 四种。用定量加样管在水样中部吸液移入计数框内。移入之前要将盖玻片斜盖在计数框上，样品按准确定量注入，在计数框中一边进样，另一边出气，这样可避免气泡产生。注满后把盖玻片移正。计数片子制成后，稍候几分钟，让浮游生物沉至框底，然后计数。不易下沉到框底的生物，则要另行计数，并加到总数之内。

藻类：吸取 0.1 mL 样品注入 0.1 mL 计数框，在 10×40 倍或 8×40 倍显微镜下计数，藻类计数 100 个视野。计数两片取其平均值。如两片计数结果个数相差 15%以上，则进行第三片计数，取其中个数相近两片的平均值。

也可采用长条计数法，选取两相邻刻度从计数框的左边一直计数到计数框的右边称为一个长条。与下沿刻度相交的个体，不计数在内，与上、下沿刻度都相交的个体，以生物体的中心位置作为判断的标准，也可在低倍镜下，按上述原则单独计数，最后加入总数之中。一般计数三条，即第 2、5、8 条，若藻体数量太少，则应全片计数。硅藻细胞破壳不计数。

若计数种属的组成，分类计数 200 个藻体以上。用划“正”字的方法，则每划代表一个个体，记录每个种属的个体数。参照《中国淡水藻类》进行鉴定。

原生动物的计数：吸取 0.1 mL 样品注入 0.1 mL 计数框，在 10×40 倍或 8×40 倍显微镜下计数，全片计数。轮虫则取 1 mL 注入 1 mL 计数框内，在 10×8 倍显微镜下全片计数。以上各类均计数两片取其平均值。如两片计数结果个数相差 15%以上，则进行第三片计数，取其中个数相近两片的平均值。参照《中国淡水轮虫志》、《淡水微型生物图谱》和《原生动物学》进行鉴定。

甲壳动物的计数：将浓缩样吸取 8 mL（或 5 mL），注入计数框，在 10×10 倍或 10×20 倍倒置显微镜或显微镜下，计数整个计数框内的个体。亦可将 30 mL 浓缩样分批按此法计数，再将各次计数相加得到 30 mL 样的总个体数。参照《中国动物志（淡水枝角类）》、《中国动物志（淡水桡足类）》进行鉴定。

（3）数据处理

1）浮游藻类

计数结果按下式换算成每升水中浮游植物的数量：

$$N = nA \times V_{\mathrm{w}} / (A_{\mathrm{c}} \times V) \tag{3-1}$$

式中，N——每升水中浮游植物的数量，个/L；

A——计数框面积，mm^2；

A_c——计数面积，mm^2，即视野面积×视野数或长条计数时长条长度×参与计数的长条宽度×镜检的长度数；

V_w——1L 水样经沉淀浓缩后的样品体积，mL；

V——计数框体积，mL；

N——计数所得的浮游植物的个体数或细胞数。

2）浮游动物

每升内某计数类群浮游动物个体数 N 可按下式计算：

$$N = n \times V_1 / (V_2 \times V_3) \quad (3\text{-}2)$$

式中，n——计数所得个体数；

V_1——浓缩样体积，mL；

V_2——计数体积，mL；

V_3——采样量，L。

3）鉴定计数完成，整理出各类群的种类和数量的数据，填写完成数据记录表。

（4）质量控制

实验室需建立、积累和更新自己的系统分类学检索资料库及参考标本库，参考标本要有外部分类学专家确定和签名，要保证其固定剂质量，定期更换。

每一个鉴定出的物种需由第二个分类鉴定员复检确认并做好记录。遇到本实验室无法确认的标本需外送鉴定时，要做好外送的日期、目的地、返还日期和鉴定人的姓名等信息记录。

每个分类鉴定员均需定期参加分类学培训及考核，增强分类技能，确保物种的准确鉴定。

10%的样品进行平行处理，包括种类鉴定，数据统计。用 Bray-Curtis 指数来检验数据的质量，相似度达到 90%。

（5）物种检索工具

1）主要检索工具书

《中国淡水藻类——系统、分类及生态》 科学出版社，2006；

《微型生物监测新技术》 中国建筑工业出版社，1990；

《中国淡水藻志》 科学出版社；

《淡水浮游生物图谱》 农业出版社，1980；

《淡水微型生物图谱》 化学工业出版社，2005；

《水和废水监测分析方法》（第三版）中国环境科学出版社，1989；

《中国动物志—节肢动物门 甲壳纲 淡水枝角类》 蒋燮治；

《中国淡水轮虫志》王家楫主编；

《中国动物志—淡水桡足类》 中国科学院动物研究所编著；

《原生动物学》 沈韫芬主编。

2）示范性检索表

表 1 藻类分门检索表

1．细胞具色素体；贮藏物质为淀粉或脂肪 2

1．细胞无色素体，色素分散在原生质中；贮藏物质以蓝藻淀粉为主 ....
.... 蓝藻门 Cyanophyta

2．细胞壁由上下两个硅质瓣壳套合组成；壳面具辐射对称或左右对称的花纹...........
.... 硅藻门 Bacillariophyta

2．细胞壁不由上下两个硅质瓣壳组成 3

3．营养细胞或动孢子具横沟和纵沟或仅具纵沟 4

3．营养细胞或动孢子不具横沟和纵沟 5

4．无细胞壁或细胞壁由一定数目的板片组成 .... 甲藻门 Pyrrophyta

4．无细胞壁或细胞壁不具板片 .... 隐藻门 Cryptophyta

5．色素体为绿色，罕见灰色或无色；贮藏物质为淀粉或裸藻淀粉 6

5．色素体为红色、黄色、黄绿色，有时为淡绿色；贮藏物质为红藻淀粉、白糖素、脂肪或甘露醇 8

6．植物体大型、分枝、规则地分化成节和节间 .... 轮藻门 Charophyta

6．植物体为单细胞、群体的或多细胞的丝状体或叶状体，无节和节间的分化..........7

7．植物体多为单细胞，少数为群体；运动细胞顶端具 1、2 或 3 条鞭毛；有时无色；贮藏物质为裸藻淀粉 .... 裸藻门 Euglenophyta

7．植物体为单细胞的、群体的、丝状的或薄壁组织状的；运动的营养细胞或动孢子具 2（少数属具 4、8）条等长的鞭毛；罕见无色的；贮藏物质为淀粉 ....
.... 绿藻门 Chlorophyta

8．色素体为红色或有时为绿色；生活史的任何时期均无具鞭毛的细胞；贮藏物质为红藻淀粉 .... 红藻门 Rhodophyta

8．色素体不为红色；运动细胞或生殖细胞具 2（罕见 3）条不等长的鞭毛；贮藏物质为白糖素，油或甘露醇 9

9．色素体褐色；植物体常为大型的、丝状、壳状、叶状，有的具假根、假茎、假叶的分化；动孢子肾形，具 2 条侧生的鞭毛；贮藏物质为褐藻淀粉和甘露醇...........
.... 褐藻门 Phaeophyta

9．色素体黄绿色、金褐色或淡黄色；植物体常为小型的、单细胞、群体或丝状；运动细胞具 1、2 或 3 条等长或不等长的鞭毛；贮藏物质为白糖素或油 10

10．色素体金褐色或淡黄色；植物体通常为小型的、单细胞或群体；运动细胞具 1 条鞭毛或 2 条等长或不等长的鞭毛，罕见具 3 条鞭毛的；有些种类为变形虫状的..
.... 金藻门 Chrysophyta

10．色素体黄绿色；植物体为单细胞，群体或丝状；运动细胞具 2 条不等长的鞭毛；单细胞或群体种类细胞壁常由两瓣套合组成，丝状种类由两个“H”字形节片合成
.... 黄藻门 Xanthophyta

表 2 原生动物及轮虫检索表

1（2） 单细胞、丝状或非丝状群体；一般能吸收太阳能制造有机物 .... 非原生动物及轮虫

2（1）单细胞或多细胞高度组织分化；一般不能制造有机物，必需摄取有机物

3（12）体形小，构造简单，整个身体只由一个细胞组成 ....原生动物门 Protozoa

4（11）营养期间以伪足或鞭毛为运动工具

5（8）营养期间以鞭毛为运动工具

6（7）有绿色的色素体，少数例外 .... 植鞭纲 Phytomastigophorea

7（6）没有绿色的色素体 .... 动鞭纲 Zoomastigophorea

8（5）营养期间以伪足为运动工具

9（10）伪足呈叶状、指状或丝状，无轴丝 .... 根足纲 Rhizopodea

10（9）伪足呈辐射状，有轴丝 .... 辐足纲 Actinopodea

11（4）营养期间以纤毛为运动工具 .... 纤毛纲 Ciliata

12（3）多数体形较大，构造复杂，整个身体由多数细胞组成

13（42）头部前端扩大成盘状，其上方有按一定形式排列的纤毛构成的轮盘，借以运动和取食 .... 轮虫纲 Rotifera（原腔动物门 Aschelminthes）

14（17）卵巢左右各一，成对。咀嚼器呈枝型。身体蠕形。“假体节”能像套筒式一样伸缩。无侧触手 .... 蛭态亚目 Bdelloidea（双巢目 Digononta）

15（16）胃和肠系由整块合同细胞组成，壁薄，中间无胃腔或肠腔。头冠左右两个轮盘比较小 .... 宿轮科 Habrotrochidae

16（15）胃和肠非由整块合同细胞组成，壁厚，中间有消化腔。头冠左右两个轮盘比较大 .... 旋轮科 Philodinidae

17（14）卵巢只有一个，不成对。咀嚼器不呈枝型。身体能伸缩，但不像套筒式。通常具侧触手 .... 单巢目 Monogononta

18（35）足如果有，一定有两个或一个趾及两个足腺。头冠绝不会呈巨腕轮虫或胶鞘轮虫型式 ....游泳亚目 Ploima

19（20）咀嚼器呈钳型，头冠呈猪吻轮虫型式 .... 猪吻轮科 Dicranophoridae

20（19）咀嚼器不呈钳型

21（22）咀嚼器呈梳型，槌柄中部总是有柄状或钩状突起。头冠类似于椎轮虫型式 ....柔轮科 Lindildae

22（21）咀嚼器不呈梳型

23（26）咀嚼器呈槌型或亚槌型

24（25）口和口围呈漏斗状。头冠纤毛很发达。用过滤沉淀方式摄食 .... 臂尾轮科 Brachionidae

25（24）口和口围很浅并非漏斗状。头冠纤毛不很发达。用吸吮或刮食方式摄食...... .... 腔轮科 Lecanidae

26（23）咀嚼器不呈槌型或亚槌型

27（42）咀嚼器呈砧型。头冠呈晶囊轮虫型式 .... 晶囊轮科 Asphanchnidae

28（28）咀嚼器呈杖型

29（30）头冠呈椎轮虫或猪吻轮虫型式。身体一般纵长，足与趾总是位于最后端。胃无盲囊 .... 椎轮科 Notommatidae

30（29）头冠呈晶囊轮虫型式

31（32）胃的四周分出很多突起或盲囊，胃充满整个假体腔。足总是位于躯干的腹面，或无足。体短，呈囊形或壶形 .... 腹尾轮科 Gastropodidae

32（31）胃四周无突出的盲囊，胃不充满整个假体腔

33（34）咀嚼板左右不对称，身体略扭曲。被甲上有纵长的“龙骨”隆起。两个趾等长或不等长 .... 鼠轮科 Trichocercidae

34（33）咀嚼板左右对称，身体不扭曲，无“龙骨”隆起。两个趾等长 .... 疣毛轮科 Synchaetidae

35（18）足如果有，它的末端不会有趾，但自由游泳的种类足末端有一圈短纤毛。足腺较多，不只两个

36（41）咀嚼器呈槌枝型。头冠呈巨腕轮虫或聚花轮虫型式 .... 簇轮亚目 Flosculariacea

37（38）营自由生活，不形成群体，没有围裹或掩蔽身体或足部的胶质、管室等结构。无足或有足。有足者末端无趾而具一圈纤毛 .... 镜轮科 Testudinellidae

38（37）成体营固着生活，惟若干形成群体的种类营自由生活。至少足部被胶质或管室所围裹或掩蔽

39（40）头冠呈巨腕轮虫型式 .... 簇轮科 Flosculariidae

40（39）头冠呈聚花轮虫型式 .... 聚花轮科 Conochilidae

41（36）咀嚼器呈钩型。头冠呈胶鞘轮虫型式 .... 胶鞘轮科 Collothecidae（胶鞘亚目 Collothecacea）

42（13）具外骨骼和关节附肢。头前端无轮盘 .... 非原生动物及轮虫

枝角类

枝角类指节肢动物门、甲壳纲、鳃足亚纲、双甲目、枝角亚目的动物，通称水溞，俗称红虫或鱼虫（图 3.24）。它区别于其他甲壳动物的显著特征为：躯体包被于两壳瓣中，体不分节（薄皮溞例外）；头部具一个大复眼；第二触角强大为双肢型；后腹部结构、功能复杂，胸肢 4～6 对，兼具滤食和呼吸功能。

枝角类大多生活于淡水，仅少数产于海洋，一般营浮游生活，是水体浮游动物的主要组分。枝角类个体不大（体长 0.2 mm～10 mm，一般 1 mm～3 mm），运动速度缓慢，营养丰富，是水产经济动物苗期的重要天然饵料。

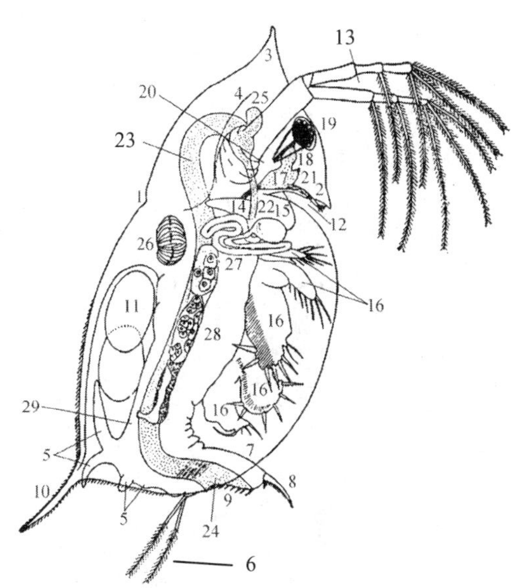

1.颈沟；2 吻；3.头盔；4.壳弧；5.腹突；6.尾刚毛；7.后腹部；8.尾爪；9.肛刺；10.壳刺；11.孕育囊中的夏卵；12.第一触角；13.第二触角；14.大颚；15.上唇；16.胸肢；17.脑；18.视神经节；19.复眼；20.动眼肌；21.单眼；22.食道；23.中肠；24.直肠；25.盲囊；26.心脏；27.颚腺；28.卵巢；29.生殖孔

图 3.24　枝角类模式图

表 3　淡水枝角类分总科检索表

1（2）体长，圆柱形；具 6 对近圆柱形的单肢胸肢（其外肢完全退化）；冬卵间接发育，先孵出后期无节幼体 .... 单足部 Haplopoda

仅 1 科 .... 薄皮溞科 Leptodoridae

2（1）体短，多少侧扁；具 5～6 对叶片状或 4 对近圆柱形的胸肢，其外肢完全退化；冬卵直接发育 .... 真枝角部 Eucladocera

3（4）躯干和胸肢均裸露于壳瓣外 .... 大眼溞总科 Polyphemoidea

4（3）躯干和胸肢全被壳瓣包被 5

5（6）胸肢 6 对，同形，均为叶片状 .... 仙达溞总科 Sidoidea

淡水中仅 1 科 .... 仙达溞科 Sididae

6（5）胸肢 5～6 对，前两对呈执握状，其余呈叶片 .... 盘肠溞总科 Chydoroidea

桡足类

桡足类隶属节肢动物门、甲壳纲、桡足亚纲。一般营浮游生活，分布很广。体长不超过 3 mm，身体纵长，分节明显，由 16～17 个体节组成，由于愈合，一般不超过 11 节（图 3.25）。体节分较宽的头胸部和较狭的腹部。淡水桡足类大多数种类为一般幼鱼和某些经济鱼类的直接或间接的摄食对象。也常被作为水体污染程度的指示生物。

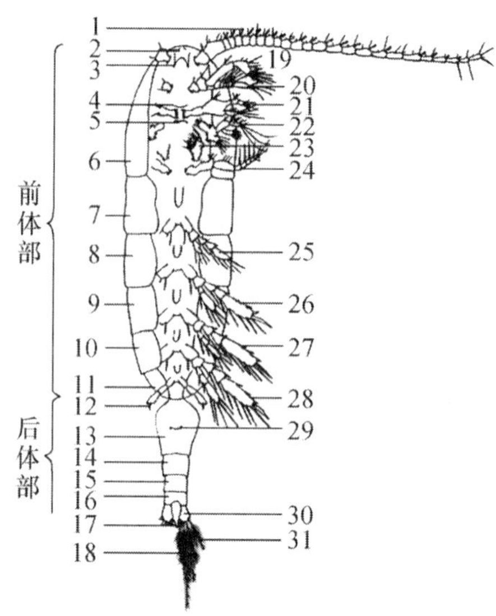

1.感觉棒；2.前器官；3.额角；4.上唇；5.下唇；6.头节；7.第 1 胸节；8.第 2 胸节；9.第 3 胸节；10.第 4 胸节；11.第 5 胸节；12.第 5 胸足；13.生殖节；14.第 2 腹节；15.第 3 腹节；16.尾节；17.内缘尾叉刚毛；18.末端尾叉刚毛；19.第 1 触角；20.第 2 触角；21.大颚；22.第 1 小颚；23.第 2 小颚；24.颚足；25.第 1 胸足；26.第 2 胸足；27.第 3 胸足；28.第 4 胸足；29.生殖孔；30.尾叉；31.外缘尾叉刚毛

图 3.25　桡足类模式

表 4　淡水桡足类分目检索表

1（2）第五胸节与第四胸节愈合。第五胸节与第一腹节之间的分界明晰，可以活动。第五胸足在体的前部。第一触角较长，一般超越或近于体长，雌雄异形，雄性右边的一根常变形成为执握器……哲水溞目 Calanoida

2（1）第五胸节与第一腹节紧密联结，第五胸节与第四胸节之间的分界清晰，可以括动。第五胸足在体的后部，第一触角雌雄异形，左右同形……3

3（4）头胸部较腹部为宽，体呈圆锥形，第一触角 6～17 节，第五胸足贫毛贫刺……剑水溞目 Cyclopoida

4（3）头胸部与腹部等宽，体呈圆筒状，第一触角分 7～9 节，第五胸足多毛多刺……猛水溞目 Harpacticoida

（二）大型底栖无脊椎动物

大型底栖无脊椎动物，指栖息生活在水体底部淤泥内或石块、砾石的表面或其间隙中，以及附着在水生植物之间的肉眼可见的水生无脊椎动物。一般认为体长超过 2 mm，不能通过 40 目分样筛的种类。它们广泛分布在江、河、湖、水库、海洋和其它各种小水体中。它们包括许多动物门类。主要包括水生昆虫（aquatic insecta）、大型甲壳类（macrocrustaceans）、软体动物（mollusks）、环节动物（annelids）、圆形动物（roundworms）、扁形动物（flatworms）以及其它无脊椎动物（aquatic invertebrates）。

1．试剂及设备器材

（1）试剂

甘油；

加拿大树胶；

普氏（Puris）胶：用阿拉伯胶 8 g，蒸馏水 10 mL，水合氯醛 30 g，甘油 7 mL，冰醋酸 3 mL 配制而成。配制时，先在烧杯中用蒸馏水溶解阿拉伯胶，置于 80℃恒温水浴，用玻璃棒搅动，胶溶后，依次加入其他各物，用玻璃棒搅拌均匀，然后以薄棉过滤即成。

（2）设备器材

分样筛：（40 目，孔径 0.635 mm）、培养皿若干、细吸管若干、尖嘴镊若干、解剖针若干、标本瓶若干、解剖镜、显微镜、普通药物天平、扭力天平。

2．实验室处理程序

（1）样品的再清洗

通常现场采样的时间安排比较紧凑，经常存在样品就地清洗不彻底的情况。如果样品中还含有淤泥等容易引起水体浑浊的杂质，就会给标本分选时带来困难，造成视场不清晰。所以在分选前，还应将样品反复淘、过筛（40 目），直至澄清。一方面可以去除淤泥，洗净样品；另一方面可以部分洗脱固定剂，保护分选操作人员的健康（尤其是固定剂为福尔马林溶液时）。清洗用福尔马林溶液固定的样品时，洗液应回收并集中统一处理。

（2）样品的分样

一般而言，较大型的螺、蚌、蜻蜓稚虫等大型底栖无脊椎动物可全部拣出，较小型的摇蚊等、水栖寡毛类等大型底栖无脊椎动物要全部拣出工作量太大，没有必要，可进行分样处理。

分样前，应先随机取少量样品镜检观察，根据该样品的生物密度大致预估分样量。分样时，必须将某点所采集到的全部底栖样品充分混合均匀后，按二分法逐级减少取样量（如 1/2 样、1/4 样、1/8 样、1/16 样等），使每份样中的生物个体为 20～50 个。

（3）标本的挑拣

直接用肉眼分选样品，容易造成某些小个体物种（如线虫、仙女虫等）的遗漏，因此最好选用解剖镜。解剖镜下分选时，将样品放入培养皿中加入少量水，使视场内样品舒展开，避免因植物残屑的缠裹掩埋引起底栖动物标本的漏拣。镜选时的放大倍数可根据个人的适宜度调节，放大倍数过高、视野窄，影响分选效率；放大倍数过低，又容易漏拣部分小个体的生物标本。

用细吸管、尖嘴镊、解剖针等逐份挑拣分样样品，当有形态大小各异的个体拣出时，进行下一份分样挑拣，直至没有新的形态大小各异的个体拣出时，可停止挑拣，同时必须保证拣出的标本个数≥100 个。记录挑拣的分样份数。

如分选过程中发现小个体或罕有生物样品时，应立即单独分装保存，避免与其它大量生物样混杂后遗失。

样品标本的挑拣周期不宜超过 2 天，且当日工作结束时应将待挑拣样品冷藏保存。

（4）标本的固定与保存

软体动物可用 5%甲醛溶液或 75%乙醇溶液固定，用 75%乙醇溶液保存。

水生昆虫可用5%乙醇溶液固定，数小时后移入75%乙醇溶液中保存。

水栖寡毛类应先放入培养皿中，加少量清水，并缓缓滴加数滴75%乙醇溶液将虫体麻醉，待其完全舒展伸直后，再用5%甲醛溶液固定，用75%乙醇溶液保存。

上述固定和保存液的体积应为所固定动物体积的10倍以上，否则应在2～3天后更换一次。

（5）标本的物种鉴别

根据实验室积累的系统分类学检索资料及参考标本进行物种检索分类和参考标本实物比对，标本的物种鉴别尽可能到属种，不能到种的也尽可能区分为不同的种。

底栖动物标本的鉴定多因缺乏系统的资料而有较大的难度。水生昆虫幼虫，例如摇蚊幼虫，要确切鉴定到种，需有生活史资料，应以成虫为根据，这需要进行幼虫的培养。摇蚊幼虫（以及其他水生昆虫幼虫或稚虫）皆以末龄期的形态为种的依据。水栖寡毛类中的颤蚓种类，只有成熟时（形成环带）才能识别。

通常，水生昆虫除摇蚊科及其他少数科属外，皆可在解剖镜下鉴定到属，在低倍镜下确定目、科，在高倍镜下对照资料鉴定到属。摇蚊科幼虫主要依据头部口器结构的差异来定属、种，并需制片，用甘油透明观察。优势种类或其他因有异议而需要观察和研究的种类，可用Puris胶封片，可保存1年至3年。

（6）标本物种的结果统计

每个采样点所采得的底栖动物应按不同种类准确地统计个体数，在标本已有损坏的情况下，一般只统计头部，不统计零散的腹部、附肢等。

每个采样点所采得的底栖动物应按不同种类准确地称重。软体动物可用普通药物天平称重，水生昆虫和水栖寡毛类应用扭力天平称重。待称重的样品必须符合下列要求：

已固定10天以上；

没有附着的淤泥杂质；

标本表面的水分已用吸水纸吸干；

软体动物外套腔内的水分已从外面吸干；

软体动物的贝壳没有弃掉。

（7）标本的标识和记录

标本标识应包括以下内容：

标本的名称、学名及门类；

采样时间及地点；

标本编号；

固定剂成分；

鉴定日期；

鉴定及确认人员签名等。

3. 结果表达

应分析软体动物、水生昆虫和水栖寡毛类的种类组成，按分类系统列出名录表，并标明物种密度和生物量，同时统计总的及各大类群大型底栖无脊椎动物分类单元数、总物种密度、总生物量等。

4．质量保证和质量控制

（1）标本挑拣

在挑拣完后剩余的残渣中，质控员对每个挑拣人员选取 10%的分样抽检，如质控员挑拣出的标本数小于挑拣人员挑出标本数的 10%，则该份样品合格，否则，进行第二次抽检，如仍不合格，则该样品需重新挑拣。

实验室挑拣工作完成后，所有挑拣工具需进行彻底清洗检查，将残留在其中的标本放入相应的标本收集容器中。

（2）标本鉴定

实验室需建立、积累和更新自己的系统分类学检索资料库及参考标本库，参考标本要有外部分类学专家确定和签名，要保证其固定剂质量，定期更换。

每一个鉴定出的物种需由第二个分类鉴定员复检确认并做好记录。遇到本实验室无法确认的标本需外送鉴定时，要做好外送的日期、目的地、返还日期和鉴定人的姓名等信息记录。

每个分类鉴定员均需定期参加分类学培训及考核，增强分类技能，确保物种的准确鉴定。

5．物种检索工具

（1）主要检索工具书

《中国动物志 环节动物门，蛭纲》科学出版社，1996

《中国动物志 无脊椎动物，甲壳动物亚门，十足目，匙指虾科》，科学出版社，2004

《中国动物志 无脊椎动物，甲壳动物亚门，端足目，钩虾亚目，科学出版社，2006

《淡水生物学》农业出版社，1982

（2）大型底栖无脊椎动物主要门类

节肢动物门 Arthropoda		软体动物门 Mollusca	环节动物门 Annelida	扁形动物门 Platyhelminthes
昆虫纲 Insecta	甲壳纲 Crustacea	双壳纲 Bivalvia	寡毛纲 Oligochaeta	涡虫纲 Turbellaria
蜉蝣目 Ephemeroptera	十足目 Decapoda	腹足纲 Gastropoda	蛭纲 Hirudinea	
襀翅目 Plecoptera	端足目 Amphipoda	肺螺亚纲 Pulmonata		
毛翅目 Trichoptera	等足目 Isopoda	前鳃亚纲 Prosobranchia		
鳞翅目 Lepidoptera				
蜻蜓目 Odonata				
广翅目 Megaloptera				
鞘翅目 Coleoptera				
半翅目 Hemiptera				
双翅目 Diptera				

（3）示范性检索表[常见大型底栖无脊椎动物主要类群检索表，图片为特征案例，引自 Guide to Common Stream Benthic Macroinvertabrates of Virgini（http：//www.wetlandstudies.com/resources-regulations/additional-resources/stream-restoration/SIAM_1_3/Appendix_B.pdf）]

1. 有贝壳……2

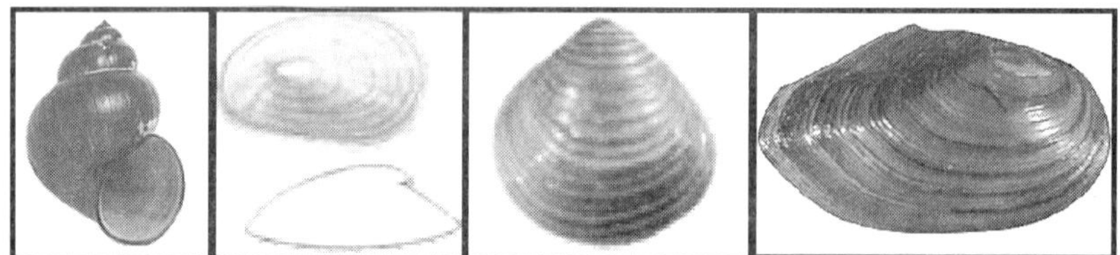

1'. 无贝壳……3

2（1）. 身体被单壳包裹……腹足纲 Gastropoda

2’（1）．身体被铰合在一起的双壳包裹……………………………………………… 双壳纲 Bivalvia

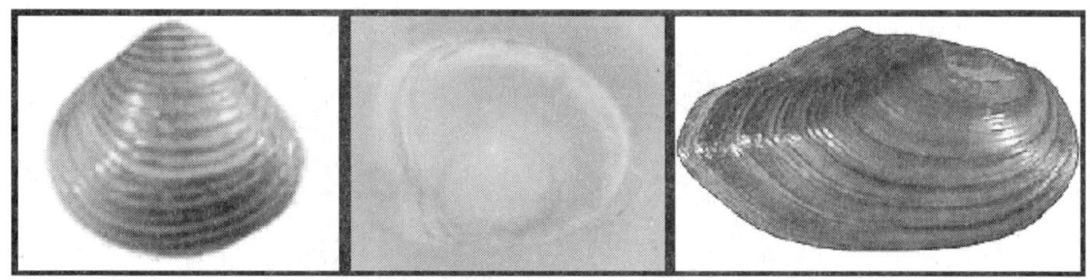

3（1’）．蠕虫样，足（或足状附肢）少于六条，或无足……………………………………………4

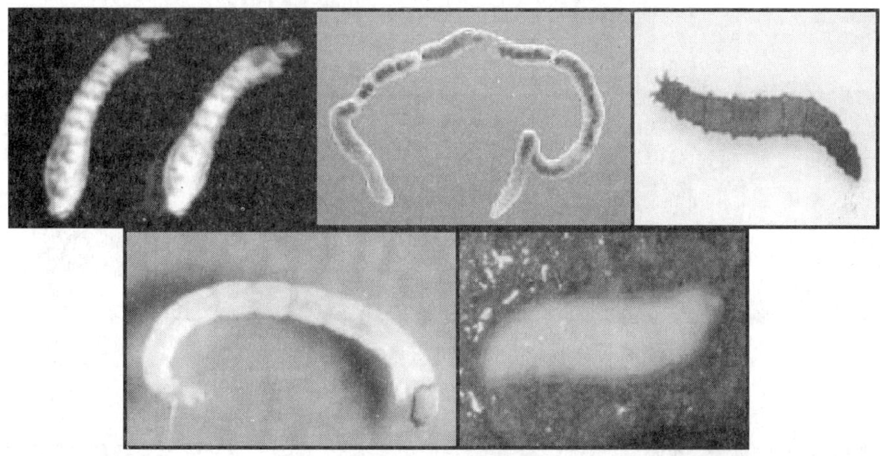

3’（1’）．足多于六条……………………………………………………………………………………5

3”（1’）．足六条……………………………………………………………………… 昆虫纲 Insecta（部分）

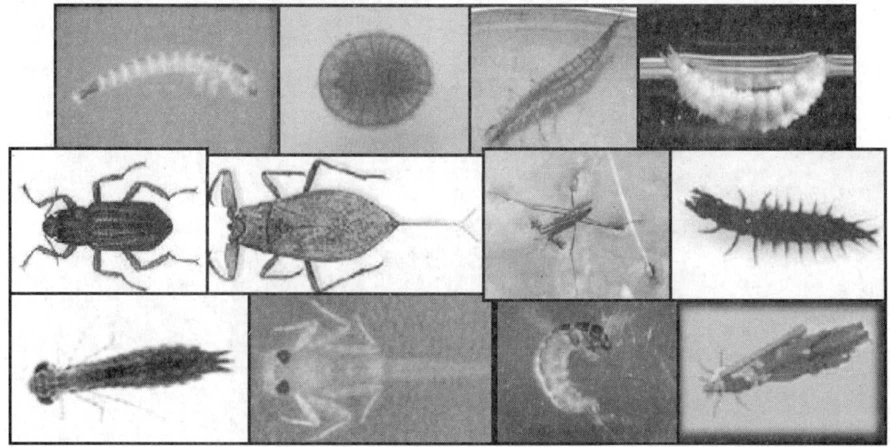

4（3）．身体不分节，扁平；通常有眼点 .... 涡虫纲 Turbellaria

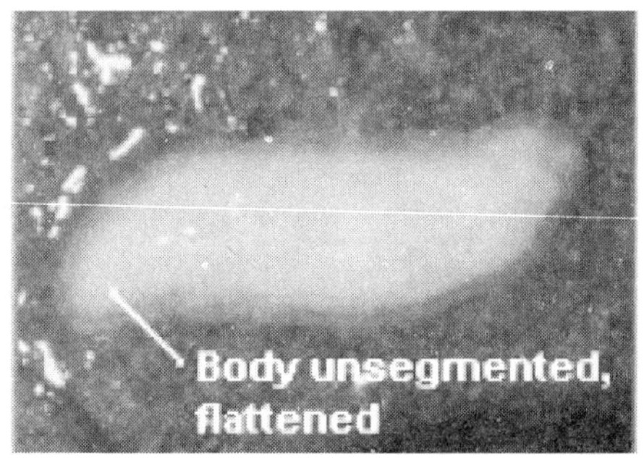

4'（3）．身体分节，无明显头部或附肢 .... 环节动物门 Annelida

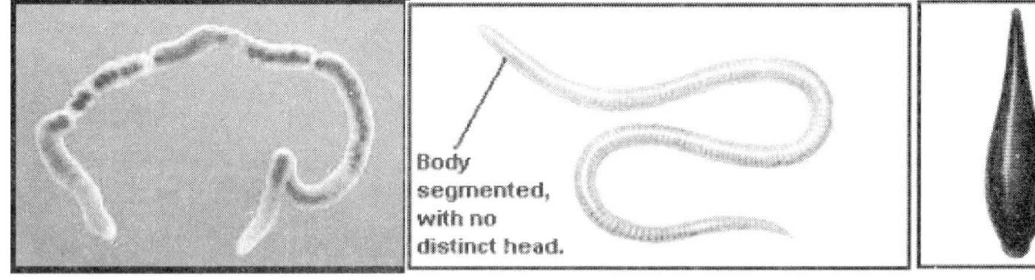

4"（3）．身体分节，有可回缩的头，大多数有足状附肢（原足）................................
.... 昆虫纲 Insecta，双翅目 Diptera

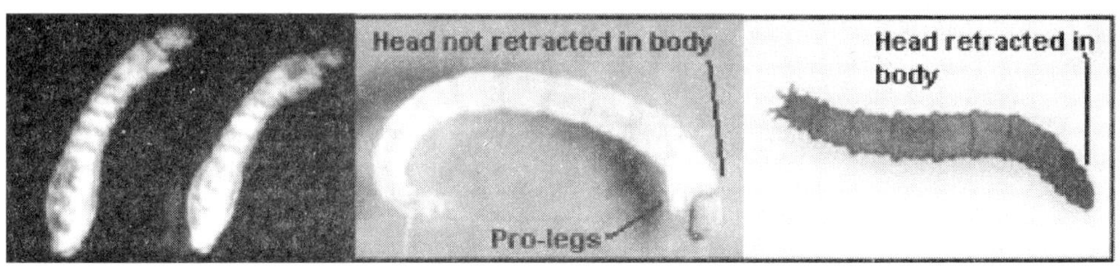

5（3'）．身体有宽大的甲壳及一对螯样附肢 .... 螯虾科 Cambaridae

5'（3'）．身体无宽大的甲壳及螯样附肢，背腹扁平 .... 等足目 Isopoda

5”（3’）．身体无宽大的甲壳及螯样附肢，侧扁……端足目 Amphipoda

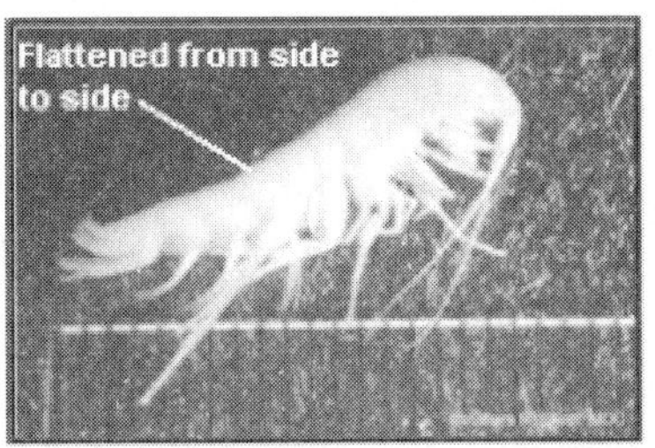

6（3”）．体硬，甲虫样，一对硬化的翅片沿背部中心线相接…鞘翅目 Coleoptera（成虫）

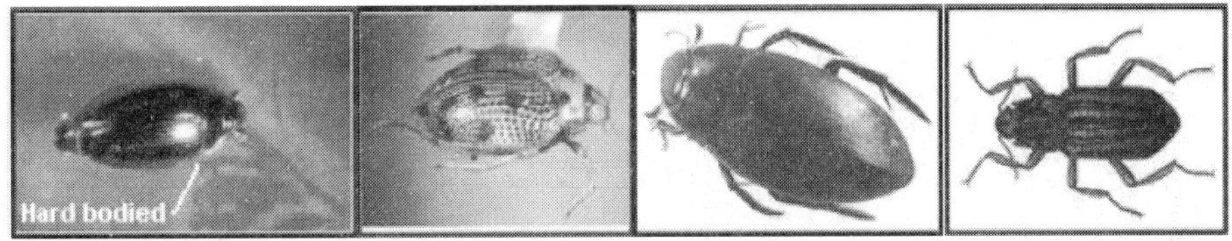

6’（3”）．身体多数柔软，非甲虫样，翅片（如果有）更软……7

7（6’）．头部有吻；第一对足可以比其他的大……半翅目 Hemiptera

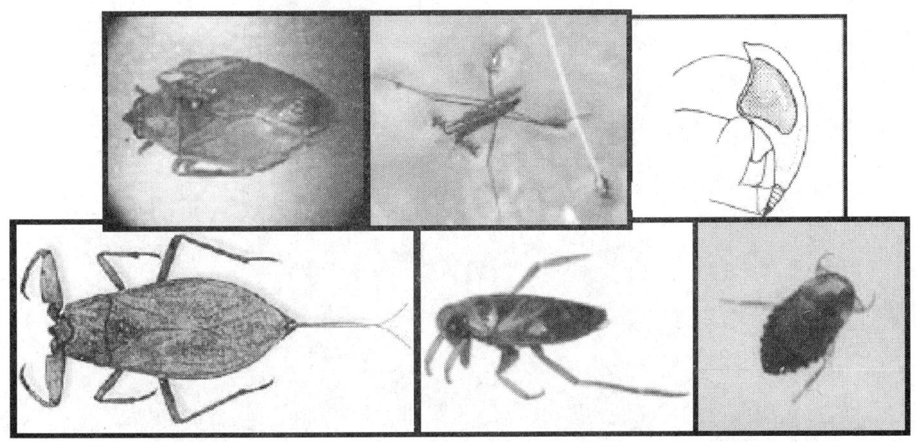

7’（6’）．头部无吻，下颌具抓取功能的附器.. 蜻蜓目 Odonata

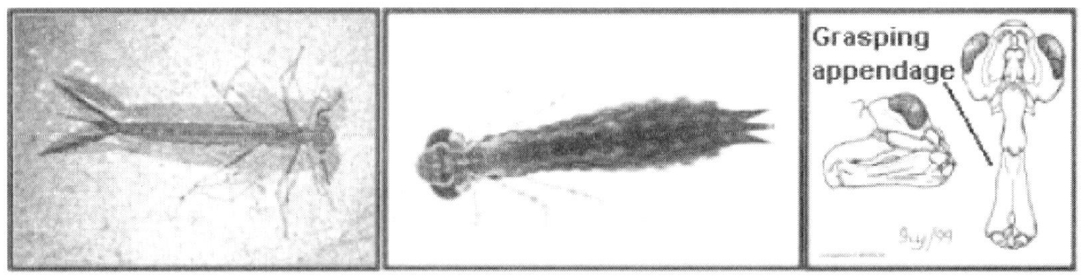

7”（6’）．头无上述特征...8

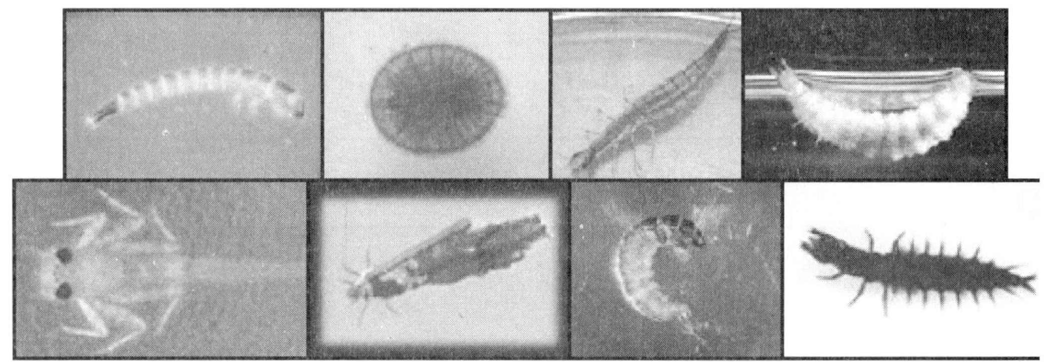

8（7”）．身体末端有两根长的尾须且无钩，腹部无鳃 .... 襀翅目 Plecoptera

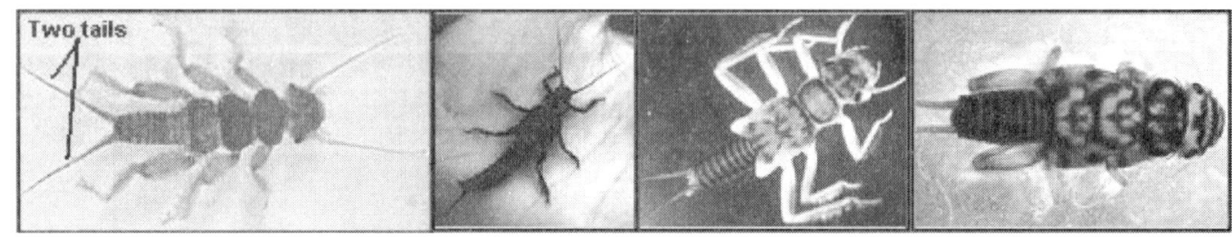

8’（7”）．身体末端有三根（有时为两根）长的尾须且无钩，腹部侧面有鳃 ....
.... 浮游目 Ephemeroptera

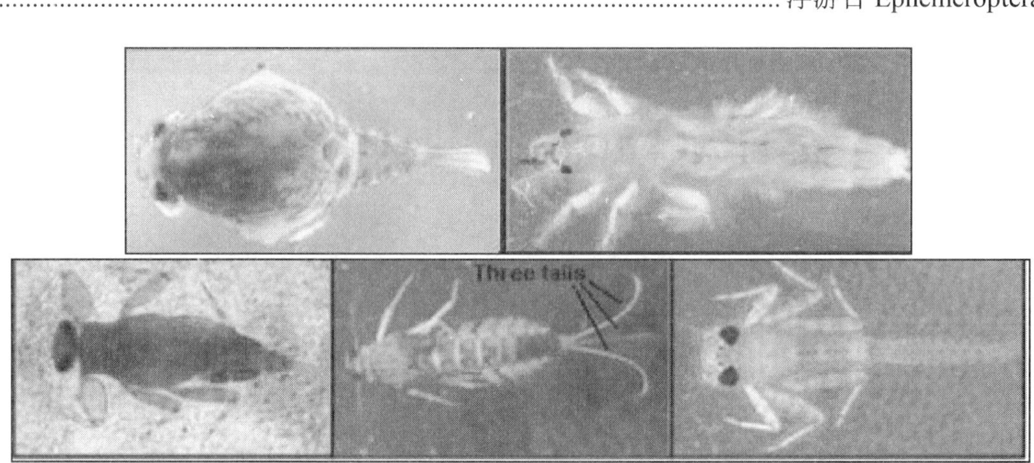

8”（7”）. 身体末端有钩，若无，身体末端或为一细丝或有数个附器或身体盘状扁平，幼虫可筑巢或织网 9

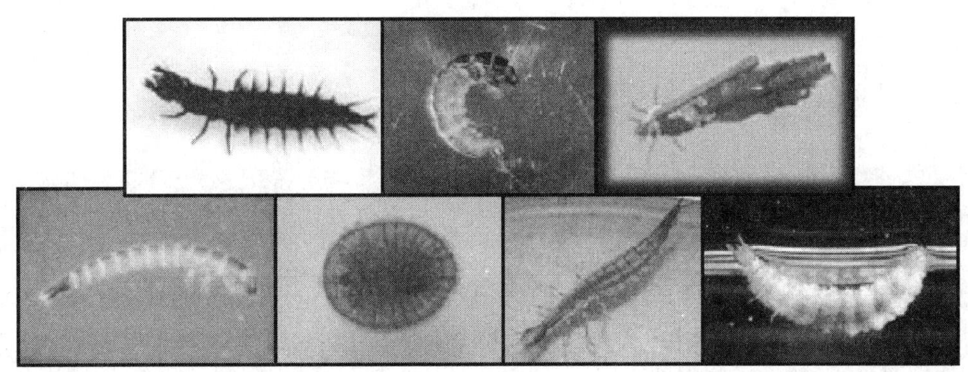

9（8”）. 身体末端有一对钩，多数可用丝、沙子、沙砾或植物等材料筑巢，少数营自由生活 .... 毛翅目 Trichoptera

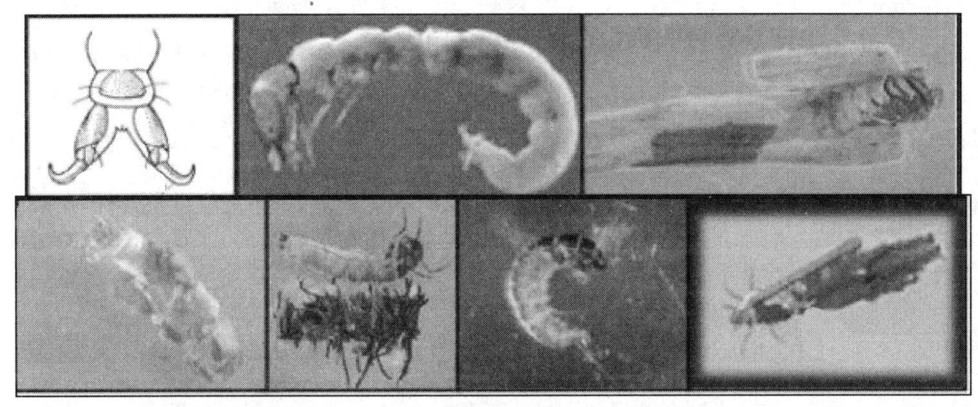

9’（8”）. 身体末端有一对原足，每个原足上有一对钩，或身体末端为一细丝；腹侧有明显的细丝；一对大颚 .... 广翅目 Megaloptera

9”（8”）. 身体末端无钩，无细丝，腹侧无明显的细丝（豉甲幼虫例外，它在身体末端单个原足上有一对钩且腹侧有细丝）；身体可以呈盘状扁平 .... 鞘翅目 Coleoptera（幼虫）

（三）鱼类

在水生食物链中，鱼类代表着最高营养水平。凡能改变浮游生物和大型无脊椎动物生态平衡的水质因素，也可能改变鱼类种群。因此，鱼类的状况是水的总体质量作用的结果。此外，由于鱼类和无脊椎动物的生理特点不同，对某些毒物的敏感性也不同。尽管某些污染物对低等生物可能不引起明显的变化，但鱼类却可能受到影响。因此，鱼类的生物调查对于环境监测具有十分重要的意义。

1. 器材及试剂

体式显微镜、光学显微镜、拖网、围网、刺网、撒网、电子捕鱼器、镊子、搪瓷盘、放大镜、电子天平、5%～10%福尔马林溶液。

2. 采样

根据不同情况可通过以下 3 种方法采集鱼类样品：

（1）结合渔业生产捕捞鱼类样品；

（2）从鱼市购买鱼类样品，但一定要了解其捕捞水域基本情况；

（3）对非渔业区域可根据监测工作需要进行专门捕捞采集，根据水域的不同分类可采用不同的捕捞方法进行鱼样采集，具体捕捞采集方法如下：

1）拖网类：适于在底质平坦的水域使用；

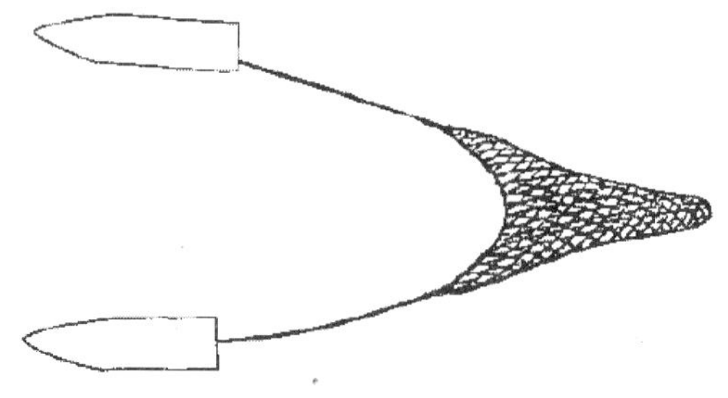

图 3.26 拖网结构

2）围网类：捕捞中、上层鱼类的效果较好，不受水深和底质限制；

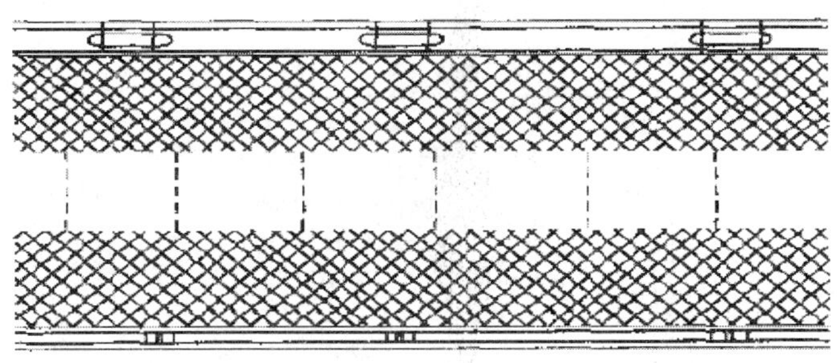

图 3.27　围网结构

3）刺网类：适于捕捞洄游或游动性大的鱼类，不受水文条件的限制，操作简便灵活；

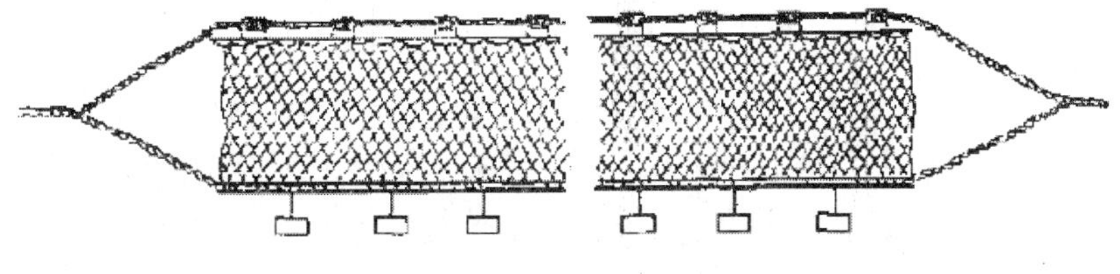

图 3.28　刺网结构

4）撒网：是在鱼类密集的地方罩捕鱼类的一种小型网具。这种网具有成本低，网具轻巧、操作简便的特点，很适于鱼类调查者自备使用。

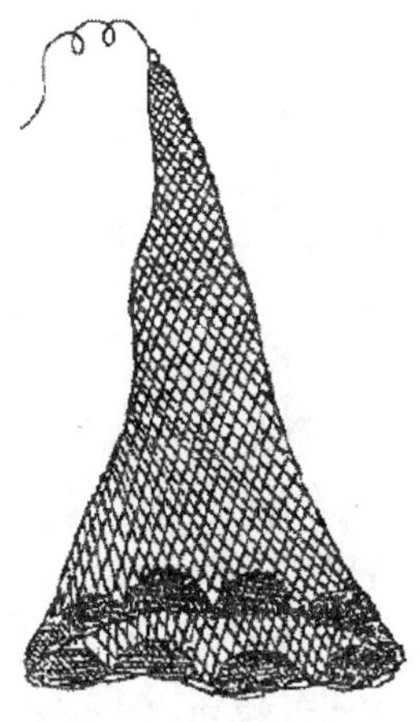

图 3.29　撒网结构

电子捕鱼器：适用于河道、水溪、池塘等小面积水域使用，不受水深和底质限制，很适于鱼类调查者自备使用。

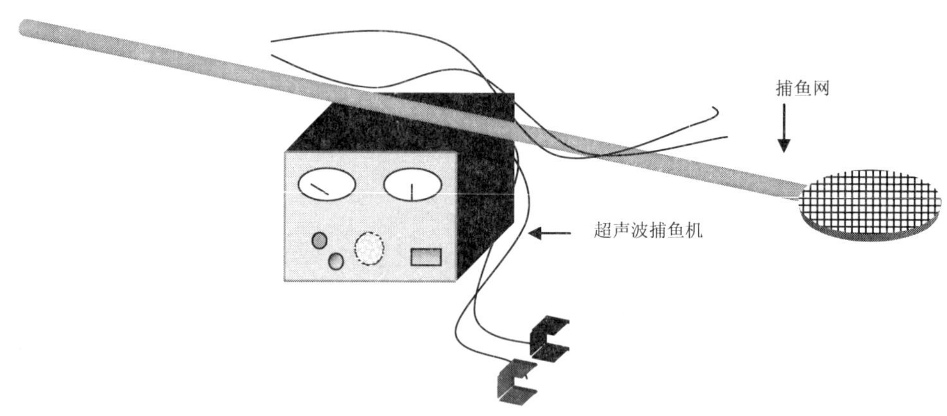

图 3.30　电子捕鱼器

注意事项：

采样时应在采样区域的上下游都设置拦网，采样由下游至上游。

在样本区所有采集的鱼（大于 20 mm 的总长度）必须确定种系（或亚种）。确实不能确认种系的标本被保存在标记的含有 5%～10%的福尔马林溶液的瓶中，方便以后化验鉴定。

使用电子捕鱼器采样时，所有采样成员必须接受训练，包括电气捕鱼的安全防范和由电子捕鱼设备操作的各种程序。每个小组成员必须穿戴长达胸部的防水靴和橡胶手套以隔绝水和电极。电极和伸入网兜中的设备必须是由绝缘材料（如木材、玻璃纤维）制造的。电气捕鱼设备/电极必须配备安全开关功能。现场采样成员不得进入到水中，除非电极已从水中取出或电气捕鱼设备已脱离。建议至少 2 名鱼标本采样成员经过心肺复苏技术的培训。

3．样品的固定与保存

（1）采得的标本应用水洗涤干净，并在鱼的下颌或尾柄上系上带有编号的标签。采集时间、地点、渔具等应随时记录。

（2）标本应置于解剖盘等容器内，矫正体形，撑开鳍条，用 5%～10%福尔马林溶液固定。个体较大的标本，应用注射器往腹腔注射适量的固定液。

（3）标本宜用纱布覆盖，以防表面风干。待标本变硬定型后，移入鱼类标本箱内，用 5%～10%福尔马林溶液保存，用量至少应能淹没鱼体。

（4）对鳞片容易脱落的鱼类，应用纱布包裹以保持标本完整。对小型鱼类，可不必逐一系上标签，将适量的标本连同标签用纱布包裹，保存于标本箱内。

4．实验室处理程序

（1）鱼类形态和内部性状的观测

鱼类形态和内部性状观测项目：体长、体高、体重、头长、吻长、尾柄长、尾柄高、眼径、侧线鳞、背鳍、臀鳍和色彩。

（2）种类鉴定和区系分析

所有标本必须鉴定到种或亚种。鉴定时要根据对鱼体各部位的测量、观察数据等查找检索表。为避免出现同物异名或同名异物，造成混乱，所用名称，要求以《中国鱼类检索》

（成庆泰，1987）鱼类名称为准，如根据文献引用资料，要求注明引用的参考文献，以便汇集时备考，鉴定完的标本，要妥善保存。

每种鱼的观测数据，应进行统计处理，求出各种性状的大小比例及变动范围。

应分析水体中鱼类种类组成，包括区系组成特点和生态类型，并按分类系统列出名录表。

（3）种群组成分析

重量和数量组成：取出的样品应按种类计数和称重，并计算每种鱼所占的百分比。

主要经济鱼类体长、体重和年龄组成：样品中的主要经济鱼类应逐尾测定体长和称重，同时采集鳞片等年龄材料并逐号进行鉴定。

测定鱼龄主要采用鳞片法：测龄用的鳞片一般取自鱼体中部侧线上方附近的部位，通常取 5～6 片。取后用清水洗净，夹于两块载玻片之间。鳞片上的环片排列一般为两种类型，一为疏密型，如虹鳟鱼等；另一类为切割型，大部分鲤鱼科鱼类属此类型。疏密型：所谓疏密，在鳞片上的表示就是环片间的距离宽窄不等，宽区和窄区有规律的相间排列，通常把窄区过渡到宽区之间的分界线看作年轮；切割型：环片切割是由于环片群走向不同而造成的，一年中环片间的配置排列大体上都是平行的，但新的一年形成的第一条环片则与上一年形成的若干环片相切割，切割线就是年轮。

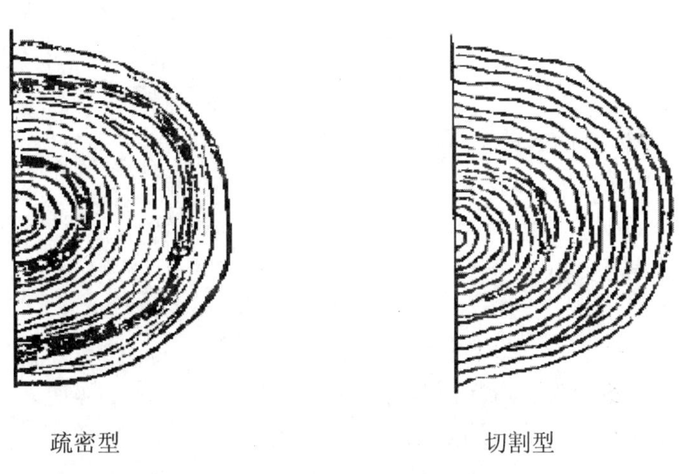

图 3.31　鳞片上两种年轮类型

5. 质量控制要求

（1）采样时应选择典型区域进行测量，点位的选择应该包括该河流所有生境的特征。采样区域应该远离主支流以及桥梁、航道，减少上游对总体栖息地质量的影响。记录采样点、经度和纬度。进行相同的采样时，每次都要进行栖息地评估和水质量的物理/化学特征检测。

（2）所有标本都应贴上相应的标签，按序排列，存放在实验室指定的样品贮藏室中，建立标本库以供将来参考。标本瓶内需加入适量（以将标本完全浸没为宜）的 10%的甲醛溶液作为固定剂，同时需定期检查固定剂是否变质，如有变质现象，需及时清理更换新的固定剂。

（3）每一个已鉴定完毕将被保存的标本均需由第二个分类鉴定员复检。复检合格后，需在该标本上贴上相应的标签，标签上要注明鉴定人员的姓名、鉴定日期、标本名称等详细信息。同时鉴定员要将标本的相关信息记录在“分类学鉴定”笔记本上备案。遇到本实验室无法确认的标本需外送到其他实验室进行鉴定时，需记录下标本外送的日期和目的地，当标本被返还时，也需记录下标本返还日期和鉴定人的姓名。

（4）标本鉴定的详细过程需记录在“标本鉴定”的记录本上，以便追踪标本鉴定分析过程中每一步的进展情况，并及时发现分析过程中的错误。

（5）实验室需建立一个基础的生物分类学资料库，提供一系列分类学参考资料以辅助分类鉴定员更好地完成鉴定工作。同时，每个分类鉴定员均需定期参加分类学培训，增强分类技能，确保能准确鉴定物种。

（6）监测人员要持证上岗，首先要参加上岗证理论考试，理论考试合格后方能上岗。同时进行操作技能考核、培训，考核合格后方能持证上岗，定期进行换证的理论考试、操作技能考核。

6．数据处理

按实报告各点鱼类组成、各种类密度（单位：尾/单位面积）、生物量（单位：重量/单位面积）和丰满度。

丰满度计算公式如下：

$$K=\frac{W\times 10^5}{L^3} \tag{3-3}$$

式中，K——丰满系数或称条件系数；

W——体重，g；

L——体长，cm。

7．物种检索工具

（1）主要检索工具书

《中国鱼类检索系统》科学出版社，1987

《鱼类分类学》（第二版）海洋出版社，2011

《长江鱼类》科学出版社，1976

《太湖鱼类志》上海科学技术出版社，2005

《黄河鱼类志》河南省革委会水利局翻印，1974

《珠江鱼类志》科学出版社，1989

《东海鱼类志》科学出版社，1963

《新疆鱼类志》新疆人民出版社，1979

《西藏鱼类志》中国农业出版社，1995

《山东鱼类志》山东科学技术出版社，1997

《云南鱼类志》科学出版社，1990

《黑龙江省鱼类志》 黑龙江科学技术出版社，1995

《贵州鱼类志》贵州人民出版社，1989

《湖南鱼类志》 湖南人民出版社，1977

《湖北鱼类志》湖北科学技术出版社，1987

《江苏鱼类志》中国农业出版社，2006

《福建鱼类志》福建科学技术出版社，1984

《四川鱼类志》四川科学技术出版社，1994

（2）示范性检索表（鱼类大类分类检索表）

鱼类上属脊索动物门，脊椎动物亚门，下分圆口纲、软骨鱼纲和硬骨鱼纲。

1 体呈鳗形；无上下颌；具角质齿；鼻孔1个，位于吻端或头背面中央，与口咽腔相通或不相通。鳃呈囊状……圆口纲 Cyclostomata

1（1）吻端具须；无背鳍；眼埋于皮下；鼻孔开口于吻端；口呈纵缝状……盲鳗目 Myxiniformes

2（1） 吻端无须；背鳍基1～2，和尾鳍分离；眼在成体发达；鼻孔开口于头部背面；口呈漏斗吸盘状……七鳃鳗目 Petromyzoniformes

2 内骨骼完全由软骨组成；外骨骼不很发达或退化；体常被盾鳞；齿多样化；鳃孔5～7个；开口于体外；无鳔；无大型耳石……软骨鱼纲 Chondrichthyes

1（2）鳃孔1对，具膜质鳃盖；上颌与脑颅愈合；雄性除鳍脚外，尚具腹前鳍脚及额鳍脚……全头亚纲 Holocephali

2（2）鳃孔5～7对，无膜质鳃盖；上颌与脑颅不愈合；雄性除鳍脚外，无腹前鳍脚及额鳍脚……板鳃亚纲 Elasmobranchii

3 上下颌与头颅均被膜骨；具顶骨、额骨、犁骨和副蝶骨，一般具背肋骨与腹肋骨；鳃裂外被骨质鳃盖，每侧具一外鳃孔；肩带发达，主要由膜骨组成；腰带一般退化；耳石坚实；鳞为硬鳞、圆鳞、栉鳞，或消失；胸鳍和腹鳍非原鳍型或原鳍型；尾鳍为正尾型，有时为等尾型或歪尾型；无口鼻沟，无泄殖腔，无鳍脚……硬骨鱼纲 Osteichthyes

1（3）偶鳍一般在基部，不呈桨叶状；肛门与泄殖腔一般不位于腹鳍基底附近；鳞为硬鳞或骨鳞……辐鳍亚纲 Actinopterygii

2（3）口腔内具有内鼻孔；有原鳍型的偶鳍；即偶鳍有发达的肉质基部；鳍内有分节的基鳍骨支持；外被鳞片；呈肉叶状或鞭状；肠内有螺旋瓣……肉鳍亚纲 Sarcopterygii

三、水生生物评价方法

用于水生生物评价的生物类群包括细菌、藻类、高等水生植物、浮游动物、大型底栖动物和鱼类等。在评价指标的选定时，不仅要考虑水生生物的种类和群落，而且要考虑季节、地形、水流、底质、水温、营养盐类和射入光量等环境因素的作用。因此，指示生物物种的选定时必须要注意以下几个方面：种类的鉴定要准确；要选定优势种；充分掌握选定种同环境的物理、化学、生物的相互关系；查明选定种对环境的耐受性范围，希望选择耐受性范围狭窄，对环境变化反应敏感的种类；要考虑种类、群落的季节变化；有的即使同一种类，环境不同时其形态也变化；即使同一种，其耐受性也不一定相似，所以选择时要利用不同的群或群落，提高指标性，可能使环境分析更严密、更准确。比如，溪流及浅水型河流生物评价的常用生物类群为着生藻类、大型底栖动物以及鱼类；深水型河流生物评价可以选择浮游藻类作为着生藻类的补充，可增选浮游动物；湖泊及水库的生物评价以浮游藻类替代着生藻类，并增选浮游动物。另外，较大范围内环境变化的长期（几年）效应评价，首选鱼类；环境变化的短期效应评价，则选择大型底栖动物或藻类。在充分达到既定评价目的的前提下，评价类群可以根据现场采样条件以及人员、仪器的配备情况酌情增减。

在北美，生物评价的发展近 20 世纪 50 年来经历了 3 个阶段：20 世纪 60 年代以传统的定性评价为主，根据指示生物的出现与否来判定水体受污染程度；20 世纪 70 年代起，大量采用各种多样性指数来评价水质，强调定量采样和复杂的统计分析，十分耗时和费力；20 世纪 80 年代初，人们又将兴趣转向定性评价，并在方法上对其作了重要改进，提出一个全新的概念“快速生物评价法”（rapid bio-assessment method）。

最早用以快速评价的生物是鱼类，近年来，大型底栖无脊椎动物以其独特的优越性已被美国、英国、加拿大和澳大利亚等国环保部门广泛使用。在亚洲，日本和韩国走在最前列，早在 20 世纪 70 年代就开展了这方面的研究，90 年代初期，已开始采用底栖动物类群的耐污值和生物指数来评价水质。目前，许多发展中国家也陆续开始应用该技术来监测和评价水环境。

（一）指示生物法

指示生物法是指根据对水环境中有机污染或某种特定污染物质敏感的或有较高耐受性的水生生物种类的存在或缺失，来指示其所在水体污染状况的方法。它是经典的生物学水质评价方法。各种生物对环境因素的变化都有一定的适应范围和反应特点，生物的适应范围越小，反应越典型，对环境因素变化的指示越有意义。选作指示种的生物是生命期较长、活动场所比较固定、易于采集的生物，可在较长时期内反映所在环境的综合影响。静水中指示生物主要为底栖动物或浮游生物，流水中主要用底栖动物或着生生物，鱼类也可作为指示生物，大型无脊椎动物是应用最多的指示生物。如石蝇稚虫、蜉蝣稚虫等多的地方表明水域清洁，颤蚓类和蜂蝇稚虫等多的地方表明水域受有机物严重污染。多毛类小头虫是海洋污染的指示生物。人们根据科尔克维茨和马松污水生物系统列出污水生物分类表（其中包括细菌、藻类、原生动物和大型底栖动物），并根据种类组成的特点将水质分成寡污带、β-中污带、α-中污带和多污带四级，通常分别以蓝、绿、黄、红 4 种颜色表示。指示生物对环境因素的改变有一定的忍耐和适应范围，单凭有无指示生物评价污染的可靠性还有待进一步的研究。

（二）种类多样性指数法

种类多样性指数法是应用数理统计法求得表示生物群落的种类和个体数量的数值，用以评价环境质量。它是定量反映生物群落结构（种类、数量）及群落中各种类组成比例变化的信息。其理论基础是：在清洁水体中，生物种类多样，数量较少；在污染水体中，敏感种类消失，耐污种类大量繁殖，种类单纯，数量很大。多样性指数法的优点在于确定物种、判断物种耐性的要求不严格，因此较为简便。比较常用的多样性指数有马格列夫

（Margalef）多样性指数、香农-威纳（Shannon-Wiener）多样性指数、辛普森（Simpson）多样性指数和 Pielou 均匀度指数等。

（1）马格列夫（Margalef）指数

计算公式为：

$$d=(S-1)/\ln N \tag{3-4}$$

式中，d——多样性指数；

S——样品中生物的种类数；

N——样品中生物的总个体数或总密度。

指数值高表示污染严重；指数值低表示污染轻。$d<3$ 为严重污染，$3\leqslant d<4$ 为中度污染，$4\leqslant d\leqslant 5$ 为轻度污染，$d>5$ 为清洁。上式用以表达藻类等浮游生物的群落特征、指示湖泊污染程度效果比较好，应用广泛。该方法只考虑种类数和个体数，未考虑各种生物的分配情况，容易掩盖不同群落的种类和个体的差异，并易受样品大小的影响。

（2）香农-威纳（Shannon-Wiener）指数

计算公式为：

$$H=-\sum_{i=1}^{S}P_i\log_2 P_i,\quad P_i=n_i/N \tag{3-5}$$

式中，H——多样性指数；

S——样品中生物的种类数；

n_i——样品中第 i 种生物的个体数或密度，ind/m^2；

N——样品中生物的总个体数（单位：ind）或总密度；

P_i——样品中属于第 i 种生物个体的比例。

一般情况下，$H=0$ 为严重污染环境；$0<H\leqslant 1$ 为重污染环境；$1<H\leqslant 2$ 为中污染环境；$2<H\leqslant 3$ 为轻污染环境；$H>3$ 为清洁环境。

Shannon-Wiener 多样性指数方法的优点是引进了信息论的原理，数学关系严密，既考虑种类数也考虑各种生物的相对丰度，比较全面；避免种类鉴定的困难，简化研究结果的报告。但应注意在底栖动物数量较多、种类不太丰富的平原河流中，上述标准不一定适用。

（3）辛普森（Simpson）指数

计算公式为：

$$d=1-\sum_{i=1}^{S}(n_i/N)^2 \tag{3-6}$$

式中，d——多样性指数；

S——样品中生物的种类数；

n_i——样品中第 i 种生物的个体数；

N——样品中生物的总个体数。

一般认为，d 小于 0.25 为严重污染；0.25～0.50 为重污染；0.50～0.75 为中度污染；0.75～1.0 之间，随着数值的提高，水质由轻度污染上升为清洁。数值越高，水质越好。

应用多样性指数虽能定量地反映群落结构，但不能反映个体生态学信息及各类生物的生理特性，也不能反映由于水中营养盐类的变化，可能引起的群落的改变等。

（4）Pielou 均匀度指数

计算公式为：

$$E = H/H_{max} \quad (3\text{-}7)$$

式中，E——多样性指数；

H——实际观察的 Shannon-Wiener 指数；

H_{max}——最大的物种多样性指数，$H_{max} = \log_2 S$，S 为样品中生物的种类数。

（三）生物指数法

生物指数是利用筛选的指示生物（indicator organism） 或生物类群与水体质量的相关性，特别是考虑它们与污染物之间的关系，从而划分不同污染程度的水体。长期以来，水生态系统中生物的结构组成以及它们的种类、数量及丰度随水污染程度而变化，这一现象受到人们的极大关注。很多研究致力于使这种变化数量化，并与水体质量建立联系，从而有效地评价和监测水污染状况。

（1） Lloyd-Ghelardi 均匀度指数

Lloyd-Ghelardi 均匀度指数是利用水中浮游藻类来评价水域水质。计算公式为：

$$e = S_i/S \quad (3\text{-}8)$$

式中，S_i——第 i 个采样点的藻类种数；

S——藻类总的种数。

评价标准（e 值）：0.2～0.3 为重污带；0.3～0.4 为α-中污带；0.4～0.5 为β-中污带；＞0.5 为寡污带。

（2）Berk 生物指数

贝克（Berk）1955 年将大型底栖无脊椎动物对有机污染的耐性分为两类：A 类是不耐污染的种类；B 类是能耐受中等污染但非完全缺氧条件的种类，计算公式为：

$$I_B = 2n_A + n_B$$

式中，n_A，n_B——大型底栖无脊椎动物（A 类、B 类）的种类数。

以该方法计算生物指数，要求各监测点的环境因素力求一致，如水深、流速、底质、有无水草等。一般 I 值的范围为 0～40，清洁水域为 10～40，中等污染区为 1～10，重污染区为 0。

（3）Goodnight-Whitley 生物指数（GBI）

Goodnight 和 Whitley 于 1961 年发现颤蚓类在有机污染的水体中，其个体的数量随污染程度的加重而增加，所以，提出了用颤蚓类数量占全部底栖动物数量的百分比来指示污染状况。计算公式为：

$$生物指数=（颤蚓类个体数/底栖动物总个体数）\times 100\% \quad (3\text{-}9)$$

如果生物指数小于 60%可认为水质良好；如果生物指数介于 60%～80%，说明水体受到中度污染；如果生物指数大于 80%，说明水体严重污染。

（4）连续比较指数（SCI）

根据记号测验（signtest）和轮回理论（theoryofruns）来评价河流污染的连续比较指数（SCI）。将样品混匀后倒入白色瓷盘中，根据样品的形状、颜色等特征，按顺序依次比较两种样品的异同。若二者相同，属于同一个轮，若后一个样品与前者不同，则属于新一个轮，依此类推，并用记号依次记录下来。应用此法时，各采样点的生境条件要尽量一致，取样方法和次数也要统一，以便互相比较。

计算公式为：

$$\mathrm{SCI}=(N_r/N_s)\times N_t \tag{3-10}$$

式中，SCI——连续比较指数；

N_r——样品中的轮（run）数；

N_s——样品个体总数；

N_t——样品类别数。SCI 值与水质等级的关系为：SCI＞12，清洁；SCI 介于 12～8，中污染；SCI＜8，重污染。

（5）科级生物指数（FBI）

该指数是目前美国环境保护局推荐使用的指数之一。根据样品中各科节足动物的耐污值，计算公式为：

$$\mathrm{FBI}=\sum_{i=t}^{F} t_i n_i / N \tag{3-11}$$

式中，n_i——第 i 科的个体数；

t_i——第 i 科的耐污值；

N——各科个体总和；

F——科。

水质评价标准：FBI 为 0～3.75，极清洁；为 3.76～4.25，很清洁；为 4.26～5.00，清洁；为 5.01～5.75，一般；为 5.76～6.50，轻度污染；为 6.51～7.25，污染；为 7.26～10.00，严重污染。

科级生物指数仅需鉴定到科，比较简便、省力。但该指数系以节足动物为评价指标，只适用于山区、沙石底质的浅水河川。另外采用这种方法时用手抄网捞接的各种节足动物的总数应在 100～200 个之间，而且有关科的耐污值只有美国大湖地区的资料，其他地方的资料缺乏。

（6）相似性指数

相似性指数是测定两个群落组成相似程度的指数。一般认为在环境条件相近的情况下，群落种类的组成也趋于一致。通过比较一些特殊种的丰度（共同拥有种的面积相似性）或所有种的丰度（种的数量、面积相似性），可得出污染地区的污染程度及其对生物的影响程度。传统的相似性分析多应用于陆地生态系统，尤其是植物群落的相似性分析，后来推广应用在水生生态系统中。因为对水体中的生物群落采样时，经常出现种类数目不一致的情况，出现的种类类别更不尽相同，某一种类所占该点群落总个体数的比例也有千差万别，所以分析不同采样点之间群落相似性，利于不同类型群落的比较，进而反映出它们的环境差别。在水生生态系统中常用的相似性指数有：根据群落中有无各个物种来估计群落的相似性，是一种最简单的相似性指数；百分率相似性指数等。相似性系数的计算相似性系数按下式计算：

$$S = \frac{2c}{a+b} \tag{3-12}$$

式中，S——相似性系数；

a——两个比较点位第 1 点位都出现的种类数；

b——两个比较点位第 2 点位出现的种类数；

c——两个点位样品中共同出现的种类数。

（7）生物指数（BI）

计算公式为：

$$\mathrm{BI} = \sum_{i=t}^{S} n_i a_i / N \tag{3-13}$$

式中，n_i——第 i 分类单元（属或种）的个体数；

a_i——第 i 分类单元（属或种）的耐污值；

N——各分类单元（属或种）的个体总和；

S——种类数。

水质评价标准：BI=0～3.50，极清洁；3.51～4.50，很清洁；4.51～5.50，清洁；5.51～6.50，一般；6.51～7.50，轻度污染；7.51～8.50，污染；8.51～10.00，严重污染。

（8）硅藻污染耐受指数（PTI）

计算公式为：

$$\mathrm{PTI} = \sum_{i=t}^{n} n_i t_i / N \tag{3-14}$$

式中，n_i——第 i 个分类单元的个体数；

N——样本个体总数；

t_i——第 i 个分类单元的耐污值。

1＜PTI≤2 为重污染环境；2＜PTI≤3 为中污染环境；PTI＞3 为清洁环境。

（9）硅藻群集指数（DAIpo）

计算公式为：

$$\mathrm{DAIpo} = 100 - \sum_{i=t}^{m} S(i) - \frac{1}{2}\sum_{i=t}^{n} E(j) \tag{3-15}$$

式中，$\sum_{i=t}^{m} S(i)$——适腐种相对丰度之和；

$\sum_{i=t}^{n} E(j)$——广腐种相对丰度之和。

（10）富营养化硅藻指数（TDI）

计算公式为：

$$TDI = (WMS \times 25) - 25 \tag{3-16}$$

WMS（weighted mean sensitivity，加权平均敏感度）计算公式如下：

$$WMS = \sum_{i=1}^{n} a_j v_j i_j / \sum_{j=1}^{n} a_j v_j$$

式中，a_j——样品中第 j 种的丰度；

v_j——第 j 种指示值，在 1～3 之间变化，3 表示第 j 种对富营养化敏感，1 表示第 j 种对富营养化不敏感；

i_j——第 j 种的污染敏感度，在 1～5 之间变化，1 表示第 j 种适合生活在寡营养状态，5 表示第 j 种喜好在富营养状态下生存。

（11）BMWP 记分系统（Biological Monitoring Working Party Scoring System）

BMWP 记分系统以大型底栖动物为指示生物，作为生物指数，其原理是不同的水生无脊椎动物对污染物具有不同的耐受性。BMWP 构建的基础是物种对有机污染（如，富营养化）的敏感性/耐受性，按照各个类群的耐受程度给予记分值。譬如，部分蜉蝣目和襀翅目种类记 10 分，寡毛纲记 1 分。计算公式为：

$$BMWP = \sum t_i \tag{3-17}$$

式中，t_i——第 i 种的 BMWP 分数，该指数以所有出现物种的敏感值之和代表环境的清洁。BMWP 指数是基于英国地区河流的研究，不同地区需要对 BMWP 分值进行重新修订。

（四）生物完整性指数（Index of Biological Integrity，IBI）

1. 原理

IBI 整合了一组变量或参数，将各参数值转化为无量纲分值，再将其集合成单个指数（总记分值）。IBI 的核心参数代表了生态系统的各种结构及功能属性，比如，物种丰富度、相对丰度、优势度、功能摄食类群、污染耐受性、生活史对策、疾病及密度，因此，可以有效地指示某一生物类群对自然或人为环境压力的响应。

2. 评价程序

（1）候选生物参数

用于评价的生物参数必须符合以下条件：①与研究的生物类群或生物群落以及指定的项目目标具有生态相关性；②对环境压力具有敏感性，其响应能够与自然变化区分开来。

可以选择以下 4 大类代表性参数：①代表生物类群多样性或多样化的丰富度参数；②代表同一性及优势度的物种组成参数；③代表干扰敏感性的耐受性参数；④代表取食策略及功能团的食性或习性参数。表 3.1 所示为分别适用于河流的着生藻类、大型底栖动物及鱼类候选参数。

表 3.1 一些适用于河流的着生藻类、大型底栖动物及鱼类候选参数

	丰富度参数	物种组成参数	耐受性参数	食性/习性参数
着生藻类	• 分类单元总数 • 常见硅藻分类单元总数 • 硅藻分类单元总数	• 群落相似性（%） • 活体硅藻（%） • 硅藻（香农）多样性指数	• 耐受性种类（%） • 敏感性种类（%） • 畸变硅藻（%） • 耐酸性种类（%） • 耐碱性种类（%） • 嗜中性种类（%）	• 运动型种类（%） • 叶绿素 a • 耐污种类（%） • 富营养化种类（%）
大型底栖动物	• 分类单元总数 • EPT 分类单元数 • 蜉蝣目分类单元数 • 襀翅目分类单元数 • 毛翅目分类单元数	• EPT（%） • 蜉蝣目（%） • 摇蚊科（%）	• 敏感性种类数量 • 耐受性种类（%） • Hilsenhoff 生物指数（HBI） • 优势种（%）	• 黏附性分类单位数量 • 黏附性（%） • 滤食者（%） • 刮食者（%）
鱼类	• 本地鱼类物种总数 • 游泳鱼类物种数量及同一性 • 底栖鱼类物种数量及同一性 • 吸附性鱼类物种数量及同一性	• 先锋种（%） • 流域面积相关的单位捕捞力度渔获量	• 敏感性物种数量及同一性 • 耐受性物种个体（%） • 杂交个体（%） • 病变、癌变、鳍损伤及骨骼异常个体（%）	• 杂食性（%） • 食虫性（%） • 顶级肉食性（%）

注：校正过程中可以评估其冗余，排除重合的参数。

（2）核心参数筛选

1）参数值分布范围分析

检查候选参数的数值范围，筛除以下两类参数：a. 随干扰增强参数变化幅度减小的参数，这类参数不易准确区分受不同干扰程度的水体，不适宜用于生物评价；同理，随干扰增加参数变化幅度过大的指标，也不适宜用于生物评价；b. 在参照位点范围内自身变化性过高的参数，这类参数无法有效区分不同环境条件下的位点。

每个候选参数必须有足够大的信息量，以及特定范围的变异性，可以在位点类型和生物状态之间进行区分。

2）识别能力分析

采用箱线图及 IQ 值记分法（图 3.32），判断哪些生物参数能够最好地区分参照位点和人为干扰位点；绘制参数值与各类环境压力之间的关系图，或采用多变量排序模型，阐明候选生物参数与环境之间的响应关系。选择具有最强识别力的生物参数，可以为评价未知位点的生物状态提供最优置信度。

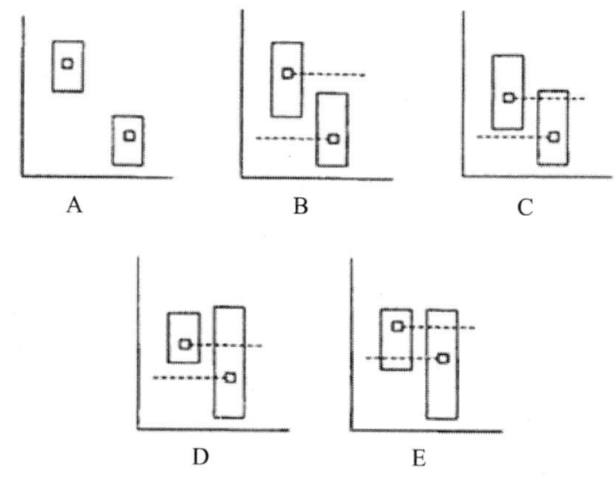

图 3.32　参数 IQ 值记分法

注：箱体表示 25%至 75%分位数值分布范围，箱体内方块表示中位数，IQ ≥2 的参数方可通过筛选。A：IQ=3 分，箱体无任何重叠，；B：IQ=2 分，箱体有小部分重叠，但中位数都在对方箱体之外；C：IQ=1 分，箱体大部分重叠，但至少有一方的中位数处于对方箱体范围外；D 和 E：IQ=0 分，一方箱体在另一方箱体范围内，或双方的中位数都在对方箱体范围内。

3）冗余度分析

采用相关分析，检验各项参数反映信息的独立性，根据相关系数的大小确定生物指数所反映的信息的重叠度，使最后构成指标体系的每个参数都至少提供一个新的信息，而不是重复信息。

（3）IBI 构建

1）记分基准确定

对生物指标进行记分的目的是统一评价量纲，目前常用的赋分方法有三分制法、四分制法及 0～10 连续赋分法，建议使用 0～10 连续赋分法。

a. 三分制法的赋分原则是：所有核心参数须进行 95%分位数标准化，正向参数，$V_i' = V_i/V_{95\%}$；反向参数 $V_i' = (V_{max}-V_i) / (V_{max}-V_{5\%})$。其中，$V_i'$为标准化后的参数，$V_i$为参数值，$V_{95\%}$为参数的 95%分位数，$V_{5\%}$为参数的 5%分位数，$V_{max}$为参数的最大值。将所有位点的数值分布范围进行 3 等分，正向参数随着数值减小分别记 5、3、1 分，反向参数随着数值增大，分别记 5、3、1 分。

b. 四分制法的赋分原则是：所有核心参数经过 95%分位数标准化后，将所有位点的数值分布范围进行 4 等分，正向参数随着数值减小分别记 6 分、4 分、2 分、0 分，反向参数随着数值增大，分别记 6 分、4 分、2 分、0 分。

c. 0～10 连续赋分法的赋分原则是：正向参数，$V_i' = 10V_i/V_{95\%R}$；反向参数，$V_i' = 10(1-V_i/V_{95\%I})$。其中，$V_i'$为标准化后的参数，$V_i$为参数值，$V_{95\%R}$为参照点的 95%分位数，$V_{95\%I}$为受损点的 95%分位数。

2）指数集成

各个核心参数记分值的总和，即为 IBI 值。

3）指数检验

根据 IBI 对环境压力的响应进行敏感型检测，计算指数区分参照位点和受损位点的效率，也就是被正确区分的位点的百分比。如果区分效率在 60%以上，则可认为该 IBI 有效。

3．评价标准

IBI 的评价标准，可以采用以下两种方法：

1）参照位点指数值分布的 25%分位数法——如果位点的指数值大于 25%分位数，则表示该位点受到的干扰很小，小于 25%分位数的分布范围，根据需要可以 3 等分或 4 等分，分别代表不同的环境状态；

2）所有位点指数值分布的 95%分位数法——以 95%分位数为最佳值，低于该值的分布范围进行 4 或 5 等分，靠近 95%分位数值的一等分代表位点所受干扰较小。

第三节 水中微生物卫生学监测

微生物在自然界中分布最为广泛，可以说是无处不在、无时不有、数量众多。从地表土壤到几百米的地下、几千米的高山；从空气到河流、湖泊及海洋；从动植物体表到体内，以及各种各样极端生境如高温、高盐、高压、极地和缺氧等生境都存在微生物，从而形成了复杂多样的微生物生态系统。

水是一切生命赖以生存的基本条件，它作为一种良好的溶剂，可以溶解多种无机物和有机物，满足了微生物营养需求，因此，水体是除土壤以外，微生物栖息的第二大天然场所。淡水和海水两类水体中微生物的种类与数量分布存在很大的差异。水中微生物的含量和种类直接影响着水质；同时也能反映水质变化，因而成为水环境监测的重要指标之一。

一、微生物监测的基本知识

微生物（Microorganism）是指个体微小、结构简单，肉眼难以看清、需要借助光学显微镜或电子显微镜才能观察到的一切微小生物的总称。它们大多为单细胞，少数为多细胞，还包括一些没有细胞结构的生物。

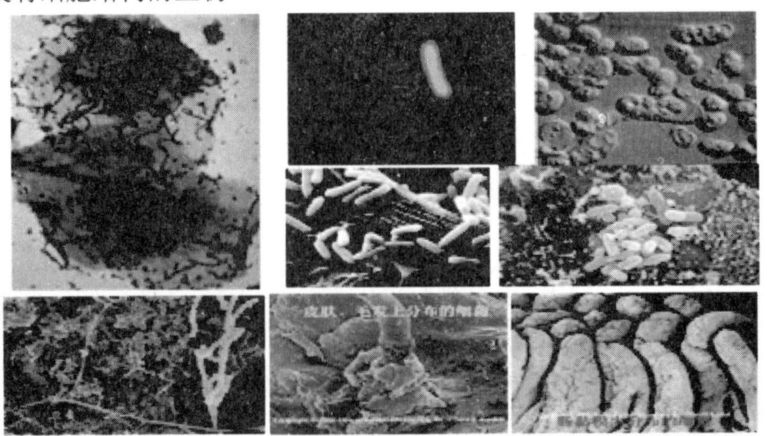

图 3.33 显微镜下的微生物世界

1．分类

微生物的种类很多，主要包括：细菌、放线菌、支原体、立克次氏体、衣原体、蓝细菌、真菌（酵母菌、霉菌及蕈菌）、原生动物、病毒、类病毒、朊病毒等。根据不同的进化水平和性状上的显著差异，微生物可分为以下三大类群：

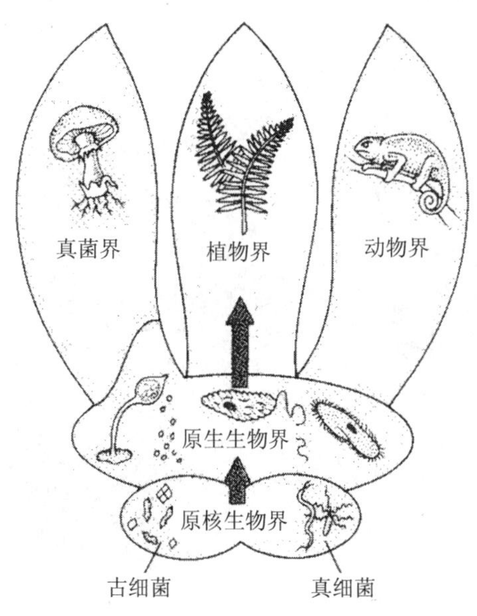

图 3.34　微生物的分类

（1）非细胞型生物（即分子生物）：病毒、类病毒、朊病毒、拟病毒；

（2）原核生物：细菌、放线菌、蓝细菌（蓝藻、蓝绿藻）、支原体、立克次氏体、衣原体；

（3）真核生物：真菌（丝状真菌——霉菌、酵母菌、大型真菌——蕈菌）、单细胞藻类、原生动物。

目前我们在环境监测领域主要开展的微生物监测如：细菌总数、总大肠菌群数和粪大肠菌群数等项目均属于原核生物中细菌的范畴。

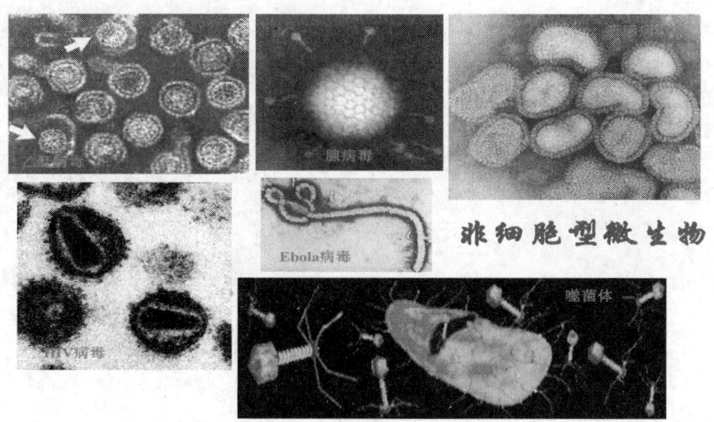

图 3.35　非细胞型微生物

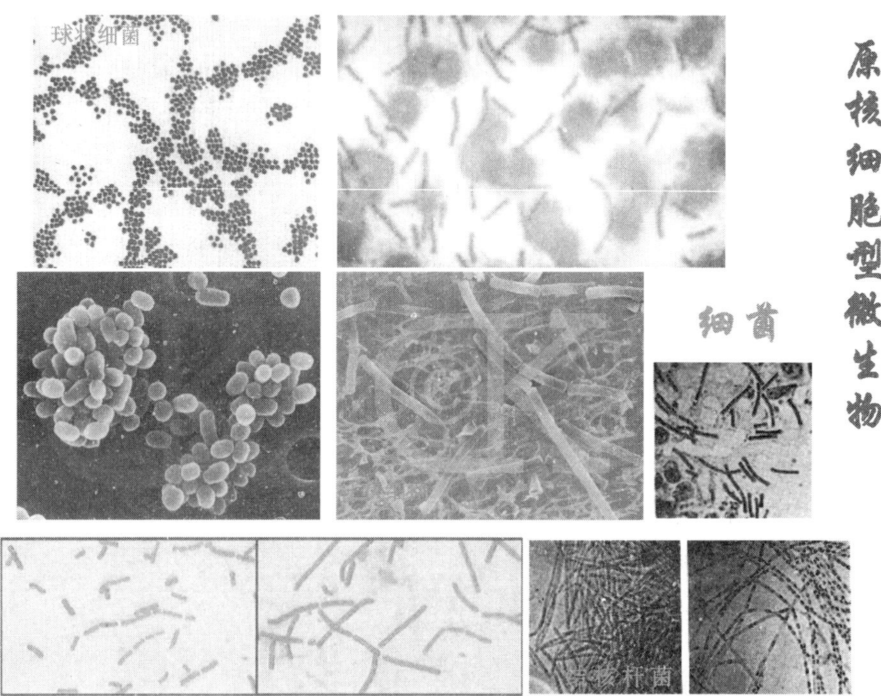

图 3.36　原核细胞型（细菌）微生物

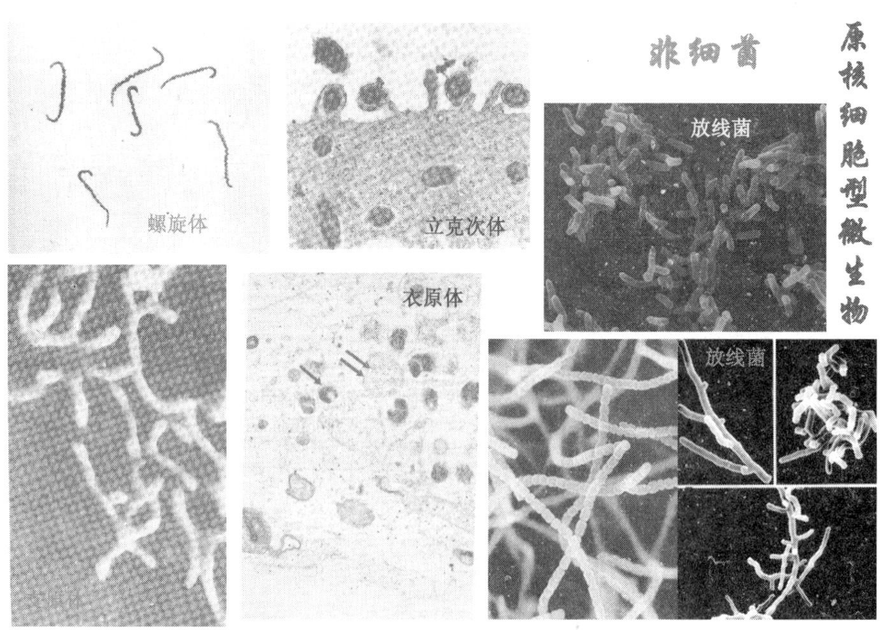

图 3.37　原核细胞型（非细菌）微生物

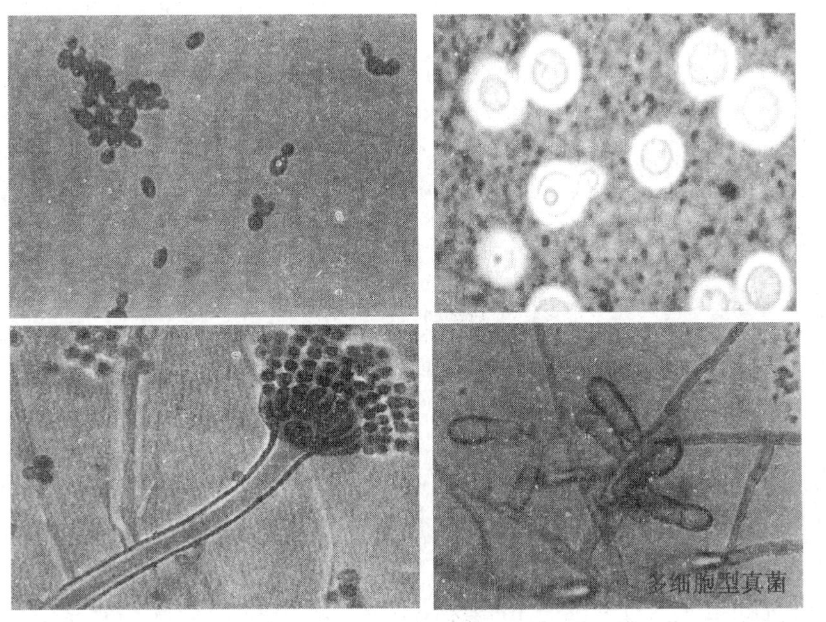

图 3.38　真核细胞型微生物

2. 细菌的细胞结构特点

大多数细菌具有一定的基本细胞形态并保持恒定。形状近圆形的细菌称为球菌；形状近圆柱形的称为杆菌；螺旋形的细菌称为螺旋菌。细胞的形状明显地影响着细菌的行为和其稳定性。例如球菌，由于是圆形，在干燥时较不易变形，因而它比杆菌和螺旋菌更能经受高度干燥的考验而得以存活。杆菌较球菌每单位体积有较大的表面积，因而比球菌更易从周围环境中摄取营养。螺旋菌呈螺旋式运动，因而较之运动的杆菌受到的阻力要小。

细菌细胞全部的化学组成与动物、植物和其他微生物等所有生物细胞的组成非常相近。细菌细胞的一般结构包括：细胞壁、细胞膜、细胞质、间体、核糖体、核质、内含物颗粒。特殊结构有荚膜、鞭毛、伞毛、芽孢。一个典型的细菌细胞结构见图 3.39、图 3.40。掌握细菌的细胞结构有助于我们对微生物开展显微观测以及检测原理的理解。

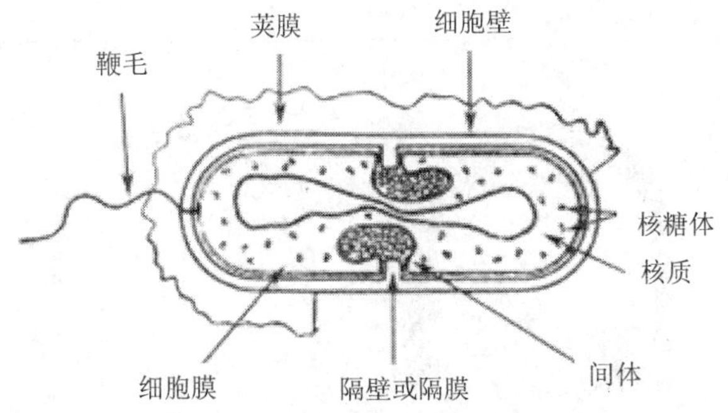

图 3.39　细菌细胞的一般结构模式

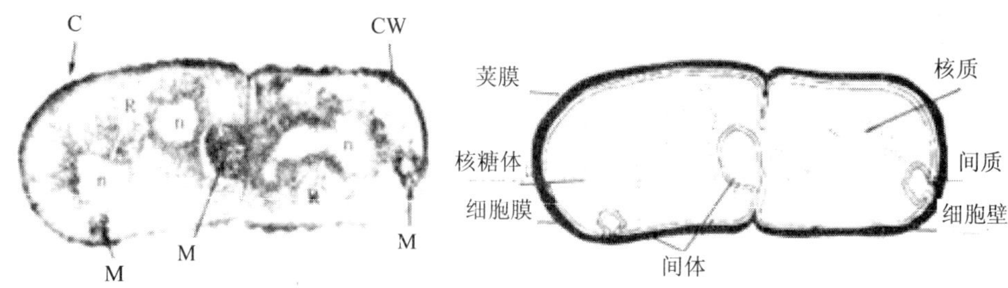

M：间体，n：核质，R：核糖体，C：荚膜，CW：细胞壁

图 3.40 细菌细胞结构

（1）细胞壁

细胞壁（cell wall）是细菌细胞的外壁，较坚韧而略有弹性，具保护和成型的作用，是细胞的重要结构之一。细胞壁的重量约占细胞重量的 10%～20%，各种细菌的壁厚度不等，如金黄色葡萄球菌为 15～20 nm；大肠杆菌为 10～15 nm。用光学显微镜很难观察清细胞壁，可用电子显微镜通过细胞的超薄切片观察。

根据细菌细胞壁结构的区别，可将细菌分为革兰氏阳性菌（G^+）与革兰氏阴性菌（G^-）两大类。革兰氏阳性菌中细胞壁主要由肽聚糖组成，革兰氏阴性菌则主要由脂多糖和蛋白质组成，而且覆盖在肽聚糖层的外面。

表 3.2 细胞壁的结构和化学组成

性质	革兰氏阳性菌	革兰氏阴性菌	
		外壁	内壁
肽聚糖	有（占干重的 40%～90%）	有	无
壁酸	有或无	无	无
多糖	有	无	无
蛋白质	有或无	无	有
脂多糖	无	无	有
脂蛋白质	无	有或无	有
厚度/nm	10～50	2～3	3

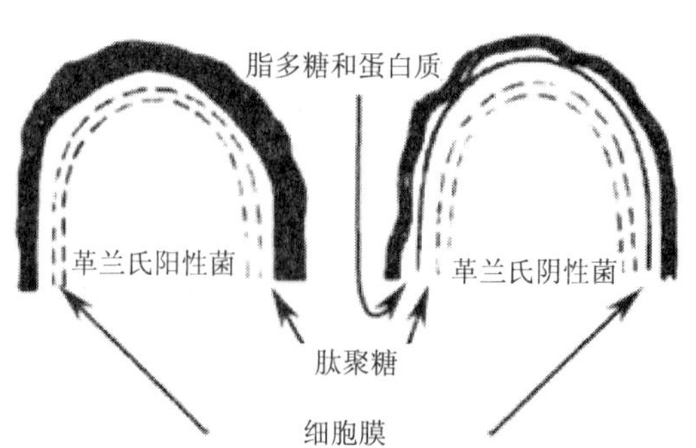

图 3.41 革兰氏阳性菌和阴性菌细胞壁主要组成

（2）细胞膜

细胞膜（cell membrane）是细胞质外的一层薄膜，其厚度约为 5～8 nm。该膜有时亦称为原生质膜或质膜。细胞膜是使细胞的内部同它所处的环境相隔离的最后屏障。细胞膜是选择性膜，在营养的吸收和代谢物的分泌方面具关键作用，如果膜被弄破，细胞膜的完整性就受到破坏，将导致细胞死亡。

（3）间体

由于细胞质膜的面积比包围细胞所需要的面积大许多倍，使大量的细胞质膜内陷，因此形成了细菌细胞的间体（mesosome）。它主要起着真核细胞中多种细胞器的作用。革兰氏阳性菌中均有发达的间体，但许多阴性菌中却没有。只在一些具有较强呼吸活性的阴性菌中才有发达的间体，这是为了增加呼吸活性中心。间体数目随菌种而异，枯草芽孢杆菌平均 4 个，蜡状芽孢杆菌平均 6 个。

（4）核质

在细菌细胞中有一个或几个核质，其功能是存储、传递和调控遗传信息。核质（nuclein）外面没有核膜，核质中极大部分空间被卷曲的 DNA 双螺旋所填满。例如，大肠杆菌的细胞约 2 μm 长，而它的 DNA 长度是 1 000～1 400 μm。每个核质可能只有一个单位 DNA 分子，而且呈环状。由于细菌核质不具核仁、核膜，所以不是真正的核。

（5）内含物颗粒

细菌细胞的细胞质常含有各种颗粒，它们大多为细胞储藏物质，称为内含物颗粒（granule）。颗粒的多少随菌龄和培养条件的不同而有很大的变化。其成分为糖类、脂类、含氮化合物及无机物等。这些颗粒物质主要有以下五种：异染颗粒、聚β-羟丁酸颗粒、肝糖、脂肪粒、液泡。

（6）核糖体

在用电子显微镜观察细胞的超薄切片时，常可看见细胞质内有一些小的深色的颗粒，这些颗粒是细胞内合成蛋白质机构的一部分。它们含有的核酸体，由大约 60%的核糖核酸和 40%的蛋白质组成，直径约为 20 nm，其沉降系数为 70S。

在完整细胞中，核糖体（ribosome）常聚结成不同大小的聚合体，称作聚核糖体。但细胞被打碎后，聚核糖体易分开，各个核糖体自由浮动。聚核糖体颗粒间的联键是一个长的 RNA 分子，称为信使 RNA，它在蛋白质合成系统中起着关键的作用。

（7）细胞质

除核区以外，包在细胞膜以内的无色、透明、黏稠的胶状物质均为细胞质（cytoplasm），细胞质的主要成分为水、蛋白质、核酸、脂类、少量糖和无机盐。细胞质是细胞的内在环境，含有各种酶系统，具有生命活动的所有特征，能使细胞与周围环境不断地进行新陈代谢活动。由于细胞质内含有固形物量 15%～20%的核糖核酸，所以具有酸性，易为碱性和中性染料着色。但由于老龄细胞中核酸可作为氮源和磷源消耗，所以其着色力不如幼龄细胞强。

3. 特点

微生物除具有生物的共性外，也有其独特的特点，包括：①个体微小、结构简单、表面积大；②吸收多，转化快；③生长旺，繁殖快；④适应强，变异快；⑤分布广，种类多。

正因为其具有这些特点，才使得这样微不可见的生物类群引起人们的高度重视。

（1）个体微小、结构简单、比表面积大

微生物的个体极其微小，一般以“μm”或“nm”作单位描述之。根据常识，把一定体积的物体分割得越小，它们的总表面积就越大。若把某一物体单位体积所占有的表面积称为比表面积。物体体积越小，其比面值就越大。如果把人的比表面积值定为 1，则大肠杆菌的比表面积竟然高达 30 万。在采用高密度细胞发酵时，干细胞量竟达到 100 g/L。

（2）吸收多，转化快

由于微生物的比表面积大得惊人，所以与外界环境的接触面积特别大，这非常有利于微生物通过体表吸收营养和排泄代谢产物。有资料表明：在适合的条件下，*Escherichia coli*（大肠杆菌）在 1 小时内可分解其自重 1 000～10 000 倍的乳糖；*Candida utilis*（产朊假丝酵母）合成蛋白质的能力比大豆强 100 倍，比食用公牛强 10 万倍；一些微生物的呼吸速率也比高等动、植物的组织强数十至数百倍。微生物的这个特性，使其具有高速生长繁殖和合成大量代谢产物提供了充分的物质基础，从而使微生物能在自然界和人类实践中更好地发挥其“超小型活的化工厂”的作用。

（3）生长旺盛，繁殖快

微生物具有极高的生长和繁殖速度。在适合的生长条件下，*Escherichia coli*（大肠杆菌）细胞分裂 1 次仅需要 12.5～20 s；若按照平均 20 s 分裂 1 次计算，则 1 个小时可分裂 3 次，每昼夜可分裂 72 次，这样原初的一个细菌已经产生了 4.7×10^9 万亿个后代，总重量约可达 4 722 t。事实上，由于营养、空间和代谢产物等条件的限制，微生物的几何级数分裂速度充其量只能维持数小时而已，因而在微生物液体培养过程中，细菌细胞的浓度一般仅达 10^8～10^9 个/mL。而微生物的这一特性在发酵工业上具有重要意义，可以提高生产效率，缩短发酵周期。此外，其在生物学基础理论的研究中的应用也有极大的优越性，因而成为理想的生物研究和实验的材料。

（4）适应强，易变异

微生物具有极其灵活的适应性或代谢调节机制，因此对环境条件尤其是地球上那些恶劣的“极端环境”，例如对高温、高盐、高酸、高辐射、高压、低温、高碱或高毒等的惊人适应力，堪称生物界之最。

微生物的个体一般都是单细胞、简单多细胞甚至是非细胞的，它们通常都是单倍体，加之具有繁殖快、数量多以及与外界环境直接接触等特点，因此即使其变异频率十分低（一般为 10^{-5}～10^{-10}），也可在短时间内产生出大量变异的后代。

（5）分布广，种类多

微生物因其体积小、重量轻和数量多等原因，可以到处传播以致达到“无孔不入”的地步，只要条件适合，它们就可以“随遇而安”。地球上除了火山的中心区域等少数地方外，从土壤圈、水圈、大气圈至岩石圈，到处都有它们的踪迹。

除了分布广，微生物种类繁多，迄今为止我们所知道的微生物约有 10 万种，可能是地球上物种最多的一类。微生物的种类即微生物多样性主要体现：物种的多样性、生理代谢类型的多样性、代谢产物的多样性、遗传基因的多样性和生态类型的多样性 5 个方面。这些决定了微生物资源是极其丰富的，目前在人类生产和生活中仅开发利用了发现微生物种类的 1%。

二、水中微生物监测的作用和意义

微生物在自然界的分布极其广泛，土壤、水体、工农业产品和动植物体内外是它们的主要栖息地，空气中也有大量微生物分布，是环境生物的主要组成之一。微生物在自然界物质循环中发挥着至关重要的作用，在整个生态系统中它们主要担负着分解者（还原者）的角色，对生物圈的碳、氮、磷、硫等元素的生物地球化学循环起着关键作用，不仅与生物圈协调和发展有重大关系，还与农业生产、污染防治和金属矿产的开发利用等密切相关。

由于微生物细胞与环境接触的直接性和对其反应的敏感性，使微生物成为环境监测中的重要指示生物。当环境受到人、畜污染时，环境中微生物的数量可大量增加。通过监测环境中的微生物群落（种类、数量），可反映环境污染状况，对于环境质量评价、环境卫生监督等方面具有重要的意义。目前微生物监测工作主要用于水环境质量评价领域中。

（一）水中微生物的生态条件

地球表面的 70%为各类水体所覆盖。根据形成因素可分为天然水体和人工水体两大类。天然水体包括海洋、江河、湖泊、湿地和泉水等，人工水体包括水库、运河以及各种污水处理系统。不同的水生环境其微生物种类和数量有较大差异，但总体来说水体是适宜于微生物生存的主要生态环境之一。

1．营养状况

水体是一种很好的溶剂，溶解有氮、磷、硫等无机营养和以污水、根叶、动植物尸体以及类似的形式进入水中的有机物质。各种水体中营养状况有很大差异。

2．温度

各种水体有较大差异，并随着季节等有较大变化。一般淡水在 0～36℃之间，海洋水温在 5℃以下，温泉水温可在 70℃以上。

3．氧气

水体中空气供应较差（氧在水中溶解度较小，易被微生物耗尽），因此，对于微生物生长而言，氧气是水生环境里最重要的限制因子。静水湖泊更为明显，江河水域由于水的流动溶解氧能不断得以补充。

4．pH

不同水体的 pH 变化范围也较大，在 3.7～10.5 之间。大多数淡水 pH 6.5～8.5，适于大多数微生物生长。而在一些酸性和碱性水体中也有相应的微生物类群生长。

（二）水中微生物的来源

水体中的微生物大致来源于以下几个方面。

1．水体“土著”微生物

水体“土著”微生物是水体中固有的微生物，主要有硫细菌、铁细菌等化能自养菌，光合细菌，蓝细菌，真核藻类以及一些好氧芽孢杆菌等。

2. 来自土壤的微生物

由于水体的冲刷，将土壤中的微生物带到水体中，主要包括氨化细菌、硝化细菌、硫酸还原菌、芽孢杆菌和霉菌等。

3. 来自空气微生物

雨雪降落时，将空气中的微生物带入水体中，主要是由于空气中有许多尘埃造成的。

4. 来自生产和生活的微生物

各种工业废水、农业废水、生活污水、人和动物排泄物和动植物残体等夹带微生物进入水体，主要包括大肠菌群、肠球菌、各种腐生细菌、梭状芽孢杆菌以及一些致病性微生物，如霍乱弧菌、伤寒杆菌和痢疾杆菌等。

（三）水中微生物的种类、数量和分布

水体中微生物的种类、数量和分布受水体类型、有机物含量、温度及深度等多种因素的影响。大气水中一般含微生物较少，主要来源于空气中的尘土。地面水中微生物的数目容易发生巨大的变化，既决定于土壤中微生物的数目，也决定于被水分由土壤中溶解出的营养物的种类和数量。微雨的主要结果是增加地面水中细菌的污染，而长期下雨的结果则相反。聚积水体（江河、湖泊、海洋和水库等）可分为很多类型，其微生物种类、数量差异较大。清洁湖泊、水库中有机物含量少，微生物也少，数量约为 10^2～10^3 个/mL，并以自养型为主，包括铁细菌、硫细菌、光合细菌、蓝细菌、藻类及少量寡营养型的异养细菌。有机物多的湖泊，停滞的池塘，污染的江河水以及下水道的沟水中，有机物含量高，微生物种类和数量都很多，数量约为 10^7～10^8 个/mL，并以异养型腐生菌、真菌和原生动物为多。一般海水含盐量约为 30 g/L，因此海洋微生物大多数是耐盐或嗜盐微生物，主要有藻类、假单胞菌、弧菌、黄色杆菌及一些发光细菌等。地下水水体是无菌的，这是由于在水渗入地下时土层过滤掉了大多数微生物和营养物质。

尽管随水体类型不同，微生物的种类和数量有较大差异，但微生物在不同水体中（主要指聚积水体）的分布却有相同或相近的规律。微生物在水体中水平分布主要受有机物含量的影响，一般在沿岸水域有机物较多，微生物的种类和数量也较多。微生物在水体中的垂直分布随深度变化表现出有规律的变化，浅水区（表层水）因阳光充足和溶解氧量大，适宜蓝细菌、光合藻类和好氧微生物生长，而厌氧微生物较少；深水层内好氧微生物较少，厌氧和兼性厌氧微生物增多；水底淤泥中只有一些厌氧菌生长，而在海洋的超深海区，只有少数耐压菌才能生长。

（四）水中微生物监测的作用和意义

开展微生物监测时，一般选择有代表性的一种或一类微生物作为指示微生物；通过对指示微生物的检测，来了解水体是否受到过的微生物污染。在实际工作中，通常以检验细菌总数、总大肠菌群、粪大肠菌群、大肠埃希氏菌、肠道病毒等作为指示微生物，来间接判断水的卫生学质量。同时，结合高锰酸盐指数、BOD、COD、DO、氨氮及氮磷等理化指标也可以综合反映环境中污染的水平。此外，微生物的生长、繁殖量和其他生理、生化反应也是鉴定微生物生存的环境质量优劣的常用指标。例如发光细菌利用生物发光监测环

境污染是一个既灵敏又有特色的方法。

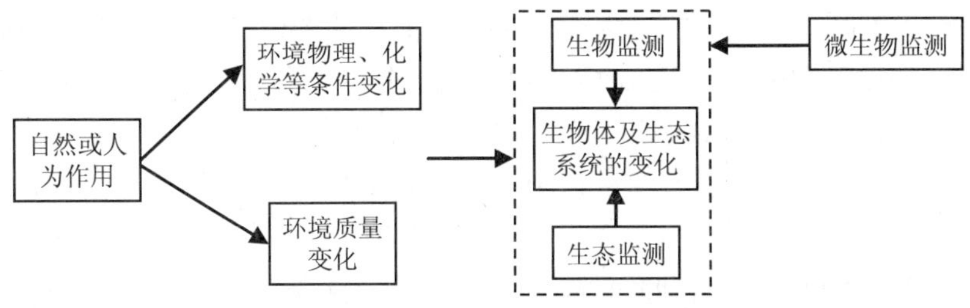

图 3.42　微生物监测的作用和意义

水环境中的微生物监测方法也是利用了微生物与环境接触的直接性和对其反应的敏感性。当自然水体受空气沉降、土壤、工业废水、生活废水及人畜粪便的影响时，水中有机物不断增加，从而促进了水体中微生物生长及繁殖。我们通过监测水体中特定微生物的数量和种类的变化，即可评价水质状况，反映水质变化趋势，保障水质的卫生安全。

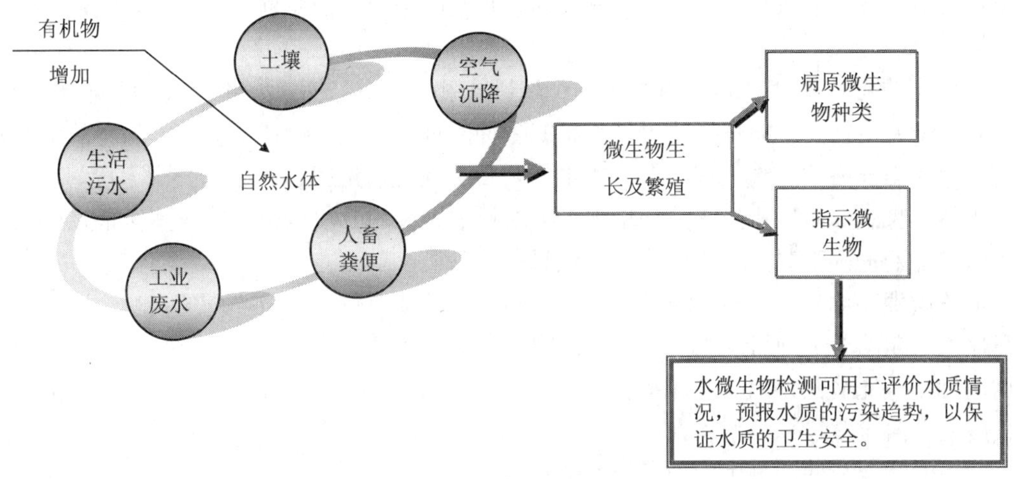

图 3.43　水中微生物监测的作用和意义

三、微生物监测的基本原理

微生物不论其在自然条件下还是在人为条件下发挥作用，都是通过“以数取胜”或“以量取胜”的。生长和繁殖就是保证微生物获得巨大数量或生物量的必要前提。而微生物监测的主要核心指标是微生物的生物量。因此，我们的监测人员在持证上岗之前，就必须掌握微生物的生长繁殖规律，其是微生物监测的基本原理。

（一）生长与繁殖

一个微生物细胞在合适的外界环境条件下，会不断地吸收营养物质，并按其自身的代谢方式不断进行新陈代谢。如果同化（合成）作用的速度超过了异化（分解）作用，则其原生质的总量（重量、体积、大小）就不断增加，于是出现了个体细胞的生长。如果这是一种平衡生长，即各种细胞组分是按恰当比例增长时，则达到一定程度后就会引起个体数目的增加，对单细胞的微生物来说，这就是繁殖。不久，原有的个体已经发展成一个群体。随着群体中各个个体的进一步生长、繁殖，就引起了这一群体的生长。群体的生长可用其重量、体积、个体浓度或密度等作指标来测定。所以个体和群体间有以下关系：

个体生长 → 个体繁殖 → 群体生长

群体生长 = 个体生长 + 个体繁殖

事实上，微生物个体细胞的生长时间一般很短，很快就进入繁殖阶段，生长和繁殖实际上很难分开。除特定的目标以外，在微生物的研究和应用中，只有群体的生长才有意义。因此，在微生物学中，凡提到“生长”时，一般均指群体生长。

（二）微生物生长的测定

生长是一个复杂的生命活动过程。微生物细胞从环境吸取营养物质，经代谢作用合成新的细胞成分，细胞各组成成分有规律地增长，致使菌体重量增加，这就是生长。随着菌体重量的增加，菌体数量也增多，这就进入到繁殖阶段。生长是繁殖的基础，繁殖是生长的结果。

微生物的生长繁殖是其在内外各种环境因素相互作用下生理、代谢等状态的综合反应，因此有关生长繁殖的数据就可作为研究多种生理、生化、遗传及生态等问题的重要指标，也为我们开展微生物工程、有害微生物防治及环境监测提供必要的技术手段。

既然生长意味着原生质含量的增加，所以测定生长的方法也都直接或间接地以此为根据，而测定繁殖则都要建立在计算个体数目这一基础上。

描述微生物生长，对不同的微生物和不同的生长状态可以选取不同的指标。通常对处于旺盛生长期的单细胞微生物，既可选细胞数，又可以选细胞质量作为生长指标，因为此时这两者是成比例的。对于多细胞微生物的生长（以丝状真菌为代表），则通常以菌丝生长长度或者菌丝重量作为生长指标。

常用的测定或估计微生物生长的方法有以下几种。

1. 显微镜计数法

单细胞的微生物，例如细菌，主要采用计数器（又称血球计数板）直接在显微镜下计数。这些计数器的底部都有棋盘式刻度，可以数一定面积内的菌数。对于能运动的细菌，一般可以设法用 4%聚乙烯醇停止其运动后计数。

2. 平皿活菌计数法

这是采用平皿涂布或混匀的方法，计算固体培养基上长出的菌落数。此法适用于各种好氧菌或异氧菌。其主要操作是把稀释后的一定量菌样通过浇注琼脂培养基或在琼脂平板上涂布的方法，让其内的微生物单细胞一一分散在琼脂平板上（内），待培养后，每一活细胞就形成一个单菌落，此即“菌落形成单位（CFU）”。每一个菌落是由一个细胞繁殖而成。根据每皿上形成的 CFU 数乘以稀释度就可推算出水样中的含菌数。

3. 稀释培养 MPN 法

最大或然数（Most Probable Number，MPN）计数又称稀释培养计数，适用于测定在一个混杂的微生物群落中虽不占优势，但却具有特殊生理功能的类群。其特点是利用待测微生物的特殊生理功能的选择性来摆脱其他微生物类群的干扰，并通过该生理功能的表现来判断该类群微生物的存在和丰度。

MPN 计数是将待测样品作一系列稀释，一直稀释到将少量（如 lmL）的稀释液接种到新鲜培养基中没有或极少出现生长繁殖。根据没有生长的最低稀释度与出现生长的最高稀释度，采用“最大或然数”理论，可以计算出样品单位体积中细菌数的近似值。具体地说，菌液经多次 10 倍稀释后，一定量菌液中细菌可以极少或无菌，然后每个稀释度取 3～5 个样品重复接种于适宜的液体培养基中。培养后，将有菌液生长的最后 3 个稀释度（即临界级数）中出现细菌生长的管数作为数量指标，由最大或然数表上查出近似值，再乘以数量指标第一位数的稀释倍数，即为原菌液中的含菌数。我们开展的总大肠群落和粪大肠菌群项目都是采用稀释培养 MPN 法。

4. 比色（比浊）法

在科学研究和生产过程中，为及时了解培养中微生物的生长情况，需定时测定培养液中微生物的数量，以便适时地控制培养条件，获得最佳的培养物。比浊法是常用的测定方法，是在浊度计或比色计上进行测定培养液中微生物的数量。某一波长的光线，通过混浊的液体后，其光强度将被减弱。入射光与透过光的强度比与样品液的浊度和液体的厚度相关。由于在一定范围内，单细胞微生物的光吸收值与液体中的细胞数量成正比，因此可用作溶液中计算总细胞的技术，但需要用直接显微镜计数法或平板活菌计数法制作标准曲线进行换算。比浊法虽然灵敏度较差，然而却具有简便、快速、不干扰或不破坏样品的优点。

5. 干重测定法

干重法一般可以分为粗放的测体积法（在刻度离心管中测沉淀量）和精确的称干重法。将一定量的菌液中的菌体通过离心或过滤分离出来，然后烘干（干燥温度可采用 105℃、100℃或 80℃）、称重。微生物的干重一般为其湿重的 10%～20%。据测定，每个 *Escherichia coli*（大肠杆菌）细胞的干重为 2.8×10^{-13} g，故 1 颗芝麻中（近 3 mg）的大肠杆菌团块，其中所含的细胞数目竟可达到 100 亿个。

6. 生理指标法

与微生物生长量相平行的生理指标很多，可以根据实验目的和条件适当选用。最重要的如测含氮量法，一般细菌的含氮量为其干重的 12.5%，酵母菌为 7.5%，霉菌为 6.5%，含氮量乘以 6.25 即为粗蛋白含量；另有测含碳量以及测磷、DNA、RNA、ATP、DAP（二氨基庚二酸）、几丁质或 *N*-乙酰胞壁酸等含量的；此外，产酸、产气、耗氧、黏度和产热等指标，有时也应用于生长量的测定。

（三）微生物生长的规律

微生物的细胞是极其微小的，但是它与一切其他细胞和个体（病毒例外）一样，也有一个自小到大的生长过程。在整个生长过程中，微小的细胞内同样发生着阶段性的极其复杂的生物化学变化和细胞学变化。其中单细胞微生物（例如：细菌）的生长曲线尤为典型。

定量描述液体培养基中微生物群体生长规律的实验曲线，称为生长曲线。如以细胞数目对数值作为纵坐标，以培养时间作横坐标，就可画出一条曲线，这就是微生物的典型生长曲线。生长曲线代表了细菌在新的环境中从开始生长、分裂直至死亡的整个动态变化过程。每种细菌都有各自的典型生长曲线，但它们的生长过程却有着共同的规律性。根据微生物的生长速率常数，即每小时分裂次数的不同，一般可以将典型生长曲线划分为延滞期、指数期、稳定期和衰亡期等 4 个时期。

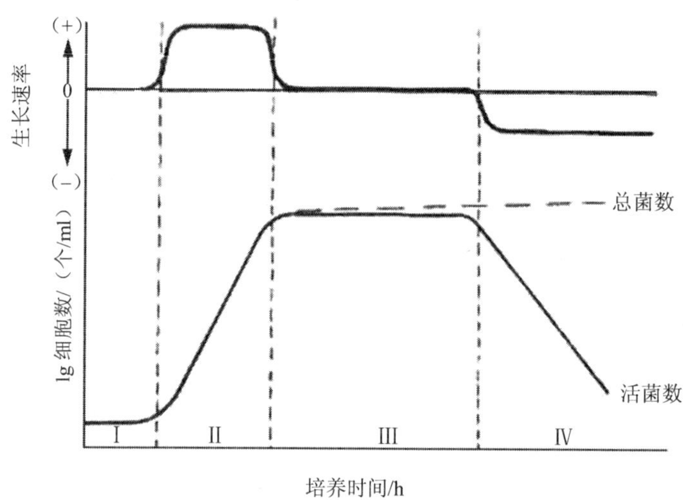

图 3.44 微生物的典型生长曲线

1. 延滞期

又称停滞期、调整期、适应期。指将少量菌种接入新鲜培养基后，在开始一段时间内菌数不立即增加或增加很少，生长速度接近于零，细胞形态变大或增多；酶合成迅速，为物质合成做准备，细胞内的 RNA 尤其是 rRNA 含量增高，原生质呈嗜碱性；合成代谢十分活跃，核糖体、酶类和 ATP 额合成加速，易产生各种诱导酶；对外界不良条件敏感，细胞在适应环境。

（1）特点：分裂迟缓、代谢活跃。生长速率常熟为零、菌体粗大、RNA 含量增加、代谢活力强、对不良环境的抵抗能力下降。

（2）原因：调整代谢。微生物刚刚接种到培养基之上，其代谢系统需要适应新的环境，同时要合成酶、辅酶及其他代谢中间代谢产物等，所以此时期的细胞数目没有增加。

（3）实践意义：通过遗传学方法改变种的遗传特性使延滞期缩短；利用对数生长期的细胞作为种子；尽量使接种前后所使用的培养基组成不要相差太大；适当扩大接种量。

2. 指数期

又称对数期，指在生长曲线中，紧接着延滞期的一段细胞数以几何级增长的时期。这一阶段，菌体细胞代谢旺盛，生长速率最快（常数 R 最大），数量急剧增加，代时最短；细菌内各成分按比例有规律地增加，酶系活跃代谢旺盛。

（1）特点：生长速率最快、代谢旺盛、酶系活跃、活细菌数和总细菌数大致接近、细胞的化学组成形态理化性质基本一致。

（2）原因：经过调整期的准备，为此时期的微生物生长提供了足够的物质基础，同时外界环境也是最佳状态。

（3）实践意义：适宜作发酵菌种或提取初级代谢产物。

3．稳定期

又称恒定期或最高生长期。细胞重要的分化调节阶段，储存糖原等细胞质内含物，芽孢杆菌在此阶段形成芽孢或建立自然感受态等。该期是发酵过程积累代谢产物的重要阶段，某些放线菌抗生素的大量形成也在此时期。

（1）特点：活细菌数保持相对稳定、总细菌数达到最高水平、细胞代谢产物积累达到最高峰、是生产的收获期、芽孢杆菌开始形成芽孢。

（2）成因：营养的消耗使营养物比例失调、有害代谢产物积累、pH 值 EH 值等理化条件不适宜。

（3）实践意义：稳定期是产物的最佳收获期，也是最佳测定期，通过对稳定期到来原因的研究还促进了连续培养原理的提出和工艺技术的创建。生产上常通过补充营养物质（补料）或取走代谢产物、调节 pH、调节温度、对好氧菌增加通气、搅拌或振荡等措施延长稳定生长期，以获得更多的菌体物质或积累更多的代谢产物。

4．衰亡期

营养物质耗尽和有毒代谢产物的大量积累，细菌死亡速率超过新生速率，整个群体呈现出负增长。该时期死亡的细菌以对数方式增加，但在衰亡期的后期，由于部分细菌产生抗性也会使细菌死亡的速率降低，仍有部分活菌存在。细菌代谢活性降低，细菌衰老并出现自溶，产生或释放出一些产物，如氨基酸、转化酶、外肽酶或抗生素等。细胞呈现多种形态，有时产生畸形，细胞大小悬殊，有些革兰氏染色反应阳性菌变成阴性反应等。

（1）特点：细菌死亡速度大于新生成的速度、整个群体出现负增长、细胞发生多行化，开始畸形、细胞死亡出现自溶现象。

（2）成因：主要是外界环境对继续生长越来越不利、细胞的分解代谢大于合成代谢，继而导致大量细菌死亡。

（3）实践意义：生产过程中要控制连续培养的速率及条件，避免或延迟消亡期的出现。

表 3.3　微生物生长 4 个阶段的比较

类别	延滞期	指数期	稳定期	衰亡期
时间	刚接种至进入快速分裂	快速分裂至动态稳定	稳定至开始减少	急剧减少至种群消亡
生长速率	几乎为零。一般不繁殖	最快。菌数以等比列的形式增加（2^n）。繁殖率＞死亡率	几乎为零。繁殖率＝死亡率	下降。死亡率＞繁殖率
主要特征	代谢活跃，体积增长快，大量合成细胞分裂所需的酶类、ATP 及其他细胞成分。其长短与菌种，培养条件等因素有关	代谢旺盛，个体的形态和生理特性比较稳定，常作为生产用的菌种和科研材料	活菌数达到最高峰，种内斗争最激烈，细胞内大量积累代谢产物，特别是次级代谢产物，芽孢的形成也在此期	细胞形态最多，甚至畸形，有些细胞开始解体，释放出代谢产物

（四）影响微生物生长的主要因素

微生物与所处的环境之间具有复杂的相互影响和相互作用：一方面，各种各样的环境因素对微生物的生长和繁殖有影响；另一方面，微生物生长繁殖也会影响和改变环境。研究环境因素与微生物之间的关系，可以通过控制环境条件来利用微生物有益的一面，同时防止它有害的一面。

研究表明：环境的化学和物理特性对微生物生长的影响很大。环境因子对微生物的影响大致可分为三类：在适宜环境中，微生物正常地进行生命活动；在不适宜环境中，微生物正常的生命活动受到抑制或暂时改变原有的一些特性；在恶劣环境中，微生物死亡或发生遗传变异。理解环境因子对微生物生长的影响，可从另一个侧面揭示微生物生命活动的规律，有助于说明微生物在自然界的分布，使我们更能够对所开展的微生物监测的原理、方法及过程加深理解。

1. 温度

温度是影响微生物生长的一个重要因子。温度太低，可使原生质膜处于凝固状态，不能正常地进行营养物质的运输或形成质子梯度，因而生长不能进行。当温度升高时，细胞内的酶反应和代谢速率加快，生长速率加快。

然而当好过某一温度时，蛋白质、核酸和细胞其他成分就会发生不可逆的变性作用。因此，当温度在一个给定的范围内增加时，生长和代谢功能就会随之增加，但超过某一最大值后，失活反应开始发生，细胞功能急速下降到零。

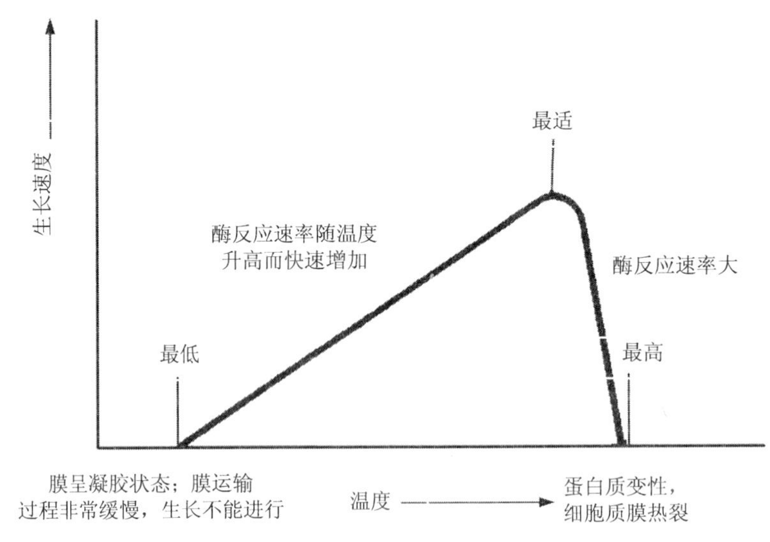

图 3.45 温度对微生物生长速率的影响

温度对微生物生长的影响具体表现在：

（1）影响酶活性。温度变化影响酶促反应速率，最终影响细胞合成。

（2）影响细胞膜的流动性。温度高，流动性大，有利于物质的运输；温度低，流动性降低，不利于物质运输。因此温度变化能影响营养物质的吸收与代谢产物的分泌。

（3）影响物质的溶解度。微生物总体上生长温度范围较广，但对每一种微生物来讲只能在一定的温度范围内生长。每种微生物都有 3 个基本温度：最低生长温度，低于这种温度微生物不再生长繁殖；最适生长温度，在此温度时生长速率最快；最高生长温度，在此温度以上微生物生长停止，出现死亡。微生物有各自的最适温度，一般是在 20～70℃左右。个别微生物可在 200～300℃的高温下生活。

各类微生物的适宜温度范围随其原来寄居的环境不同而异。根据微生物的最适生长温度范围，可将微生物粗略地划分为嗜冷微生物、嗜温微生物和嗜热微生物。

表 3.4　微生物的生长温度类型

微生物类型		生长温度范围/℃			分布区域
		最低	最适	最高	
嗜冷微生物	专性嗜冷	−12	5～15	15～20	地球两极
	兼性嗜冷	−5～0	10～20	25～30	海洋、冷泉、冷藏食品
嗜温微生物	室温型	10～20	20～35	40～45	腐生环境
	体温型	10～20	35～40	40～45	寄生环境
嗜热微生物		25～45	50～60	70～95	温泉、堆肥、土壤

嗜冷微生物：最适生长温度在 5～20℃，主要存在于长期寒冷的环境中，分布在地球的两极、冷泉、深海、冷冻场所及冷藏食品中。短时间处于室温下，它们很快就会被杀死。

嗜温微生物：最适生长温度在 20～40℃。自然界中绝大多数微生物均属于这一类。这类微生物的最低生长温度在 10℃左右，低于 10℃便不能生长；最高生长温度在 45℃左右。嗜温微生物分为寄生型和腐生型两类，最适生长温度相对较高（37℃左右）的为寄生型，如粪大肠菌群。有一些人类病原菌也属于此类。最适生长温度相对较低（25℃左右）的为腐生型，如黑曲霉、酿酒酵母、枯草芽孢杆菌等。

嗜热微生物：最适生长温度一般在 50～60℃。它们主要分布在草堆、堆肥、温泉和地热区土壤中。

了解微生物的生长温度，有助于我们对于试验中与温度相关内容的理解。

1）微生物的培养温度。一般选择其最适温度为该类微生物的培养温度，例如：细菌可在有氧条件下，37℃中放 18～24 h 生长；厌氧菌则需在无氧环境中放 2～3 d 后生长；个别细菌如结核菌要培养 1 个月之久。控制培养温度即可筛选其培养微生物的种类。这样我们就能理解为什么在开展总大肠菌群监测时，我们采用的是 37℃培养温度；而开展粪大肠菌群监测时，采用的是 44.5℃培养温度。总大肠菌群中的细菌除生活在肠道中外，在自然环境中的水与土壤中也经常存在，但在自然环境中生活的大肠菌群培养的最合适温度为 25℃左右，如在 37℃培养则仍可生长，但如将培养温度再升高至 44.5℃，则不再生长；而直接来自粪便的大肠菌群细菌，习惯于 37℃左右生长，如将培养温度升高至 44.5℃仍可继续生长。因此，可用提高培养温度方法将自然环境中的大肠菌群与粪便中的大肠菌群区分。在 37℃培养生长的大肠菌群，包括在粪便内生长的大肠菌群称为“总大肠菌群”；在 44.5℃

仍能生长的大肠菌群，称为“粪大肠菌群”（又称耐热大肠菌群）粪大肠菌群在卫生学上更具有重要的意义。

2）微生物的保藏温度。当环境温度低于微生物的最适生长温度时，微生物的生长繁殖停止，当微生物的原生质结构并未破坏时，不会很快造成死亡并能在较长时间内保持活力，当温度提高时，可以恢复正常的生命活动。低温保藏菌种就是利用这个原理。开展微生物监测时，规定从取样到检验不宜超过 2 h，否则应使用 10℃以下的冷藏设备保存样品，且不得超过 6 h。一些细菌、酵母菌和霉菌的琼脂斜面菌种通常可以长时间地保藏在 4℃的冰箱中。

2. pH

pH 影响微生物的生长，是因为介质 pH 影响生活环境中营养物质的可给态和有毒物质的毒性，影响菌体细胞膜的带电荷性质、膜的稳定性及膜对物质的吸收能力，使菌体表面蛋白变性或水解。

各种微生物都有其生长的最低、最适和最高 pH。低于最低或超过最高生长 pH 时，微生物生长受抑制或导致死亡。每种微生物都有一个可生长的 pH 范围，以及最适生长 pH。不同的微生物最适生长的 pH 不同。微生物的生长 pH 值范围极广，从 pH 小于 2 至 pH 大于 8 都有微生物能生长，但是绝大多数种类都生活在 pH 5～9 之间，只有少数微生物能够在低于 pH 为 2 或 pH 大于 10 的环境中生长。大多数自然环境 pH 为 5～9，适合于多数微生物的生长。

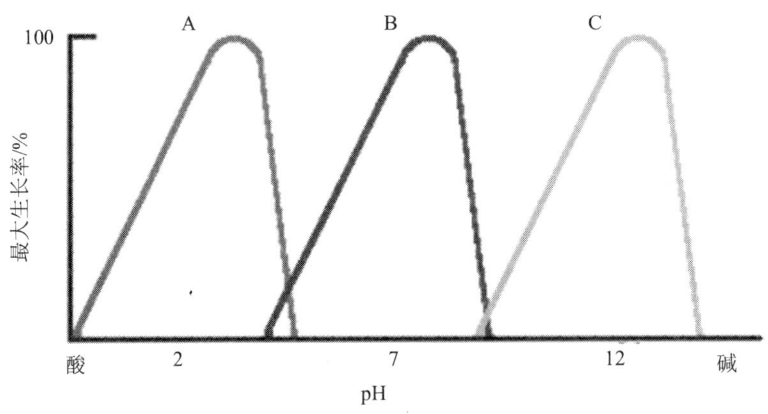

图 3.46　温度对微生物生长速率的影响

根据微生物生长的最适 pH，将微生物分为：①嗜碱微生物：能够在 pH 7.0～11.5 范围内生长的微生物，通常分布在碱湖、含高碳酸盐的土壤等碱性环境中。例如：硝化细菌、尿素分解菌、多数放线菌；②耐碱微生物：许多链霉菌；③中性微生物：能够在 pH 5.4～8.5 范围内生长的微生物，包括绝大多数细菌，一部分真菌；④嗜酸微生物：能够在 pH 5.4 以下生长的微生物，例如：硫杆菌属、硫化叶菌属和热原体属；⑤耐酸微生物：乳酸杆菌、醋酸杆菌。

表 3.5 微生物的生长 pH

微生物种类	最低 pH	最适 pH	最高 pH
细菌	5.0	7.0～8.0	10.0
大肠杆菌	4.3	6.0～8.0	9.5
枯草芽孢杆菌	4.5	6.0～7.5	8.5
金黄色葡萄球菌	4.2	7.0～7.5	9.3
霉菌	1.5	5.0～6.0	8.0
黑曲霉	1.5	5.0～6.0	9.0
一般放线菌	5.0	7.0～8.0	10.0
一般酵母菌	3.	5.0～6.0	8.0

目前我们环境监测中所涉及的微生物指标，均属于中性微生物。在实际监测中，一些酸性或碱性污染物排放后，会直接影响水体中 pH 的高低，也会影响微生物监测的结果。如果常规监测的断面微生物监测结果，尤其是细菌总数突然为 0，我们在进行复合监测时，也要增加理化指标如 pH 等指标的同步监测。

此外，同一种微生物在其不同的生长阶段和不同的生理生化过程中，对环境 pH 的要求也不同。在发酵工业中，控制 pH 尤其重要。例如：黑曲霉（*Aspergillus niger*）在 pH 2.0～2.5 范围时有利于合成柠檬酸；当在 pH 2.5～6.5 范围内时以菌体生长为主；而在 pH 7.0 时，则以合成草酸为主。

值得注意的是，虽然微生物能够生长的 pH 范围比较广泛，但细胞内部的 pH 却相当稳定，一般都接近中性。这是因为细胞内的 DNA、ATP 等对酸性敏感，而 RNA 和磷脂类等对碱性敏感，所以微生物细胞具有控制氢离子进行细胞的能力，维持细胞内环境中性。

3. 溶解氧

氧对微生物的生命活动有着极其重要的影响。微生物对氧的需要和耐受能力，在不同类群中变化很大。根据它们和氧的关系可分为好氧微生物和厌氧微生物两大类。其中，好氧微生物又可分为专性好氧菌、兼性好氧菌和微好氧菌三种；厌氧微生物可分为耐氧菌和专性厌氧菌两种。

好氧菌：包括大多数细菌，几乎全部的放线菌、蓝细菌、藻类和丝状真菌，它们以氧为呼吸链的最终电子受体，氧最后与氢离子结合成水。在呼吸链的电子传递过程中，释放出大量能量，供细胞维持生长和合成反应使用。氧还参与一些生化反应。好氧菌缺氧就不能生长。

厌氧菌：主要包括细菌和原生动物中的少数类群，它们利用结合态的氧。由于在有氧条件下会产生电子结构特殊的单一态氧，超氧化物游离基和过氧化物等有害化合物，而厌氧菌缺少 H_2O_2。酶、过氧化物酶和超氧化物歧化酶，无法消除这些毒物的作用。所以它们暴露在空气中将停止生长，甚至很快死亡。

兼性厌氧菌：包括许多细菌、酵母菌和病原微生物中的一些类群。它们具有两套呼吸酶系，有氧时以氧作为受氢体进行呼吸作用，无氧时则以代谢的中间产物为受氢体进行发酵作用，通常在有氧时长得更好些。

微好氧菌：在充分通气或严格厌氧的环境中均不能生长，只能在含氧量为 2%～10%

的微好气条件下生长，如片球菌属（*Pediococcus*）的细菌。

耐氧菌：与兼性厌氧菌类似，只是在无氧时长得更好些。

将这五种类型的微生物分别培养在含 0.7% 琼脂的试管中，就会出现图 3.47 的生长情况。因此培养不同类型的微生物时，要采用相应的措施保证不同微生物的生长。培养好氧微生物时，需震荡或通气，保证充足的氧气。培养专性厌氧微生物时，需排除环境中的氧气，同时在培养基中添加还原剂，降低培养基中的氧化还原电位势。培养兼性厌氧或耐氧微生物：可深层静止培养。

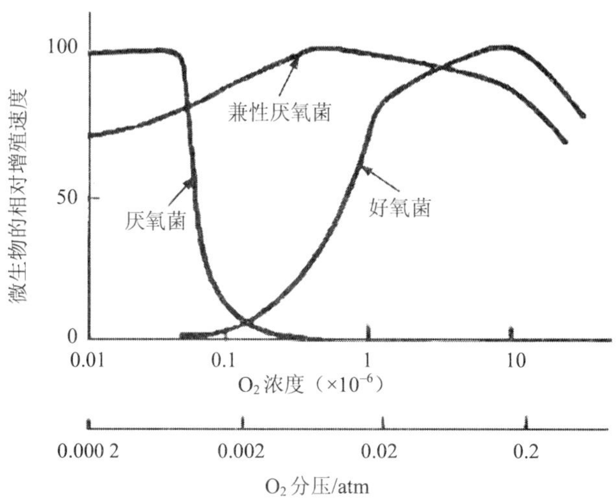

图 3.47 氧对微生物生长速率的影响

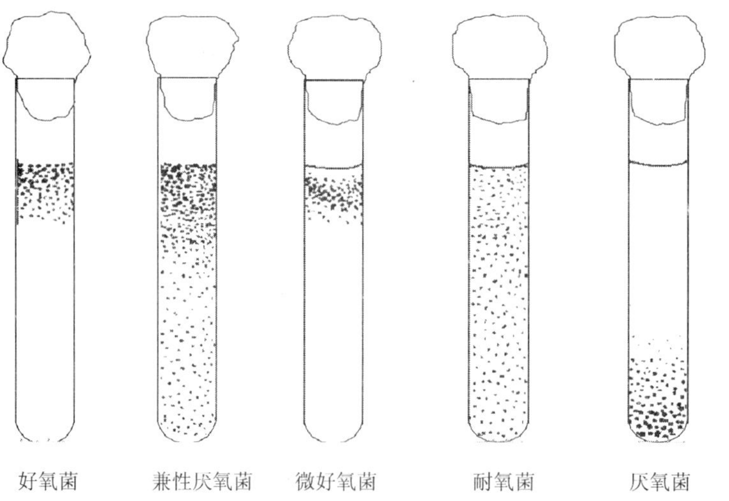

图 3.48 微生物生长对氧的要求

表 3.6　微生物与氧的关系

类　型		最适生长的 O_2 体积分数	代谢类型
好氧	专性好氧	等于或大于 20%	有氧呼吸
	兼性好氧	有氧或无氧	有氧呼吸；无氧呼吸、发酵
	微好氧	2%～10%	有氧呼吸
厌氧	耐氧厌氧	不需要氧，但有氧存在无害	发酵
	专性厌氧	不需要氧，有氧时死亡	发酵、无氧呼吸

表 3.7　微生物分类和氧的需求

分类	专性好氧菌	兼性厌氧菌	微好氧菌	耐氧厌氧菌	专性厌氧菌
培养物界面	仅培养表面和上层生长	培养表面和内部均有生长，上层更好	培养基表面之下的某一区域	培养下层比表面生长较好	仅培养底部生长
微生物	霉菌、产膜酵母、醋酸菌、假单胞菌、微球菌大部分、需氧芽孢杆菌、八叠球菌、物色杆菌、黄色杆菌、短杆菌属一部分	大部分酵母、大部分细菌、肠杆菌科、葡萄球菌、气单胞菌、需氧芽孢杆菌一部分	霍乱弧菌、氢单胞菌、发酵单胞菌属	乳酸菌	梭状芽孢杆菌、拟杆菌属、甲烷球菌属

了解溶解氧对微生物生长的影响，有助于我们对于试验中与氧相关内容的理解。例如：监测的目标微生物属于哪个类群？理解采样时，微生物水样不能过瓶肩？多管发酵法为什么常常选用震荡培养装置？

4．营养物质

从外界环境中获取营养是微生物的重要生理特性之一。营养是生命活动的物质基础和新陈代谢的起点。微生物和其他所有生物一样，在营养要求上有着高度的统一性，即在元素水平上都需要 20 种左右同样种类和数量的元素，而在营养要素水平上则都有相似的六大类，包括碳源、氮源、能源、生长因子、无机盐和水。微生物培养基的选用、设计、改进和配制是在微生物营养理论指导下的一种实践过程。

表 3.8　微生物和动物、植物所需营养要素的比较

要素	动物（异养）	微生物		植物（自养）
		异　养	自　养	
碳源	糖类、脂肪等	糖、醇、有机酸等	CO_2、碳酸盐	CO_2、碳酸盐
氮源	蛋白质或其降解物	蛋白质或其降解物、有机氮化物、无机氮化物、氮	无机氮化物、氮	无机氮化物
能量	同碳源	同碳源	氧化无机物或利用日光能	利用日光能
生长因子	维生素	部分微生物需维生素等生长因子	不需	不需
无机元素	无机盐	无机盐	无机盐	无机盐
水分	水	水	水	水

培养基中营养物质的组成不同往往对微生物生长有很大的影响。同一种微生物，在不同的氮源、碳源组成的培养基中，在相同的培养时间内其生物量的增加可以相差很大，甚至有的不能生长。

为了培养不同的微生物，必须有适用于不同微生物的培养基。所有的培养在配制时要注意以下几点：

（1）含有可被迅速利用的碳源、氮源、无机盐以及其他成分；

（2）含有适量的水分；

（3）调至适合微生物生长的 pH；

（4）具有适合的物理性能，例如透明度、固化性。目前培养基的配制是微生物监测质量控制的关键环节之一，相关要求如下：

每批培养基在使用前，需经无菌检验。可将培养置 37℃培养箱培养 24 h 后，证明无菌，同时再用已知菌种（例如：标准菌株）检查在此培养基上生长繁殖情况，符合要求后方可使用。

对每批培养基，要做阳性和阴性对照培养检查试验。

配制每批培养基均要做好记录，登记配制日期，批次，培养基名称、成分、pH、灭菌条件、配制方法及配制人。配制好的培养基，不宜存放过久，以少量勤配制为宜。

四、微生物监测的基本项目

环境监测是测定代表环境质量的各种指标数据的过程，包括环境分析、物理测定和生物监测。其中生物监测是利用各种生物信息作为判断环境污染状况的一种手段。生物生活在环境中，不仅可以反映多种因子污染的综合效应，而且还能反映环境污染的历史状况。因此，生物监测可以弥补物理、化学测试的不足。

开展微生物监测时，我们可以通过监测水体中特定微生物的数量和种类的变化，反映水质变化趋势。但是环境中微生物的数量和种类太庞大，工作量巨大，因此无法对水体中各种可能存在的有害致病微生物一一进行检测。通常还可以选择适当的指示菌作为监测的主要对象，来预报水质的污染趋势，以保证水质的卫生安全。虽然微生物作为环境污染的指示物在应用上不及动植物广泛，但是微生物的某些特性使微生物在环境监测中具有特殊的作用。

（一）项目种类

目前我们已经开展的微生物监测项目可以分为三大类：粪便污染指示菌监测、微生物菌种鉴定和微生物毒性检测。

1. 粪便污染指示菌的监测

粪便中肠道病原菌对水体污染是引起霍乱、伤寒等流行病的主要原因。沙门氏菌、志贺氏菌等肠道病原菌数量少，检出鉴定困难，因此要想把直接检测病原菌作为常规的监测手段对我们大多数监测站来说，无论是软、硬件上均有一定难度。因此，我们目前大部分是检验与病原菌并存于肠道且具有相关性的“指示菌”数量，来判断水质污染的程度和饮用水的安全，包括细菌总数、总大肠菌群数、粪大肠菌群数（耐热大肠菌群数）、大肠埃希氏菌群数、粪链球菌群数等。

2．微生物菌种（致病菌和环境菌）的鉴定

自然界中微生物资源极其丰富，在环境中的利用前景也十分广泛。但由于微生物发现相对较晚，加上微生物种类鉴定技术及种类划分的标准等问题较复杂，至今已被研究和记载的还不到总量的 10%。随着微生物监测技术的发展，尤其是分子生物技术的引入，16SrRNA 分析已经成为微生物鉴定中常采用的方法之一。结合传统的形态学观察、培养筛选、生理生化分析、药敏试验及分子生物技术，开展微生物菌种鉴定与分析工作已经成为环境微生物监测的下一个热点工作。目前已经开展的微生物菌种鉴定包括致病菌的鉴定和环境菌的鉴定，包括：金黄色葡萄球菌、沙门氏菌、志贺氏菌、溶血性链球菌、酵母菌、铁细菌、霉菌、硫酸还原菌。

3．微生物毒性检测

人们在生活过程中不断地与环境中的各种化学物质接触，这些物质对人类影响与危害怎样，特别是致癌效应如何，是人们普遍关心的问题。采用传统的动物实验和流行病学调查法已经远远不能满足需求，至今世界上已发展了数百种快速测试方法，其中发光菌综合毒性试验和致突变试验（Ames 试验）应用最广，其测试结果不仅可以反映化学物质的毒性和致突变性，而且可以反映其对环境的综合效应。

Ames 试验：由美国 Ames 教授于 1975 年建立。其原理是利用鼠伤寒沙门氏菌（*Salmonella typhimurium*）组氨酸营养缺陷型菌株发生回复突变的性能检测物质的突变性。这种试验准确性高，周期短，方法简便，可以反映多种污染物联合作用的总效应。人们称此法是一种良好的致突变物与致癌物的初筛报警手段。

发光菌综合毒性试验：利用发光菌的发光强度高低来监测环境中的有毒污染物，反映水体综合毒性的微生物监测方法。发光细菌是一类非致病菌的革兰氏阴性兼性厌氧细菌，在适宜条件下培养会发出蓝绿色的可见光，当发光细菌接触有毒污染物时，细菌的新陈代谢则受到影响，发光强度可减弱或熄灭，发光强度的变化可用发光检测仪测定。

（二）基本项目

1．细菌总数

细菌总数是指 1 mL 水样在营养琼脂培养基中，于 37℃经 24 h 培养后，所生长的细菌菌落的总数。检测意义：菌落数和水体受有机物污染的程度呈正相关。作为一般性污染的指标，可评价被检样品的微生物污染程度和安全性。水样菌落总数越多，说明水被微生物污染程度越严重，病原微生物存在的可能性越大，但不能说明污染的来源。监测方法：平板法、“3M”纸片法等，以传统的平皿法应用最为广泛。由于没有单独的一种培养基或其一环境条件能满足水样中所有细菌的生理要求，所以由此法所得的菌落数实际上要低于被测水样中真正存在的活细菌的数目。

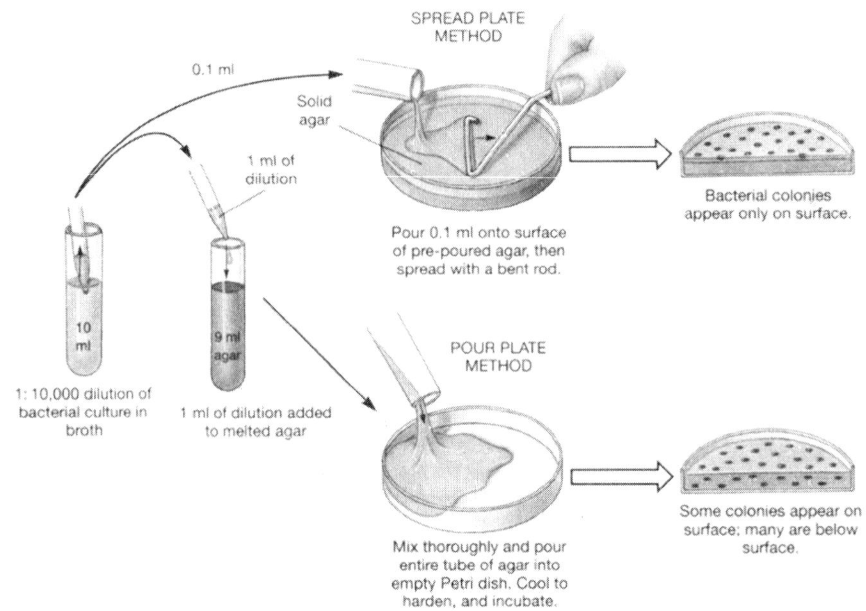

图 3.49 细菌总数平皿法的操作示意

试验所需器材与试剂包括：无菌蒸馏水、营养琼脂培养基、1 mL 吸管、10 mL 吸管，平皿、营养琼脂。主要检验程序：检样→稀释液→选择 2～3 个适宜稀释度→接种 1 mL→加入适量营养琼脂→混匀→倒置培养 37℃→菌落数→报告。

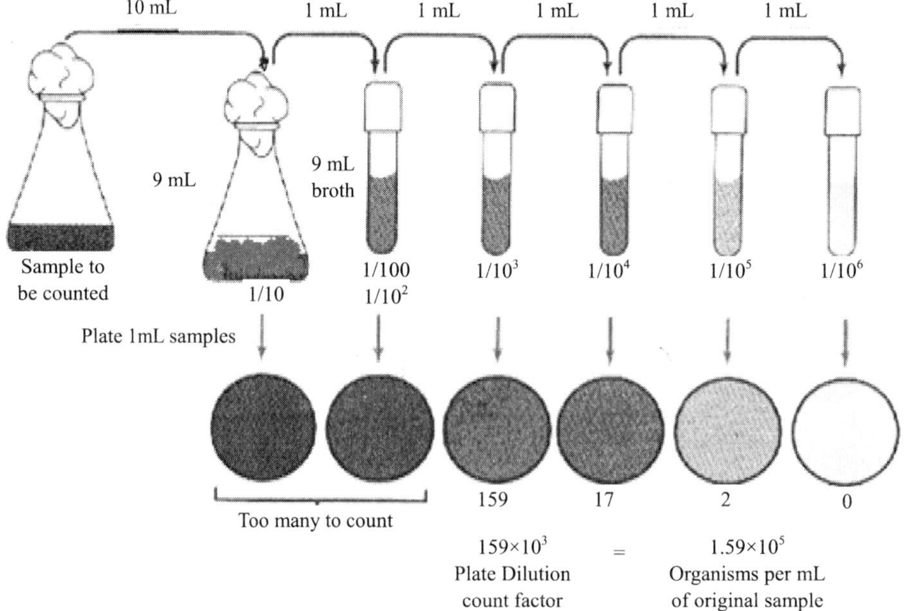

图 3.50 细菌总数稀释法的操作示意

图 3.51　细菌总数所需试验器具

图 3.52　细菌总数的主要步骤：浇注平皿

2. 大肠菌群

大肠菌群是根据检测技术来定义的。大肠菌群（多管发酵法）是指一群需氧或兼性厌氧的，37℃生长时能使乳糖发酵产酸产气的革兰氏阴性无芽胞杆菌。该菌群细菌可包括大肠埃希氏菌、柠檬酸杆菌、产气克雷白氏菌和阴沟肠杆菌等。大肠菌群（酶底物法）指一群需氧或兼性厌氧的，能在 37℃生长，并且能产生能分解邻硝基苯β-D-吡喃半乳糖苷（ONPG）的β-半乳糖苷酶，从而使培养液呈现颜色变化的方法的细菌群。大肠菌群并非细菌学分类命名，而是卫生细菌领域的用语，它不代表某一个或某一属细菌，而指的是具有某些特性的一组与粪便污染有关的细菌。无论是多管发酵法，还是酶底物法，其归根结底都是 MPN 法，是以最可能数（most probable number）简称 MPN 来表示试验结果的。实际上它是根据统计学理论，估计水体中的大肠杆菌密度和卫生质量的一种方法。其检测意义为：作为描述粪便污染的指标，大肠菌群数的高低，表明了被粪便污染的程度，间接地表明有肠道致病菌存在的可能，从而反映了对人体健康潜在危害性的大小。如果从理论上考虑，并且进行大量的重复检定，可以发现这种估计有大于实际数字的倾向。不过只要每一稀释度试管重复数目增加，这种差异便会减少，对于细菌含量的估计值，大部分取决于那些既显示阳性又显示阴性的稀释度。因此在实验设计上，水样检验所要求重复的数目，要根据所要求数据的准确度而定。

开展大肠菌群监测时，要区分总大肠菌群、粪大肠菌群、耐热大肠菌群、大肠杆菌、大肠埃希氏菌等的基本含义。

（1）总大肠菌群（Total coliform）：指一群需氧或兼性厌氧的，37℃生长时能使乳糖发酵，在 24 h 内产酸产气的革兰氏阴性无芽胞杆菌。

（2）粪大肠菌群（Fecal coliform）：是指在 44.5℃温度下能生长并发酵乳糖产酸产气的大肠菌群，又称耐热大肠菌群。

（3）大肠埃希氏菌（Escherich. Coli）：通常称为大肠杆菌，是 Escherich 在 1885 年发现的，大多数是不致病的，主要附生在人或动物的肠道里，为正常菌群；少数的大肠杆菌具有毒性，可引起疾病。

大肠菌群（多管发酵法）的主要监测方法包括：MPN 法、酶底物法、滤膜法、“3M”纸片法等。试验所需器材与试剂包括：水样、90 mL 无菌水、9 mL 无菌水、5 mL 乳糖蛋白胨，10 mL 吸管、1 mL 吸管、酒精灯、吸球、EC 肉汤。主要检验程序：国家标准采用三步法，即：乳糖发酵试验、分离培养和证实试验；国家商检局标准（美国 FDA）：采用两步法，即推测试验、证实试验。根据证实为大肠杆菌阳性的管数，查 MPN 表，报告每 100 mL（g）大肠菌群的 MPN 值。

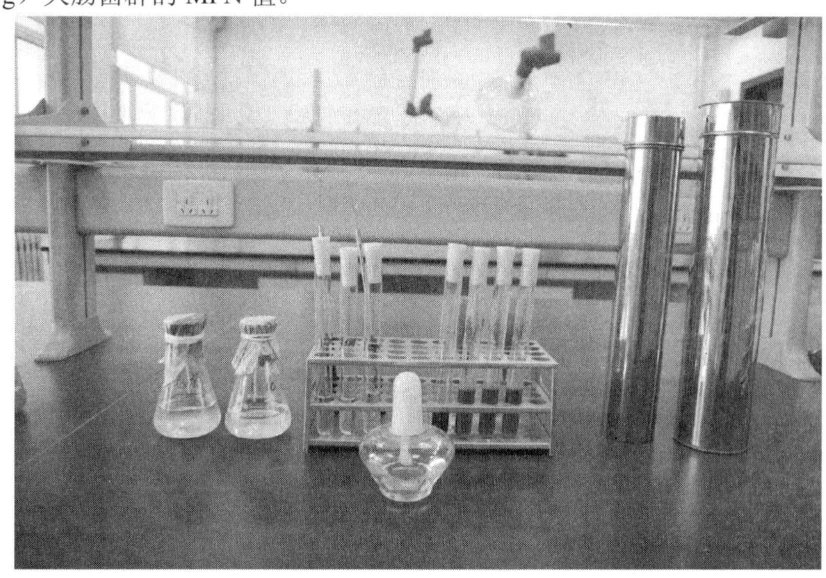

图 3.53　大肠杆菌（多管发酵法）所需试验器具

（a）培养前的情况

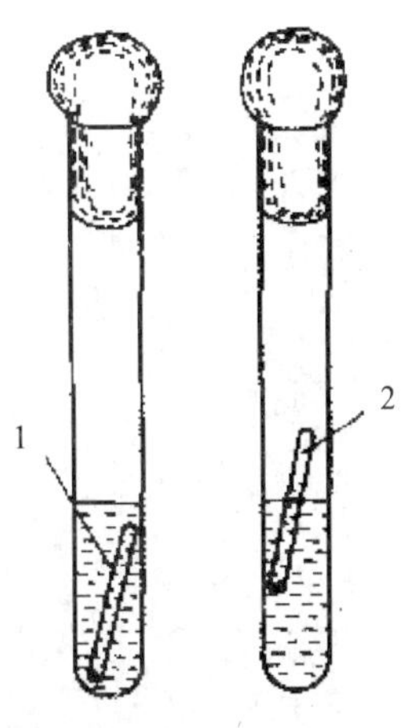

（b）培养基小管中出现气体

图 3.54　大肠杆菌（多管发酵法）的主要步骤：接种和糖醇类发酵实验结果判断

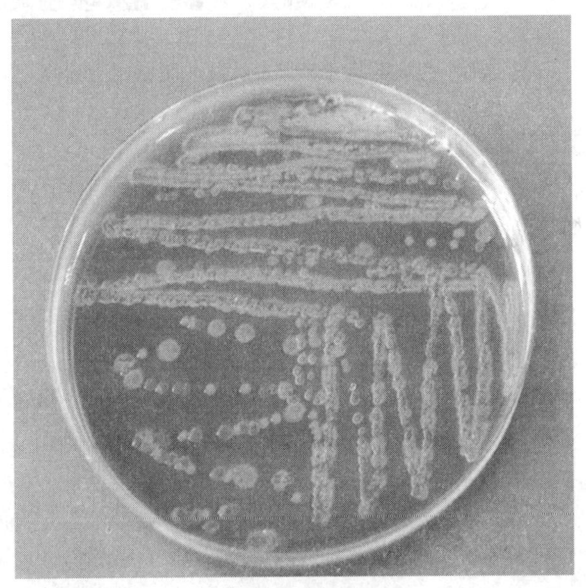

图 3.55　伊红美兰琼脂平皿培养结果

大肠菌群（酶底物法）是利用专利技术固定底物技术酶底物法®（DST®）同时检测总大肠菌群或粪大肠菌群和大肠埃希氏菌。其中两种指示剂 ONPG（Ortho-nitrophenyl-β-D-galactopyranoside）和 MUG（4-methyl-umbelliferyl-β-D-glucuronide）是可以被大肠菌群的β-半乳糖苷酶和大肠埃希氏菌的β-葡萄糖醛酸酶分解代谢。

目前酶底物法在全球广泛地被使用在检测水中大肠杆菌群以及大肠杆菌。在美国，90%以上的实验室使用酶底物检测技术。在我国环境监测系统，酶底物技术日益普及，全国各级使用此法的监测站达到百余家，遍布全国各地。2006 年总大肠菌群酶底物法方法标准已经编制完成（见：GB 5750—2006　《生活饮用水标准检验方法》）。《水质 粪大肠菌群 酶底物法》也已经列为 2011 年国家环保部标准项目。

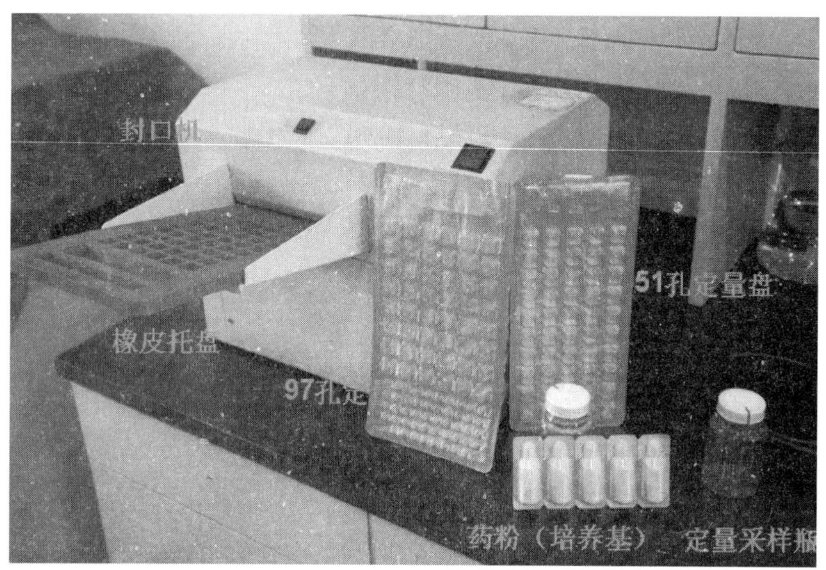

图 3.56　大肠杆菌（多管发酵法）所需试验器具

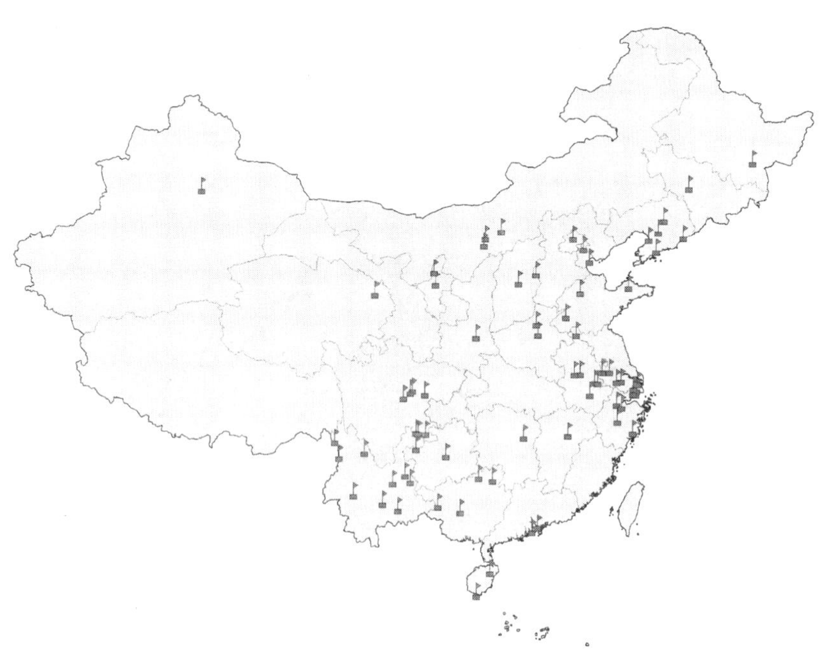

图 3.57　大肠杆菌（多管发酵法）在全国环保系统的开展情况示意

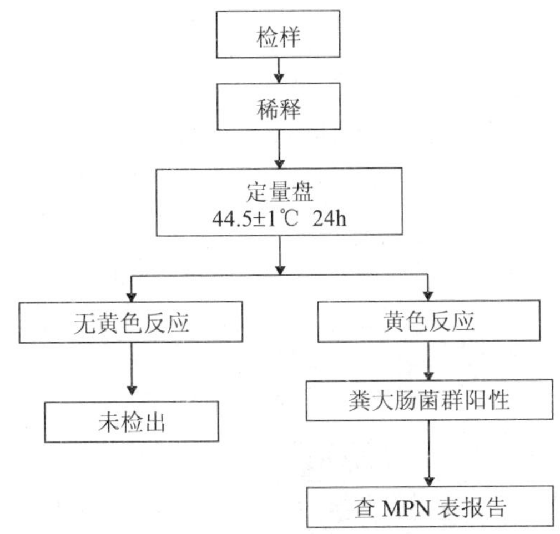

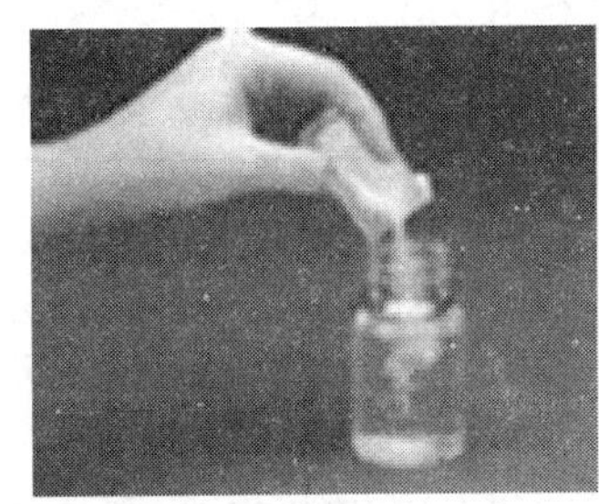

1．将培养基加入采样瓶中

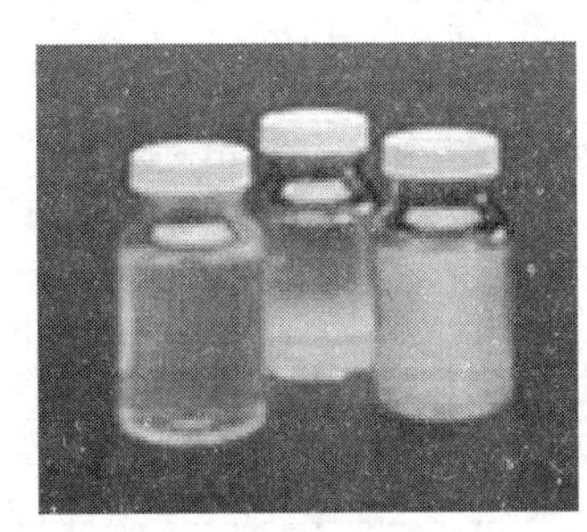

2．定性培养结果（无色=阴性，黄色=总大肠菌群或粪大肠菌群阳性，黄色且显荧光 =大肠埃希氏菌阳性）

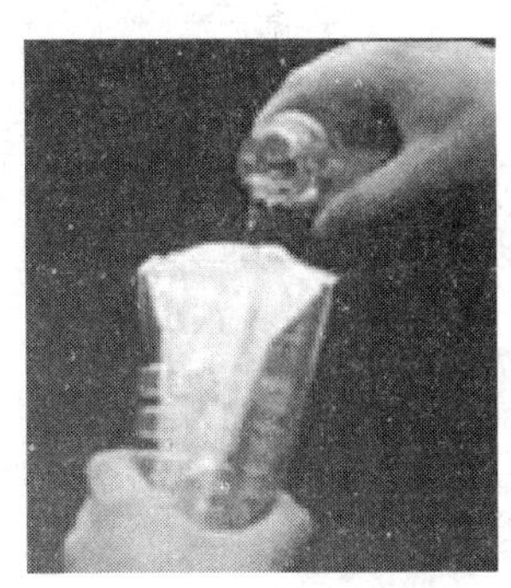

3．将样品加入定量盘中

4．定量盘封口

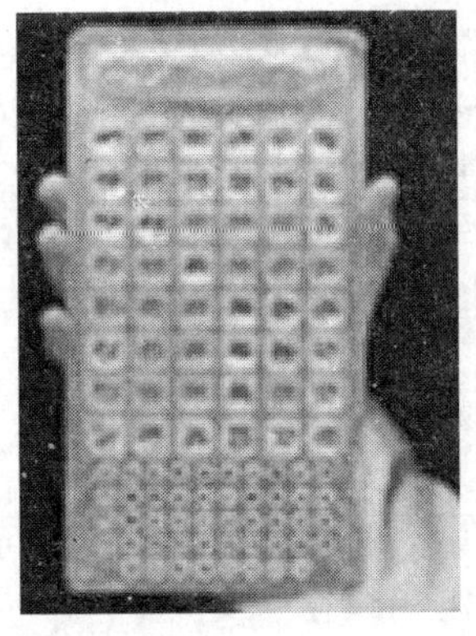

5．定量盘（97 孔盘）培养结果

6．定量盘（51 孔盘）培养结果（定量盘结果读取：黄色孔数=总大肠菌群或粪大肠菌群阳性，黄色且显荧光孔数=大肠埃希氏菌阳性）

图 3.58　大肠杆菌（多管发酵法）的操作流程

开展细菌总数和大肠菌群监测项目时，除注重掌握试验过程，更要进一步了解国内外方法、排放标准和环境质量标准的内容和要求，理解监测中的 4 个不同：

表 3.9 大肠杆菌方法标准汇总

标准名/标准号	引用方法
美国《水和废水标准监测分析方法》21 th 9221E	多管发酵法
《水质 大肠菌群、耐热性大肠菌群和假定埃希氏大肠杆菌的检测和技术》ISO 9308-2—1990	多管发酵法、滤膜法
《食品中的大肠菌群和大肠杆菌的检测》 AOAC 991.14（1994）	Petriflim 测试片法、发酵法
《大肠菌群、粪大肠菌群和大肠杆菌检验方法》FDA/BAM Chapter 4(2002)	多管发酵法
EPA 认可 粪大肠菌群测定 Colilert-18	酶底物
《污泥中粪大肠菌群测定》 EPA 1680 821/R-98-003	多管发酵法
《水中粪便性大肠杆菌群检测方法——滤膜法》 NIEA E214.00C（台湾）	滤膜法
《生活饮用水标准检验方法》 GB/T 5750.12—2006	多管发酵法、滤膜法
《水质 粪大肠菌群的测定 多管发酵法和滤膜法》 HJ/T 347—2007	多管发酵法、滤膜法
《出口食品中大肠菌群、粪大肠菌群和大肠杆菌检验方法》 SN 0169—92	多管发酵法
《食品卫生微生物学检验 粪大肠菌群计数》 GB/T 4789.39—2008	多管发酵法
《化妆品微生物标准检验方法——粪大肠菌群》 GB 7918.3—1987	发酵法（定性）

表 3.10 大肠杆菌排放标准汇总

排放标准	粪大肠菌群限值
《畜禽养殖业污染物排放标准》GB 18596	集约化畜禽养殖业水污染物最高日均排放浓度：1 000MPN/100 mL
《医疗机构水污染物排放标准》GB 18466—2005	传染病、结核病医疗机构水污染物排放限值：100MPN/L
	综合医疗机构和其他医疗机构水污染排放限值：500MPN/L；预处理标准为 5 000MPN/L
	医疗机构污泥控制标准：传染病、结核病、综合医疗机构和其它医疗机构均≤100MPN/g
《高致病性病原微生物实验室污染排放标准》（意见稿）	标准为 100MPN/L
《城镇污水处理厂污染物排放标准》GB 18918—2008	一级标准为 100MPN/L 或 10 000MPN/L，二级标准为 10 000MPN/L
《生物制药行业污染排放标准》DB 31/373—2010	根据污染源不同直接排放为 100MPN/L 或 500MPN/L，间接排放为 500MPN/L

表 3.11 大肠杆菌环境质量标准汇总

质量标准	粪大肠菌群限制
《地表水环境质量标准》GB 3838—2002	Ⅰ类水粪大肠菌群小于 200 个/L、Ⅱ类水粪大肠菌群小于 2 000 个/L、Ⅲ类水粪大肠菌群小于 10 000 个/L、Ⅳ类水粪大肠菌群小于 20 000 个/L、Ⅴ类水粪大肠菌群小于 40 000 个/L
《海水水质标准》GB 3097—1997	Ⅰ～Ⅲ类海水粪大肠菌群数不得大于 2 000MPN/L
《农业灌溉水质标准》	≤10 000 个/L
《生活饮用水标准》GB 5749—2006	100 mL 饮用水中粪大肠菌群不得检出
《生活饮用水水质卫生规范》	100 mL 饮用水中粪大肠菌群不得检出

1）不同标准

目前国内颁布的涉及细菌总数总大肠菌群标准包括：适用于生活饮用水及其水源水的适用于饮用水、水源水、地表水和废水的《水和废水监测分析方法》（第四版 2002 年）。粪大肠菌群（耐热大肠菌群）国内颁布的标准包括：适用于生活饮用水及其水源水的《生活饮用水标准检验方法》（GB/T 5750.12—2006）；适用于医疗废水《医疗机构水污染物排放标准》（GB 18466—2005）；适用于地表水、地下水和废水的《水质 粪大肠菌群的测定多管发酵法和滤膜法》（HJ/T 347—2007）；适用于饮用水、水源水、地表水和废水《水和废水监测分析方法》（第四版 2002 年）。不同的标准，在方法操作上也略有不同。同时，还要考虑排放标准和环境质量标准。

2）不同实验流程

总大肠菌群和粪大肠菌群的实验流程有很大区别，具体见图 3.59 和图 3.60。

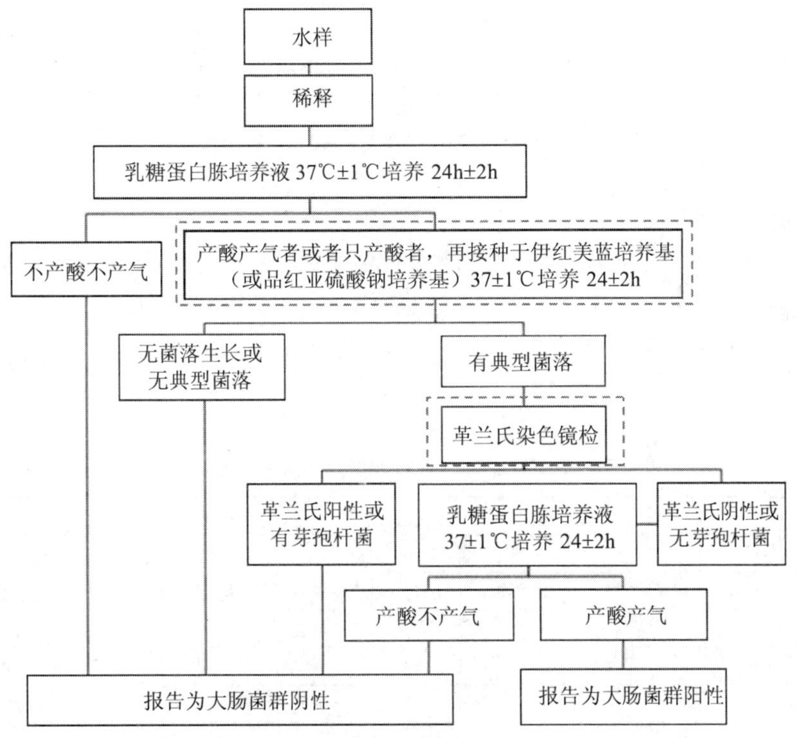

图 3.59　总大肠杆菌（多管发酵法）的操作流程

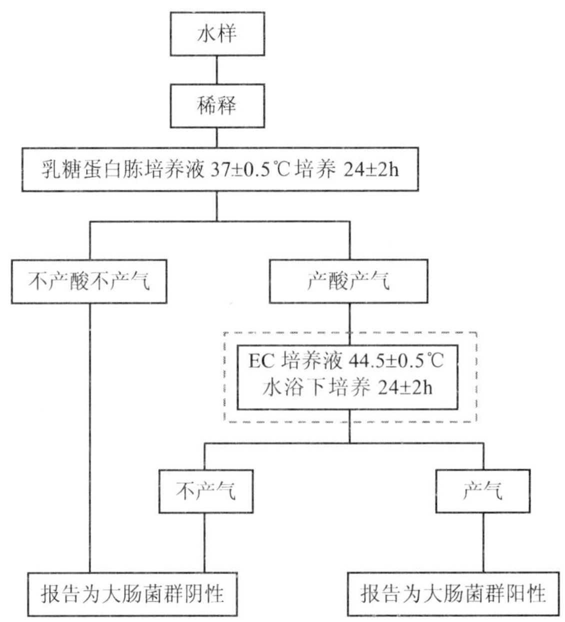

图 3.60 粪大肠杆菌（多管发酵法）的操作流程

3）不同方法检出限

多管发酵法的方法检出限主要根据接种的数量而定：接种水样 300 mL，MPN 值可以做到＜3MPN/L；接种水样 55.5 mL，MPN 值可以做到＜2MPN/100 mL。酶底物法的方法检出限为：＜2MPN/100 mL。平板法的方法检出限为 0。

表 3.12 粪大肠菌群检数表

（接种水样：100 mL 2 份、10 mL 10 份、总量 300 mL）

10 mL 水量的阳性管数	100 mL 水量的阳性瓶数		
	0	1	2
	1L 水样中粪大肠菌群数	1L 水样中粪大肠菌群数	1L 水样中粪大肠菌群数
0	＜3	4	11
1	3	8	18
2	7	13	27
3	11	18	38
4	14	24	52
5	18	30	70
6	22	36	92
7	27	43	120
8	31	51	161
9	36	60	230
10	40	69	＞230

表 3.13 粪大肠菌群检数表

（接种水样：10 mL 5 份、1 mL 5 份、0.1 mL 5 份，不同阳性及阴性情况下 100 mL 水样中细菌数的最可能数和 95%可信限值）

出现阳性份数			每 100 mL 水样中细菌数的最可能数	95%置信区间		出现阳性份数			每 100 mL 水样中细菌数的最可能数	95%置信区间	
10 mL 管	1 mL 管	0.1 mL 管		下限	上限	10 mL 管	1 mL 管	0.1 mL 管		下限	上限
0	0	0	<2			4	2	1	26	9	78
0	0	1	2	<0.5	7	4	3	0	27	9	80
0	1	0	2	<0.5	7	4	3	1	33	11	93
0	2	0	4	<0.5	11	4	4	0	34	12	93
1	0	0	2	<0.5	7	5	0	0	23	7	70
1	0	1	4	<0.5	11	5	0	1	34	11	89
1	1	0	4	<0.5	11	5	0	2	43	15	110
1	1	1	6	<0.5	15	5	1	0	33	11	93
1	2	0	6	<0.5	15	5	1	1	46	16	120
2	0	0	5	<0.5	13	5	1	2	63	21	150
2	0	1	7	1	17	5	2	0	49	17	130
2	1	0	7	1	17	5	2	1	70	23	170
2	1	1	9	2	21	5	2	2	94	28	220
2	2	0	9	2	21	5	3	0	79	25	190
2	3	0	12	3	28	5	3	1	110	31	250
3	0	0	8	1	19	5	3	2	140	37	310
3	0	1	11	2	25	5	3	3	180	44	500
3	1	0	11	2	25	5	4	0	130	35	300
3	1	1	14	4	34	5	4	1	170	43	190
3	2	0	14	4	34	5	4	2	220	57	700
3	2	1	17	5	46	5	4	3	280	90	850
3	3	0	17	5	46	5	4	4	350	120	1000
4	0	0	13	3	31	5	5	0	240	68	750
4	0	1	17	5	46	5	5	1	350	120	1000
4	1	0	17	5	46	5	5	2	540	180	1400
4	1	1	21	7	63	5	5	3	920	300	3200
4	1	2	26	9	78	5	5	4	1600	640	5800
4	2	0	22	7	67	5	5	5	≥2400		

4）不同结果报道

大肠菌群的监测结果可以报道 MPN 值，也可报道大肠菌群值。大肠菌群 MPN 值（最可能数）是应用统计学的原理所测定和计算出的一种最近似数值，用于估算样品中的大肠杆菌密度和卫生质量的一种方法。一般查 MPN 表，单位为 MPN/L 或 MPN/100 mL。大肠菌群值是指在样品中检出一个大肠菌群细菌时所需要的最少样品量。故大肠菌群值越大，表示样品中所含的大肠菌群细菌的数量越少。可参见 GB 5759—87《粪便无害化卫生标准》)，查大肠菌群计算表，单位：L（水样）或 g（土样）。

五、微生物监测的基本技能

微生物学是一门实验性很强的学科，它有一套独特的实验技术和方法，并与生产实践密切相关。微生物学的发展就是理论与实践密切结合的过程，是实验技术与方法创立基础，发展与理论相互促进、相得益彰的结果。因此，我们在开展微生物监测工作中，必须重视基本实验技能的学习，及时掌握现有的和最新的微生物综合实验技能，提高拓展综合实验技能和科技创新能力，将所学习到的微生物基本实验技融会贯通到实践工作中。

（一）显微技术

微生物是一类肉眼无法辨别的微小生物，因此我们必须依靠各种光学显微镜和电子显微镜才能观测到它们的形态结构和特征。其中常用的包括明视野显微镜、暗视野显微镜、相差显微镜和荧光显微镜。掌握不同显微技术对于成功开展微生物各个监测项目是十分重要的。

1．显微镜结构

光学显微镜是利用光学原理，把人眼所不能分辨的微小物体放大成像，以供人们提取微细结构信息的光学仪器。光学显微镜一般由载物台、聚光照明系统、物镜、目镜和调焦机构组成。

载物台用于承放被观察的物体。利用调焦旋钮可以驱动调焦机构，使载物台作粗调和微调的升降运动，使被观察物体调焦清晰成像。它的上层可以在水平面内作精密移动和转动，一般都把被观察的部位调放到视眼中心。

聚光照明系统由灯源和聚光镜构成，聚光镜的功能是使更多的光能集中到被观察的部位。照明灯的光谱特性必须与显微镜的接收器的工作波段相适应。

物镜位于被观察物体附近，是实现第一级放大的镜头。在物镜转换器上同时装着几个不同放大倍率的物镜，转动转换器就可让不同倍率的物镜进入工作光路，物镜的放大倍率通常为 5～100 倍。

显微镜一般结构由上到下依次是：目镜、镜筒、转换器、粗焦螺旋、细准焦螺纹、物镜、镜臂、载物台、压片夹、通光孔、遮光器、反光镜、镜座，如图 3.61。

2．正确使用步骤

（1）取显微镜时，必须双手拿显微镜。一手拿镜臂，另一手托住镜座，并保持镜身上下垂直切不可一只手提起，以免坠落和甩出反光镜及目镜。将显微镜放在自己身体的左前方，离桌子边缘 10 cm 左右，右侧可放记录本或绘图纸。

（2）必要时，只能使用擦镜纸或镜头清洗剂来清洁所有镜头。不要使用面巾纸，它们会刮花镜头。

（3）使用油镜之前须如上述顺序，先用低倍镜找到被检物，然后转换成高被镜，将被检物观察的部位移至视野中心，然后转换油镜观察。

（4）由于油镜工作距离很短，因此用粗条路螺旋下降镜筒时，一定要从侧面注视油镜头移动情况，在进行观察时，只能在油镜头提升过程找物像，而绝不能用粗调螺旋或细调螺旋将镜头下降，以防镜头与标本相碰撞。

（5）显微镜使用完毕后，将低倍物镜对准目镜，将镜筒降到最低位置，用擦镜纸和清洁器清除油镜上的油，然后将显微镜放回存放处。

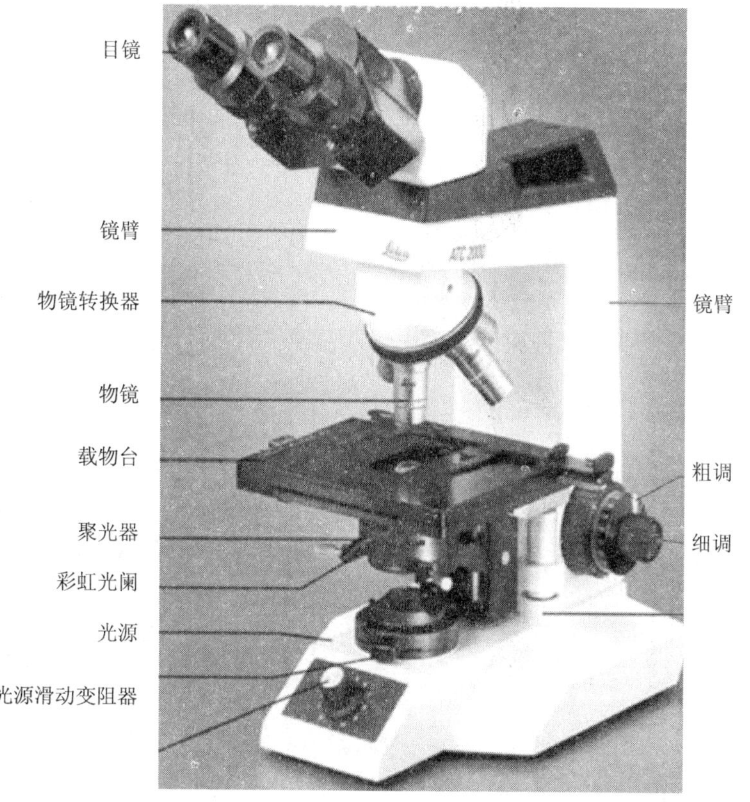

图 3.61　显微镜的基本结构

（二）细菌染色技术

染色是细菌学上一个重要而基本的操作技术。因细菌细胞小而且透明，当把细菌悬浮于水滴内，用光学显微镜时，由于菌体和背景没有显著的明暗差，因而难以看清它们的形态，更不易识别其结构，所以用普通光学显微镜观察细菌时，往往要先将细菌进行染色，借助于颜色的反衬作用，可以更清楚地观察到细菌的形状及其细胞结构。

用于微生物染色的染料是一类苯环上带有发色基团和助色基团的有机化合物。发色基因赋予化合物的颜色特征，助色基团则给予化合物能够成盐的性质。染料通常都是盐，分酸性染料和碱性染料两大类。在微生物染色中，碱性染料较常使用，如美蓝、结晶紫、碱性复红、沙黄、孔雀绿等都属于碱性染料。其中，革兰氏染色是微生物实验中最有价值和应用最为广泛的方法之一。

1．染色原理和机制

革兰氏染色法是细菌学中最重要的鉴别染色法，通过革兰氏染色可把细菌区分为革兰氏阳性菌（G^+）和革兰氏阴性菌（G^-）两大类。由于 G^+细菌和 G^-细菌细胞壁化学成分的差异，引起了两者对染料（紫色结晶紫-碘复合物）物理阻留能力的不同，最终因 G^+细菌的细胞壁阻留了紫色染柳，故呈紫色，而 G^-细菌则褪成无色，再经沙黄（番红）复染后呈红色。两类细胞在革兰氏染色中的差异见表 3.14。

表 3.14 G^+细菌、G^-细菌和革兰氏染色有关的差别

比较项目	G^+ 细菌	G^- 细菌
细胞壁厚度	厚	薄
肽聚糖层	厚，交联度高	薄，交联度低
类脂	不含	含量高
乙醇处理后的结果	肽聚糖网孔收缩，把结晶紫-碘复合物阻留在细胞内	细胞壁上类脂溶出，结晶紫-碘复合物泄漏至细胞外

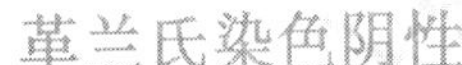

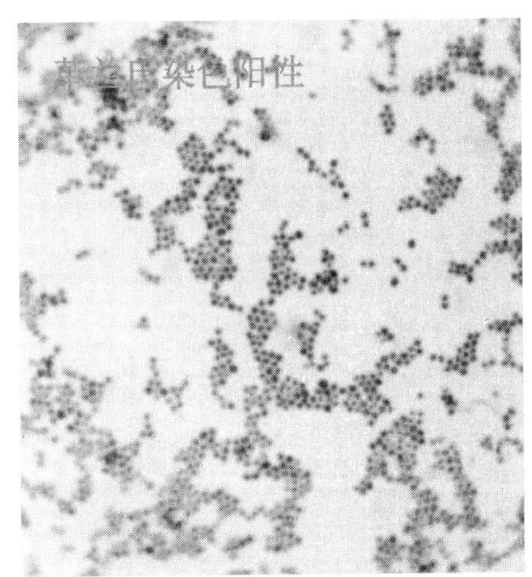

图 3.62 革兰氏染色结果（显微镜）

2. 基本步骤

革兰氏染色的基本步骤：先用结晶紫初染、次经碘液初染、再用 95%乙醇脱色、最后用番红复染。经过此法染色后，细胞保留初染剂蓝紫色的细菌为革兰氏阳性菌；如果细胞染上复染的红色的细菌为革兰氏阴性菌。所需试剂和器具包括：结晶紫、卢戈碘液、95%乙醇、酸性复红、生理盐水、酒精灯、载玻片、滤纸。主要步骤如下：

（1）涂片：用接种环挑取菌落，生理盐水一滴，涂匀；

（2）热固定：通过火焰若干次；

（3）初染：结晶紫一滴，1 min，水洗；

（4）媒染：卢戈碘液一滴，1 min，水洗；

（5）脱色：95%乙醇，30 s 或至无色为止；

（6）复染：复红一滴，30 s。

图 3.63 革兰氏染色所需器具

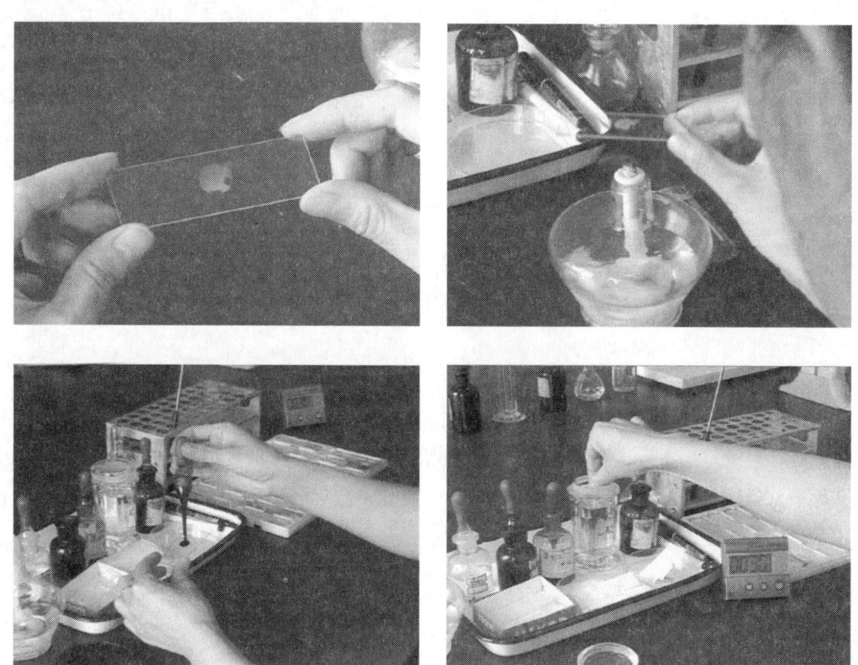

图 3.64 革兰氏染色主要步骤（涂片、固定、染色、脱色）

除了革兰氏染色外，其它染色方法还包括：芽孢染色、荚膜染色、鞭毛染色等。

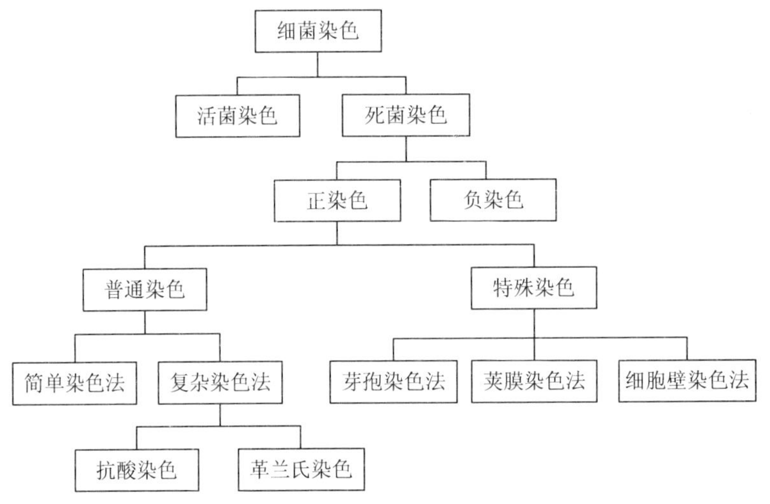

图 3.65 微生物染色方法的分类

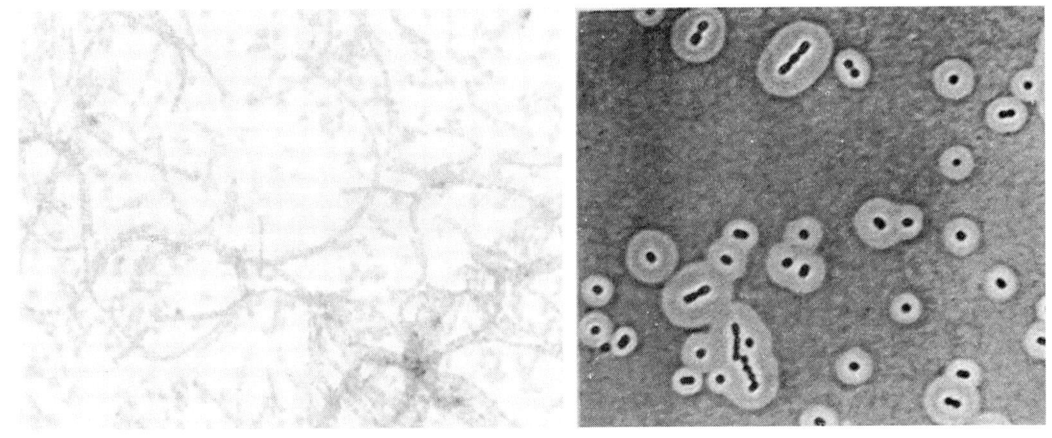

图 3.66 微生物芽孢染色和荚膜染色结果（显微镜）

（三）灭菌技术

在微生物实验中，尤其是在接种、培养过程中，不能有任何杂菌污染，因此必须对所用器材、培养及工作场所进行灭菌和消毒。灭菌是指杀死一定环境中的微生物，包括微生物的营养体、芽孢和孢子。实验室常用的灭菌方法包括：直接灼烧、恒温干燥箱灭菌、高压蒸汽灭菌、间歇灭菌、煮沸灭菌等方法。这些方法的基本原理是通过加热使微生物体内蛋白质凝固变性，从而达到灭菌的目的。所谓消毒，是指消除附着在器具或食品中的有害（或者引起疾病，或者使食品腐烂）的微生物。但消毒不一定能消灭全部微生物。

1. 干热空气灭菌法

干热空气灭菌室在电热干燥箱内利用高温干燥空气（160～170℃）进行灭菌，它利用高温使微生物细胞内的蛋白质凝固变性而达到灭菌目的。此法适用于玻璃器皿如移液管、试管和培养皿的灭菌。培养基、橡胶制品、塑料制品不能采用干热灭菌。

2．高压蒸汽灭菌

高压蒸汽灭菌是将物品放在密闭的高压蒸汽灭菌锅内，在一定的压力下保持 15～30 min 进行灭菌。此法适用于培养基、无菌水、工作服等物品的灭菌，也可用于玻璃器皿的灭菌。实验室常用的灭菌锅有非自控手提式高压蒸汽灭菌锅和自控式灭菌锅，具体操作步骤包括：加水、装料、加盖、排气、升压、保压和降压。此外，针对灭菌的培养基需根据要求开展无菌检查。

图 3.67　非自控手提式高压蒸汽灭菌锅

3．过滤除菌

有些物质，如抗生素、血清、维生素、糖溶液等采用加热灭菌法时，容易受热分解而被破坏，因而要采用过滤除菌法。过滤除菌是通过机械作用滤去液体或气体中细菌的方法，该方法最大的优点是不破坏溶液中各种物质的化学成分。过滤除菌法除实验室用于溶液、试剂的除菌外，在微生物工作中使用的净化工作台也是根据过滤除菌的原理设计的，可根据不同的需要来选用不同的滤器和滤板材料。

4．无菌操作技术

无菌操作技术主要是指在微生物实验工作中，控制或防止各类微生物污染及其干扰的一系列操作方法和有关措施，其中包括无菌环境设施、无菌实验器材及无菌操作方法。一般是在无菌环境条件下，使用无菌器材进行检验或实验过程中，防止微生物污染和干扰的一种常规操作方法。无菌操作的目的，一是保持待检物品不被环境中微生物所污染，二是防止被检微生物操作中污染环境和感染操作人员，因而无菌操作在一定意义上讲又是安全操作。无菌操作技术不仅在微生物学研究和应用上起着举足轻重的作用，在许多生物技术中也被广泛应用，例如转基因技术、单克隆抗体技术等。

（1）无菌环境

无菌室是微生物实验室内专辟的一个小房间，室外设一个缓冲间，缓冲间的门和无菌室的门不要朝向同一方向，以免气流带进杂菌。无菌室和缓冲间都必须密闭，无菌室内的地面、墙壁必须平整，不易藏污纳垢、便于清洗，室内装备的换气设备必须有空气过滤装置。工作台的台面应该处于水平状态，无菌室和缓冲间都装有紫外线灯（距离工作台面

1 m），工作人员进入无菌室应穿戴灭过菌的服装、帽子。超净台，主要功能是利用空气层流装置排除工作台面上部包括微生物在内的各种微小尘埃，通过电动装置使空气通过高效过滤器具后进入工作台面，使台面始终保持在流动无菌空气控制之下。在条件较困难的地方，也可以用木制无菌箱代替超净台（正面开有两个洞，不操作时用推拉式小门挡住，操作时可以将双臂伸进去；正面上部装有玻璃，便于在内部操作，箱内部装有紫外线灯，从侧面小门可以放进去器具和菌种、细胞株等）。

（2）无菌器材

无菌器材是无菌技术的主要组成部分，微生物检验和实验用器材可分为两类。第一类是器材灭菌，凡是检验中使用的器材，能灭菌处理的必须灭菌。第二类是消毒器材，凡是检验用器材无法灭菌处理的，使用前必须经消毒处理。

（3）无菌操作方法

除无菌环境、无菌器材，对于监测人员来说需要掌握必要的无菌操作方法，见图 3.68～图 3.71。无菌操作过程中要注意：①在操作中不应有大幅度或快速的动作；②使用玻璃器皿应轻取轻放；③在火焰上方操作；④接种用具在使用前、后都必须灼烧灭菌；⑤在接种培养物时，协作应轻、准；⑥不能用嘴直接吸吹吸管；⑦带有菌液的吸管、玻片等器材应及时置于盛有消毒剂的消毒容器内消毒。

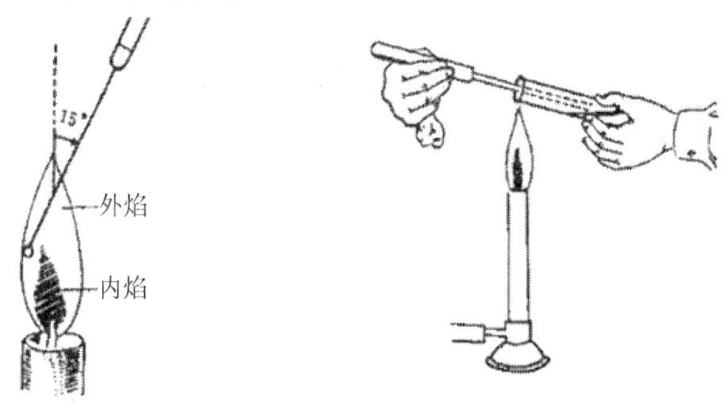

图 3.68　接种环灭菌和接种（取材）

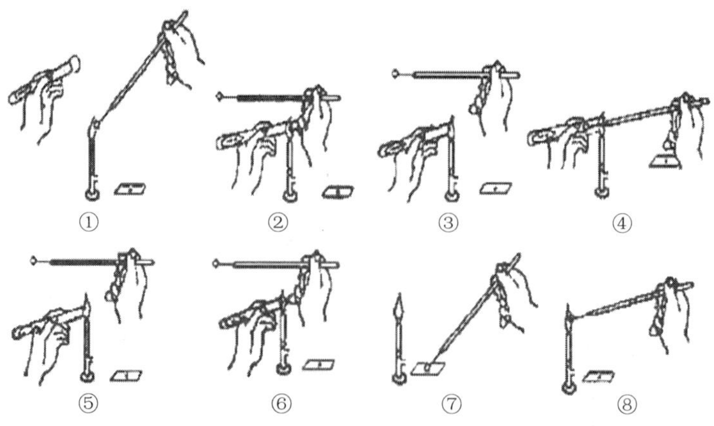

图 3.69　无菌操作及制作涂片的示意

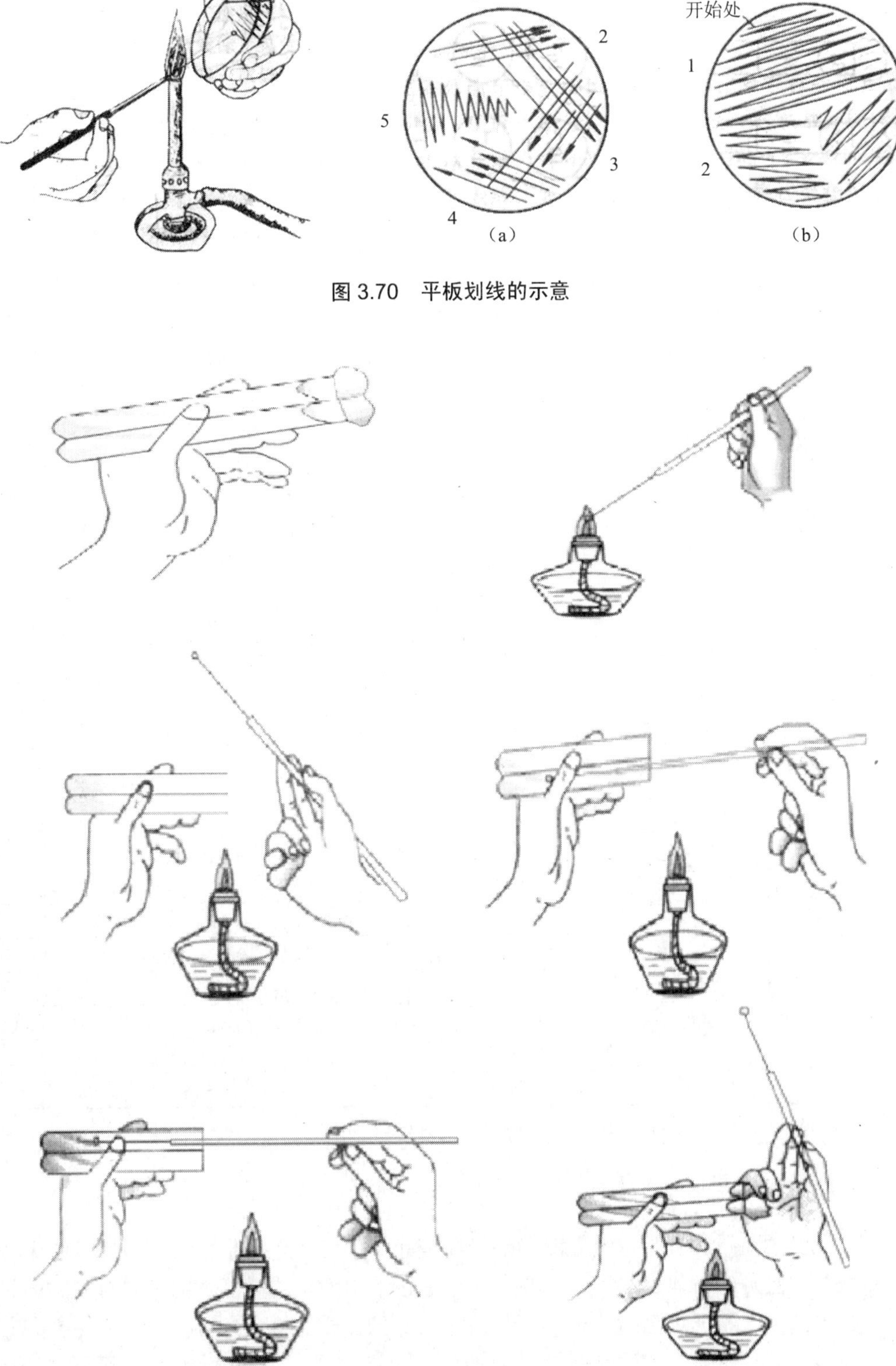

图 3.70 平板划线的示意

图 3.71 斜面液体接种操作过程示意

六、微生物监测的质量控制要求

当水环境受到人畜粪便、生活污水、工业废水、空气沉降、土壤污染时，环境中微生物的数量可大量增加，通过监测环境中的微生物群落（种类、数量），可反映环境污染状况，对于环境质量评价、环境卫生监督等方面具有重要的意义。与常规的理化监测相比较，微生物监测具有综合性、直观性、灵敏性和连续性的特点。但是由于受到实验生物本身生理、生长、生态等问题的限制，生物试验的干扰因素多，重复性较差，再加上各地监测水平参差不齐，又缺乏标准样品，因此质量保证与质量控制一直是微生物监测中的薄弱环节。

下面我们在质量保证与质量控制理论的基础上，结合国内微生物监测现状及工作实践，以及2006年国家实验室认可委颁布的CNAS-CL09要求，从监测人员、设施设备与环境条件、供试生物和标准样品、现场监测、实验室分析（包括实验室内和实验室间）、数据和报告审核等方面介绍一下质量控制的相关要求和重点。

表 3.15　地表水中微生物监测的质量控制要求

质控要素	质控内容	检查形式
人员	人员岗位设置	检查人员档案
	专业背景审核	检查人员档案，现场提问
	业务培训计划	检查培训计划和记录
设施设备与环境条件	实验设施设备齐全，环境条件良好	现场检查，检查环境条件记录
	布局合理，功能区域分开	现场检查
	定期送检、校准和维护	检查设备档案
	做好记录、归档工作	检查设备档案
标准样品	标准菌株管理	检查标准菌株管理程序和记录
实验室分析	试验用水的质量监控	检查年度质量控制计划
	培养基的质量监控	检查年度质量控制计划
	无菌性检验、精密度检验	检查年度质量控制计划
	标准菌的阳性率检验及质保样品的测试	检查年度质量控制计划
	人员比对的质量监控检查	检查年度质量控制计划
实验室比对	国内比对	检查结果和证书
	国际比对	检查结果和证书
数据和报告审核	数据审核	检查归档原始记录
	报告审核	检查归档报告

（一）监测人员的质量控制要求

监测人员的质量一直是生物监测的关键和瓶颈，是直接影响监测结果和质量的主要因素。从微生物监测的对象来看，是一群个体微小、结构简单的低等生物，通常人的肉眼看不见，必须借助于光学显微镜或电子显微镜才能看到；种类繁多，分类复杂，主要包括：细菌、放线菌、支原体、立克次氏体、衣原体、蓝细菌、真菌（酵母菌、霉菌及蕈菌）、原生动物、病毒、类病毒、朊病毒等。从整个微生物监测过程来看，其受环境条件和基体效应影响也很大。根据这些特点，生物监测实验室对人员的要求是有别于一般地理化分析实验室，既要保量，还要保质，要注重人员岗位设置、专业背景审核及业务培训计划等重要环节。

1. 人员岗位设置

根据生物监测对象和过程复杂特点，实验室应设置试验负责人、质量监督员及试验人员等岗位，加强监测过程中的质量保证和监督。

（1）试验负责人应对某试验项目的全过程负责。根据承担的职责，试验负责人应具备相关试验的专业技术背景，本科以上学历，工程师以上职称，并具有 5 年以上相关工作经验。

（2）质量监督员应熟知其负责监督控制的试验。实验室应配备至少 1 名质量监督员，其职能包括：确认试验人员已得到试验计划和相关作业指导书；监督试验是否按照试验计划和作业指导书的要求进行，是否实施了质量保证措施，应定期检查实验室工作和审核试验过程并将检查和审核的结果记录备案；对未经许可的偏离试验计划和作业指导书的行为或质量保证措施未被实施时应立即通知试验负责人，并记录备案；检查试验报告，确证报告中准确描述了试验方法、试验过程和观察结果，报告中的结果准确无误地反映了原始数据。根据承担的职责，质量监督员应具备相关试验、质量保证和质量控制的专业技术背景，本科以上学历，工程师以上职称，并具有 10 年以上相关工作经验。

（3）试验人员应具备生物学、生态学、毒理学等专业基础知识，或具有相关专业背景，并熟悉生物安全知识和消毒知识，具备相应的理论和实际操作技能。非生物专业的技术人员需在带教老师的指导下，在该岗位实践 1 年以上，通过专门的考核，才能从事该岗位的工作。

2. 专业背景审核

从事微生物监测技术人员需要具有微生物学、临床医学等专业背景；熟悉微生物接种、培养、染色、鉴定、计数、灭菌及消毒等安全操作技能。此外，有颜色视觉障碍人员不能执行某些涉及辨色的试验。

3. 业务培训计划

凡承担微生物监测工作的人员必须参加专业技术培训，并通过环境保护相关部门组织的岗位考试合格后，方可持证上岗。上岗证有效期不超过 5 年，到期后应重新进行上岗考核。对于特殊的生物监测项目，还应根据地方和行业内相关的技术规定，参加特殊工种的培训，具备相关上岗证，例如：从事压力容器（主要指高压灭菌锅）操作人员需要具备“特种设备作业人员证”。

（二）设施设备与环境条件的质量控制要求

实验室的设施设备和环境条件应便于微生物监测工作的正常运行。

1. 实验设施设备齐全，环境条件良好

实验室应具备与所开展生物监测项目要求相符合的设施和设备，包括必要的废弃物收集、存储和生物安全防护设施，并符合有关人身健康和环保要求，必要时还需配备环境监控设施，诸如温度、湿度等。

根据微生物监测特点，应配备微生物采样设备、灭菌设备，如：灭菌设备高压蒸汽灭菌器、电热干燥箱、紫外灭菌灯等；培养设备，如恒温培养箱或培养室、恒温水浴箱等；样品保存设备，如普通和超低温冰箱、冷库等；相对独立的无菌操作区域，可以根据日常监测样品数量以及防护要求，选择超净工作台、无菌室或生物安全柜等设施。

2．布局合理，功能区域分开

根据不同微生物监测特点和要求，对整个实验区域进行合理布局，不同功能工作区应是相对独立分隔的工作区域，并有明显的标志，避免交叉污染和干扰。清洁与污染区域分开，驯养和染毒区域分开，培养和检测区域分开；无菌室等特殊工作区域的布局应符合相关规定和要求。

3．设施和设备检定、校准和维护

微生物监测设施和设备应按照有关规定和标准定期送计量监督部门检定、校准和维护。对目前计量监督部门无法检定、校准的微生物监测设备，实验室应建立相应的自校程序，用于定期自检和自校以确保设备正常运行。

（三）标准菌株的质量控制要求

微生物监测实验室必须保存满足试验需要的标准菌种，并编制相关程序管理和控制程序，以确保其质量和溯源性；实验室应根据规定的程序和期限对标准物质进行核查、转接传代及确认试验，以保证其校准状态的置信度；特殊标准菌种和藻种的进口、采购、使用、保藏、运输、安全处理还需要遵守国家相关法规和标准。

（四）现场采样的质量控制要求

微生物受环境变化影响较大，建议全年采样频次不少于 6 次，饮用水水源地全年采样不少于 12 次。采集的样品应尽可能地代表所采的环境水体特征，应采取一切预防措施尽力保证从采样至实验室分析这段时间间隔里不受污染和干扰。

样品采集时，应遵循相应的标准和规范，应先完成微生物采样，再完成其他生物监测项目及理化样品的采集。采集地表水样时，可瓶口朝水流方向，从水中直接采集水样，水样至瓶肩，然后盖上瓶盖，并快速重新扎上牛皮纸。采集样品时要记录采样点位周围环境及底质特点，必要时需要测量水深、流速、水温、水色、溶解氧、电导率、pH、透明度等指标，以为结果分析时提供原始依据。

各种水体，特别是地表水、污水和废水的水样，易受物理、化学或生物作用的影响，从采水至检验的时间间隔内会很快发生变化。因此，当水样不能及时运到实验室，或运到实验室后，2 h 内不能立即进行分析时，应使用 10℃以下的冷藏设备保存样品，但不得超过 6 h。如果因路途遥远，6 h 内不能完成检测工作的，应考虑现场检测或采用延迟培养法。

（五）实验室分析的质量控制要求

实验室分析过程的质量控制是微生物监测质量保证的重要组成部分。在开展微生物监测项目时，应充分考虑微生物生长及生理生化分析的特点，加强分析过程中各重点环节的质量控制要求，包括试验用水、培养基质量、无菌室管理、消毒和灭菌效果及实验分析过程等环节的质量控制。每年应根据实验室的具体情况，编制合理的《年度质量控制计划》，其中：试验用水的质量监控测试一年不少于2次；培养基的质量监控测试一年不少于1次，换供应商、换批次应酌情增加；按照测试样品批次，定期开展无菌性检验、精密度检验；按照测试样品数量，定期开展标准菌的阳性率检验及质保样品的测试，一年不少于1次；人员比对的质量监控检查（培训、监督、比对）一年不少于1次。

（六）实验室比对的质量控制要求

考虑到微生物监测的特殊性，实验室间应积极参与实验室间的比对活动，可根据实验室的运行状况，定期或不定期地组织系统内实样比对，参加国际比对。微生物实验室间开展比对其主要目的是为了加强实验室间人员及技术的交流，各实验室应相互创造条件、制订计划，落实措施，关注和加强对生物标样的研究工作，提出切合实际的质量控制管理办法。

（七）数据和报告审核的质量控制要求

1. 加强数据的审核工作

审核人应有相关微生物专业背景、专业年限并聘请有专业职称的人员担当；应检查数据的可靠性、数据录入的准确性、数据统计分析的合理性。

2. 加强报告的审核工作

审核人应有相关微生物专业背景，专业年限和专业职称的人员担当；应核对报告中的数据与原始数据及统计结果一致性；检查报告内容和格式的完整性；评价结果和判别依据的合理性进行检查。

3. 报告内容

鉴于生物监测的复杂性和专业性，生物监测报告内容应包括试验方法、检测过程及环境条件等内容。根据这方面的质量控制要求，微生物监测实验室应制订相关的质量控制计划，对外部质量控制和内部质量控制活动的实施内容、方式、责任人作出明确的规定，对内部质量控制活动，计划中还应给出结果评价依据。

目前我国微生物监测还没有完整的质量保证体系，在质量控制方面还存在很多问题，一方面是生物监测技术本身特点所决定的，尤其对人员要求高；另一方面是因为各地生物监测工作水平参差不齐，实验室建设尚缺乏统一的要求和规范，严重制约了生物监测的应用和发展。但随着国家对生物监测工作的不断重视，生物监测的质量体系也将不断发展和完善。

第四节　生物毒性监测技术

目前，突发性污染事故及水质突变现象时有发生，且呈现出明显的增加趋势，水质突发性污染事故直接危害生活饮水和城市集中供水的安全，并对水生态系统造成很大的冲击。常规的理化监测能定量分析污染物中主要成分的含量，但不足以直接、全面地反映水污染状况及各种有毒物质对环境的综合影响。而生物监测可以综合多种有毒物质的相互作用，判定有毒物质的质量浓度和生物效应之间的直接关系，为水质的监测和综合评价提供科学依据，因而得到了迅速发展。它利用活体生物在水质变化或污染时的行为生态学改变，对多种有毒物响应并能做出综合评价，可作为先导进行预警，反映水质毒性变化。

生物毒性检测方法包括急性毒性试验（acute toxicity test）、慢性毒性试验（chronic toxicity test）和遗传毒性试验（genetic toxicity）。急性毒性试验是一种使受试生物群体在短时期（一般为 24～96 h）内产生一定死亡数量或其它反应的毒性试验。其目的在于测试某种毒物或废水对某些水生生物的致死浓度范围，预测和预防毒物对受纳水体中生物的急性伤害。其毒性的强弱用半数致死浓度（LC_{50}）表示，即该毒物在限定时间内使 50%的受试生物个体死亡的浓度。慢性毒性试验指水生生物长时间（几个月至几年）暴露在低浓度毒物下所产生的可观察的生物效应。其目的是观察毒物与生物反应之间的关系，从而估算安全浓度或最大容许浓度（MATC）。遗传毒性试验主要研究生物体接触外源化学物质所产生 DNA 直接损伤或基因和染色体改变的效应，一般主要包括环境物质对生物体健康的致畸、致癌、致突变作用。

一、鱼类急性毒性试验

鱼类是水生食物链的重要环节，对水环境的变化十分敏感，当水体中有毒物质达到一定质量浓度时，就会引起一系列中毒反应。通过鱼类毒性试验可以评价受试物对水生生物可能产生的影响，以短期暴露效应表明受试物的毒害性，因此在人为控制的条件下所进行的各种鱼类毒性试验，不仅可用于化学品毒性测定、水体污染程度检测、废水及其处理效果检查，而且也可为制定水质标准、评价水环境质量和管理废水排放提供科学依据。

在鱼类急性毒性试验中，受试鱼的选择很重要，其选择原则一般为对污染物敏感、在生态类群中有一定代表性、来源丰富、饲养方便、遗传稳定和生物学背景资料丰富的种类。目前，国际通用的急性毒性试验的标准用鱼是斑马鱼，国内常用的试验鱼有鲢鱼、鳙鱼、草鱼、青鱼、金鱼、鲤鱼、食蚊鱼、非洲鲫鱼、尼罗罗非鱼、马苏大马哈鱼、泥鳅和斑马鱼等。

试验用鱼在受试物水溶液中饲养一定的时间，以 96 h 为一个试验周期，每隔 24 h 记录试验用鱼的死亡率，确定鱼类半数致死浓度，用 24 h LC_{50}、48 h LC_{50}、72 h LC_{50} 或 96 h LC_{50} 来表示。具体试验方法可参照《环境监测技术规范》（生物监测）、国内标准 GB/T 13267—1991《水质 物质对淡水鱼（斑马鱼）急性毒性测定方法》、GB/T 21814—2008《工业废水的试验方法 鱼类急性毒性试验》和国际标准 ISO 7346。

目前采用的急性毒性试验方法有静态试验、半静态试验（换水试验）和动态试验（流水试验）。试验方法的选择主要取决于受试材料的性质和实验室的设备条件。如果条件具备，不论对何种毒物或废水都要尽可能地采用流水试验。

二、 溞类活动抑制试验

溞类是淡水生物的重要类群，是水体中初级生产者（藻类）和消费者（鱼类）之间的中间环节，以溞类、真菌、碎屑物及溶解性有机物为食，对水体自净起着重要作用。溞类繁殖快、生命周期短、培养简便、对许多毒物敏感、产仔多且试验项目使用的参数在个体间相对恒定，可以为试验结果统计学处理提供方便，因此被选定为国际标准毒性测试生物。已广泛应用于评价化学污染物、工业废水等毒性的研究上。

溞类急性活动抑制试验是将幼溞（试验开始时溞龄小于 24 h）以一定的浓度范围暴露于受试物溶液中 48 h，相对于空白对照组，观察记录 24 h 和 48 h 受试物对溞类活动抑制情况。通过对结果分析，计算 48 h 的 EC_{50}。

大型溞是溞科中个体最大的种类，体长可达 6 mm，生殖量多，是毒性试验使用最广的一种。具体试验方法可参照国内标准 GB/T 16125—2012《大型溞急性毒性实验方法》、GB/T 21830—2008《化学品　溞类急性活动抑制试验》和国际标准 ISO 6341。

三、藻类生长抑制试验

在水生生态系统及水生食物链中，藻类是水体中主要的初级生产者，在光的作用下它们吸收水中的无机营养盐类和二氧化碳，合成有机物，是水生态系统中物质循环和能量流动中的最基础环节。通过各种途径进入水体的污染物首先作用于藻类，对其产生危害，因此藻类是评价化学物质对水生生物的影响的主要环节之一。藻类对于许多毒物比鱼类、甲壳类更敏感，具有生长周期短、易于分离培养、可直接观察细胞水平上的中毒症状和可以得到化学物质对许多世代及种群水平影响等特点，是较为理想的毒性分析试验材料。

藻类生长抑制试验是在加有不同浓度毒物或废水的藻类培养液中，接种数量相等的处于指数生长期的淡水绿藻和（或）蓝藻，在藻类生长最适宜的环境条件下（如温度、光照等），定时（每隔 24 h）测定并记录藻类生长情况，试验周期为 72 h。受试物的浓度不同，会对藻类生长产生不同程度的抑制。根据各浓度组和对照组的生长情况比较，计算抑制率，求出抑制一半藻类生长的毒物浓度，即半数有效浓度（EC_{50}），及其 95%置信区间，并统计得出最低可观察效应浓度（LOEC）和（或）无可观察效应浓度（NOEC）。具体试验方法可参照国内标准 GB/T 21805—2008《化学品　藻类生长抑制试验》、国际标准 ISO 8692 和 ISO 14442。

测定不同时间藻类的生物量，以量化藻类的生长和生长抑制。由于藻类干重难以测定，多使用其他参数替代，如细胞浓度、荧光性和光密度等。但应知晓所使用的替代参数与生物量之间的换算系数。

测定终点为生长抑制。可以试验期间平均比生长率或生物量的增加来表达。从一系列试验浓度下的平均比生长率或生长量可以获得致使藻类生长率或生长量受到 x%抑制（如 50%）的被试物质浓度，并表达为 E_rC_x 或 E_yC_x（如 E_rC_{50} 或 E_yC_{50}）。

四、发光细菌的急性毒性试验

发光细菌是一类在正常的生理条件下能够发射可见荧光的细菌，因含有荧光素、荧光酶、ATP 等发光要素，该类细菌在有氧条件下通过细胞内生化反应而产生微弱荧光。当细胞活性升高，处于积极分裂状态时，其 ATP 含量高，发光强度增强。

发光细菌法是一种利用灵敏的光电测量系统测定毒物对发光细菌发光强度影响的方法。发光细菌在毒物作用下，细胞活性下降，ATP 含量水平下降，导致发光细菌的发光强度降低。研究表明，毒物浓度与发光细菌的发光强度呈线性负相关关系。毒物的毒性可以用 EC_{50} 表示，即发光细菌的发光强度降低 50%时毒物的浓度。因此，可以根据发光细菌的发光强度来判断毒物的毒性大小，用发光强度表征毒物所在环境的急性毒性。

发光细菌的发光机理的研究表明，不同种类发光细菌的发光机理相同，都是由特异性的荧光酶（LE）、还原态的黄素单核苷酸（$FMNH_2$）、八碳以上长链脂肪醛（RCHO）、氧分子（O_2）所参与的复杂反应，大致历程如下式所示：

$FMNH_2$ + LE → $FMNH_2$·LE +O_2 → LE·$FMNH_2$·O_2 + RCH → LE·$FMNH_2$·O_2·RCHO → LE + FMN+ H_2O + RCOOH +光

有毒物质主要通过两个途径来抑制细菌发光，其一为直接抑制参与发光反应的酶活性，其二为抑制细胞内与发光反应有关的代谢过程。凡能够干扰或破坏发光细菌呼吸、生长、新陈代谢等生理过程的任何有毒物质都可以根据发光强度的变化来测定，主要的敏感毒物为有机污染物和重金属类。

发光细菌法因其简便、快速、灵敏且成本较低而日益受到关注，并于 1998 年列入德国国家标准（DIN 38412）和国际标准（ISO 11348），我国也于 1995 年将其列为水质急性毒性检测的标准方法（GB/T 15441—1995《水质急性毒性的测定—发光菌法》）。该方法采用海水发光细菌——明亮发光杆菌（*Photobacterium phosphoreum* T3），即费氏弧菌（*Vibrio fischeri* T3）进行检测。但是，发光细菌法具有发光强度本底值差异较大、检测期间发光变化幅度宽的问题，且由于该菌需要 2%的 NaCl 维持其正常发光生理状态，对物质毒性会造成一定程度的干扰。1985 年，我国学者分离得到一种兼性厌氧的淡水型发光菌——青海弧菌（*Vibrio qinghaiensis* sp.nov.），其典型菌株为 Q67。该菌生长时对环境 NaCl 浓度要求低，pH 耐受范围广，且检测金属毒物与海洋发光菌相比具有较高的灵敏度，因此越来越多地受到重视。该方法可参照《水和废水监测分析方法（第四版）》。

五、种子发芽和根伸长的毒性试验

种子的萌发和生根对于植物具有重要意义，该过程是一个非常活跃的植物胚胎生长发育过程，更是一个多种酶参与的生理生化变化过程。当种子暴露于污染物或有害环境中时，发芽和根伸长常受到抑制，表现为发芽率低、根长短。

种子发芽和根伸长的毒性试验即根据上述特点，将种子放在含一定浓度受试物的基质中，使其萌发。当对照组种子发芽率达 65%以上，根长（即从胚轴和根之间的转换点到根尖末端）达 20 mm 时，结束试验，并测定种子的发芽率和根伸长抑制率。最终评价受试物对植物胚胎发育的影响。具体试验方法可参照《水和废水监测分析方法（第四版）》和我国环境保护行业标准 HJ/T 153—2004《化学品测试导则》299 种子发芽和根伸长毒性试验。

六、植物微核试验

微核（micronuclei）是真核类生物细胞中的一种异常结构，往往是细胞经辐射或化学药物的作用而产生的。微核是在间期细胞时能观察到的染色体畸变遗留产物。微核试验（Micronuclei Test）是一种快速、简便地检测环境诱变物的方法，可用来检测水体环境诱变物，为环境监测提供细胞学方面的依据。

（一）紫露草微核试验

紫露草（*Tardescantia paludosa*）又名沼泽紫露草，为鸭跖草科（Commelinaceae）、紫

鸭趾草属（*Tradescantia*）多年生草本植物。紫露草是现在所知的对辐射和诱变剂反应最敏感的植物之一，处在减数分裂过程中的花粉母细胞尤为明显。在花粉母细胞减数分裂的早期，如果受到诱变因子的作用，可能会发生染色体断裂，产生染色体片段。这些染色体片段有的可能重新愈合、恢复正常，有的则由于缺少着丝点、不能受纺锤丝牵引移动到细胞两级，从而游离在细胞质中，当新细胞形成时，这些片段就会形成大小不等的微核，分布在主核的周围。形成的微核越多，说明环境中的诱变物越强，所以可以根据微核率的高低说明环境污染程度。

紫露草微核试验中常选用的品种是 *Tradescantia paludosa* 三号，因为此品种的本底微核率比较低（一般为 5%～9%），植物体比较小，同时很容易用无性繁殖法大量繁殖。具体试验方法可参照《环境监测技术规范》（生物监测）和《水和废水监测分析方法（第四版）》。

（二）蚕豆根尖微核试验

蚕豆（*Vicia faba*）根尖细胞在进行有丝分裂时，染色体复制的过程中常发生断裂，断裂下来的片段在正常情况下能自行复位愈合，如果此时受到外源性诱变剂或物理诱变因素的作用，会诱导细胞内染色体发生畸变，阻碍染色体的愈合，影响纺锤丝和中心粒而产生微核，其直径大小多为主核的二十分之一至五分之一。物理或化学因素诱发微核的剂量与效应关系，以及微核率与染色体畸变间的相关关系非常显著，所以微核技术代替了染色体畸变分析用于环境监测中。由于产生的微核数量与外界诱变因子的强弱成正比，所以可用微核出现的百分率来评价环境诱变因子对生物遗传物质影响的程度。

松滋青皮豆是筛选出的较为敏感的品种，具体蚕豆根尖微核试验方法可参照《环境监测技术规范》（生物监测）和《水和废水监测分析方法（第四版）》。

七、细菌回复突变试验

（一）鼠伤寒沙门氏菌法（Ames 试验）

美国科学家 Dr. Bruce Ames 等于 1975 年建立并不断发展完善的鼠伤寒沙门氏菌回复突变试验（Ames 试验）已被世界各国广为采用。Ames 试验是以微生物为指示生物的遗传毒理学体外试验，遗传学终点是基因突变，用于检测受试物能否引起鼠伤寒沙门氏菌（*Salmonella typhimurium*）基因组碱基置换或移码突变。该法比较快速、简单、敏感、经济，且适用于测试混合物，反映多种污染物的综合效应。

鼠伤寒沙门氏菌的野生型菌株（his^+）因其自身能合成组氨酸，从而在不另加组氨酸的基本培养基中生长良好。发生突变后，菌株的组氨酸基因失活，在不另加组氨酸的培养基中不能生长，因此，把这种突变菌株称为组氨酸营养缺陷型菌株（his^-）。鼠伤寒沙门氏菌的标准试验菌株即为这种组氨酸缺陷突变型菌株（his^-）。该菌株能自发地回复突变成野生型菌株（his^+），但在自然条件下，自发回复突变的频率是相当低的，诱变剂能大大提高回复突变频率。因此，可根据在无组氨酸的培养基上生成的菌落数量来衡量该物质的致突变能力。

一些诱变剂必须在动物体内代谢活化后才有诱变作用。对于这种间接诱变剂，可用经多氯联苯（PCB）诱导的大鼠匀浆制备的S-9混合液（其中含有细胞色素P450等微粒体酶系）作为代谢活化系统。因此，Ames试验又称鼠伤寒沙门氏菌/哺乳动物微粒体酶试验。

具体试验方法可参照国内标准 GB 15193.4—2003《鼠伤寒沙门氏菌/哺乳动物微粒体酶试验》和国际标准ISO 16240：2005。

（二）Ames试验的发光测定法（工程菌法）

Ames 试验有一些缺点，如假阳性高、操作繁琐、需用人工操作进行平皿计数因而费时费力等，故多年来不断有人提出改进方法。Ames 试验的发光测定法是将发光细菌的荧光酶基因（*lux* gene）转入Ames试验用的鼠伤寒沙门氏菌（his^-）各个菌株中，使它们获得合成细菌荧光酶的能力，从而像发光细菌那样也产生蓝绿色荧光。另外，因其细胞内尚缺少发光底物脂肪醛，所以需人为加入脂肪醛后才可产生发光反应。

已知发光强度与细菌数量呈线性关系，细菌数量越多则发光越强。发光的强度可以用发光仪检测。由于鼠伤寒沙门氏菌的各个菌株（his^-）必须发生回复突变方能生长，故回复突变的菌越多，则发光越强，因此，可以用来估测回复突变的数量。具体试验方法可参照《水和废水监测分析方法（第四版）》。

由于发光仪有足够的灵敏度，对微小的发光变化均可检测出来，因此本方法的灵敏度较好。与通常的Ames试验相比，由于不用平皿菌落计数，而是对发光强度进行检测，所以操作要简单得多，而且获得结果的时间也较快。

八、姐妹染色单体交换试验

姐妹染色单体交换（SCE）是20世纪70年代发展的新技术，是化学毒物引起的一种细胞遗传损伤。细胞在胸腺嘧啶核苷类似物 5-溴脱氧尿苷（BrdU）或 5-碘脱氧尿苷存在的条件下，经过两个复制周期，BrdU掺入到一条染色单体的DNA单链和另一条染色单体的双链，经分化染色，前者为深色，后者为浅色。两条染色单体在同源位点上发生片段性交换，称之为姐妹染色单体交换。

SCE 可以看成是染色体同源位点上 DNA 复制产物的互相交换，与 DNA 断裂、复制有关。SCE 频率可反映细胞在 DNA 合成期的受损程度，作为一个灵敏的遗传毒理学检测指标，已经得到广泛应用。具体试验方法可参照《水和废水监测分析方法（第四版）》。

附录：

附表 1　栖息地环境调查数据表

<table>
<tr><td colspan="3">日期：</td><td colspan="2">时间：</td></tr>
<tr><td colspan="5">地点：　　　　　省　　　　　市　　　　　县　　　　　村</td></tr>
<tr><td colspan="2">站位#</td><td colspan="2">河流类型：</td><td>河道</td></tr>
<tr><td colspan="5">经纬度：E__________________ N ________________海拔高度_______m</td></tr>
<tr><td colspan="3">河流所属水系：</td><td colspan="2">河流名称：</td></tr>
<tr><td colspan="3">起始时间：</td><td colspan="2">终止时间：</td></tr>
<tr><td colspan="5">调查人：</td></tr>
<tr><td rowspan="6">天气情况</td><td></td><td>当前</td><td>过去 24 小时</td><td>过去 7 天有无大雨？</td></tr>
<tr><td>暴雨（大雨）</td><td>□</td><td>□</td><td>□ 是 □ 否</td></tr>
<tr><td>小雨（中雨）</td><td>□</td><td>□</td><td></td></tr>
<tr><td>阵雨</td><td>□</td><td>□</td><td>气温 ________℃</td></tr>
<tr><td>多云</td><td>□______%</td><td>□ ______%</td><td></td></tr>
<tr><td>晴</td><td>□</td><td>□</td><td>其他</td></tr>
<tr><td>水域特征</td><td colspan="3">周围土地利用优势类型
□森林 □牧场/草原 □农业 □居民区
□商业 □工业 □其他</td><td>当地水域 NPS 污染
□无 □某些可能污染源 □明显污染源
当地水域侵蚀
□无 □中等 □严重</td></tr>
<tr><td>河岸植被</td><td colspan="4">优势类型 □ 乔木 □ 灌木 □ 草 □ 藤蔓
优势物种</td></tr>
<tr><td>河流特征</td><td colspan="3">河段长度 _______m
河段宽度 _______m
河段面积 _______m^2（___km^2）
河流深度 _______m
表面流速 _______m/s</td><td>上方覆盖度 □半开阔 □半荫 □全荫
高水位线 ______________m
河段代表性形态类型比例
□浅滩___% □急流___% □池塘___%
是否渠道化 □ 是 □ 否
是否有水坝 □ 是 □ 否</td></tr>
<tr><td>水生植物</td><td colspan="4">优势类型 □挺水型 □沉水型 □浮叶型 □漂浮型 □浮游藻类 □着生藻类
优势物种
水生植物覆盖河段百分比 _______%</td></tr>
<tr><td>水质</td><td colspan="2">温度 _______℃
盐度 _______
电导率_______
溶氧 DO_______
pH_______
ORP_______
浊度_______</td><td colspan="2">水体气味
□正常/无 □污物 □石油 □化学药品 □腥臭 □其他
水表油污
□平滑 □闪光 □油珠 □斑块 □无 □其他
浊度（如未测量）
□清澈 □轻微浑浊 □浑浊 □不透明 □着色 □其他</td></tr>
<tr><td>沉积物/底质</td><td colspan="3">气味
□正常 □污物 □石油 □化学药品
□厌氧 □无 □其他
油污
□无 □轻微 □中等 □严重</td><td>沉积物
□淤泥 □木屑 □造纸纤维 □沙
□贝壳残骸 □其他
陷入河床的石块，其底部是否为黑色？
□是 □否</td></tr>
</table>

附表 2 栖息地评价数据表

评价指标	好	较好	一般	差
1 底质	75%以上是碎石、卵石、大石，余为细沙等沉积物	50%～75%是碎石、鹅卵石、大石，余为细沙等沉积物	25%～50%是碎石、鹅卵石、大石，余为细沙等沉积物	碎石、鹅卵石、大石少于 25%，余为细沙等沉积物
评分	20 19 18 17 16	15 14 13 12 11	10 9 8 7 6	5 4 3 2 1 0
2 栖境复杂性	有水生植被、枯枝落叶、倒木、倒凹河岸和巨石等各种小栖境	有水生植被、枯枝落叶和倒凹河岸等小栖境	以 1 种或 2 种小栖境为主	以 1 种小栖境为主，底质多以淤泥或细沙为主
评分	20 19 18 17 16	15 14 13 12 11	10 9 8 7 6	5 4 3 2 1 0
3 V/D 结合特性	慢-深、慢-浅、快-深和快-浅 4 种类型均有，近乎平均分布	只有 3 种情况（如快-浅未出现，分值较低）	只有 2 种情况出现（如快-浅和慢-浅未出现，分值较低）	只有 1 种类型出现
评分	20 19 18 17 16	15 14 13 12 11	10 9 8 7 6	5 4 3 2 1 0
4 河岸稳定性	河岸稳定，无侵蚀痕迹，观察范围内（100 m）小于 5%河岸受到损害	比较稳定，观察范围内（100 m）有 5%～30%的面积出现侵蚀现象	观察范围 30%～60%面积发生侵蚀，且洪水期可能会有较大隐患	观察范围内 60%以上的河岸发生侵蚀
评分	20 19 18 17 16	15 14 13 12 11	10 9 8 7 6	5 4 3 2 1 0
5 河道变化	渠道变化没有或很少，河道维持正常模式	渠道变化较少，通常出现于桥墩周围，对水生生物影响较小	渠道变化较广泛，出现于两岸有筑堤或桥梁支柱的情况下，对水生生物有一定影响	河岸由铁丝和水泥固定，对水生生物影响严重，使其栖境完全改变
评分	20 19 18 17 16	15 14 13 12 11	10 9 8 7 6	5 4 3 2 1 0
6 河水水量状况	水量较大，河水淹没到河岸两侧，或仅有少量的河道暴露	水量比较大，河水淹没 75%左右的河道	水量一般，河水淹没 25%～75%的河道	水量很小，河道干涸
评分	20 19 18 17 16	15 14 13 12 11	10 9 8 7 6	5 4 3 2 1 0
7 植被多样性	河岸周围植被种类很多，面积大，河岸植被覆盖 50%以上	河岸周围植被种类比较多，面积一般，河岸植被覆盖 50%～25%	河岸周围植被种类比较少，面积较小，河岸植被覆盖少于 25%	河岸周围几乎没有任何植被，河岸无植被覆盖
评分	20 19 18 17 16	15 14 13 12 11	10 9 8 7 6	5 4 3 2 1 0
8 水质状况	很清澈，无任何异味，河水静置后无沉淀物质	较清澈，轻微异味，河水静置后有少量的沉淀物质	较浑浊，有异味，河水静置后有沉淀物质	很浑浊，有大量的刺激性气体溢出，河水静置后沉淀物很多
评分	20 19 18 17 16	15 14 13 12 11	10 9 8 7 6	5 4 3 2 1 0
9 人类活动强度	无人类活动干扰或少有人类活动	人类干扰较小，有少量的步行者或自行车通过	人类干扰较大，少量机动车通过	人类干扰很大，交通必经之路，有机动车通过
评分	20 19 18 17 16	15 14 13 12 11	10 9 8 7 6	5 4 3 2 1 0
10 河岸土地利用类型	河岸两侧无耕作土壤，营养丰富	河岸一侧无耕作土壤，另一侧为耕作土壤	河岸两侧耕作土壤，需要施加化肥和农药	河岸两侧为耕作废弃的裸露的风化土壤层，营养物质很少
评分	20 19 18 17 16	15 14 13 12 11	10 9 8 7 6	5 4 3 2 1 0
合计				
总分				

附表 3　底栖动物定性采样现场记录表（格式）

水域：　　　　　　　　　　采样时间：　　年　　月　　日

监测单位：　　　　　　　　采样人员：

<table>
<tr><th colspan="2">项目</th><th>编号 1</th><th>编号 2</th><th>编号 3</th><th>编号 4</th></tr>
<tr><td colspan="2">土地利用情况</td><td></td><td></td><td></td><td></td></tr>
<tr><td colspan="2">底质
淤泥、泥沙、黏土、粗砂、岩石、卵石、砾石、其它</td><td></td><td></td><td></td><td></td></tr>
<tr><td rowspan="2">经纬度</td><td>东经</td><td></td><td></td><td></td><td></td></tr>
<tr><td>北纬</td><td></td><td></td><td></td><td></td></tr>
<tr><td colspan="2">水草繁茂概况
-（无） +（出现） ++（普遍） +++（多）</td><td></td><td></td><td></td><td></td></tr>
<tr><td colspan="2">天气状况</td><td></td><td></td><td></td><td></td></tr>
<tr><td colspan="2">水温/℃</td><td></td><td></td><td></td><td></td></tr>
<tr><td colspan="2">流速/（m/s）</td><td></td><td></td><td></td><td></td></tr>
<tr><td colspan="2">采样器材</td><td></td><td></td><td></td><td></td></tr>
<tr><td colspan="2">采样深度/m</td><td></td><td></td><td></td><td></td></tr>
<tr><td colspan="2">样品厚度</td><td></td><td></td><td></td><td></td></tr>
<tr><td colspan="2">采样次数</td><td></td><td></td><td></td><td></td></tr>
<tr><td colspan="2">备注</td><td></td><td></td><td></td><td></td></tr>
</table>

附表 4　底栖动物定量采样现场记录表（格式）

水域：　　　　　　　　　　采样时间：　　年　　月　　日—　　月　　日

监测单位：　　　　　　　　采样人员：

<table>
<tr><th colspan="2">项目</th><th>编号 1</th><th>编号 2</th><th>编号 3</th><th>编号 4</th></tr>
<tr><td colspan="2">土地利用情况</td><td></td><td></td><td></td><td></td></tr>
<tr><td colspan="2">底质
淤泥、泥沙、黏土、粗砂、岩石、卵石、砾石、其它</td><td></td><td></td><td></td><td></td></tr>
<tr><td rowspan="2">经纬度</td><td>东经</td><td></td><td></td><td></td><td></td></tr>
<tr><td>北纬</td><td></td><td></td><td></td><td></td></tr>
<tr><td colspan="2">水草繁茂概况
-（无） +（出现） ++（普遍） +++（多）</td><td></td><td></td><td></td><td></td></tr>
<tr><td colspan="2">天气状况</td><td></td><td></td><td></td><td></td></tr>
<tr><td colspan="2">水温/℃</td><td></td><td></td><td></td><td></td></tr>
<tr><td colspan="2">流速/（m/s）</td><td></td><td></td><td></td><td></td></tr>
<tr><td colspan="2">采样器材</td><td></td><td></td><td></td><td></td></tr>
<tr><td colspan="2">采样深度/ m</td><td></td><td></td><td></td><td></td></tr>
<tr><td colspan="2">采样器材数量</td><td></td><td></td><td></td><td></td></tr>
<tr><td colspan="2">备注</td><td></td><td></td><td></td><td></td></tr>
</table>

附表 5　着生藻类定性采样记录（格式）

水域：　　　　　　　　　　　　　　　　采样时间：　　年　　月　　日

监测单位：　　　　　　　　　　　　　　采样人员：

内容		编号 1	编号 2	编号 3	编号 4
经纬度	东经				
	北纬				
土地利用类型					
采样基质（植物叶片、石块、木块）					
采样深度/m					
天气状况					
水温/℃					
透明度					
备注					

附表 6　着生藻类定量采样记录（格式）

水域：　　　　　　　　　　　　　　　　采样时间：　　年　　月　　日—　　月　　日

监测单位：　　　　　　　　　　　　　　采样人员：

采样工具：硅藻计—载玻片□、聚酯薄膜□、PFU 块□

内容		编号 1	编号 2	编号 3	编号 4
经纬度	东经				
	北纬				
土地利用类型					
采样深度/m					
天气状况（两周）					
水温/℃					
透明度					
备注					

附表 7　浮游植物、动物定性监测采样记录（格式）

水域：

采样工具：　　　　　　　　　　采样时间：　　年　　月　　日

监测单位：　　　　　　　　　　采样人员：

内容		编号 1	编号 2	编号 3	编号 4
经纬度	东经				
	北纬				
透明度					
水深/m					
采样深度/m					
采样次数/次					
采样用时/min					
天气状况					
水温/℃					
备注					

附表 8　浮游植物、动物定量监测采样记录（格式）

水域：

采样时间：　　年　　月　　日　　　　采样工具：

监测单位：　　　　　　　　　　　　　采样人员：

内容		编号 1	编号 2	编号 3	编号 4
经纬度	东经				
	北纬				
透明度					
水深/m					
采样深度/m					
采水量/ml					
采样时刻					
天气状况					
水温/℃					
备注					

参考文献

[1] 国家环境保护总局，国家质量监督检验检疫总局. 地表水环境质量标准（GB 3838—2002）. 北京：中国环境科学出版社.

[2] 国家环境保护总局. 地表水和污水监测技术规范（HJ/T 91—2002）. 北京：中国环境科学出版社.

[3] 环境保护部. 水质采样 样品的保存和管理技术规定（HJ 493—2009）. 北京：中国环境科学出版社.

[4] 环境保护部. 水质 采样技术指导（HJ 494—2009）. 北京：中国环境科学出版社.

[5] 环境保护部. 水质 采样方案设计技术规定（HJ 495—2009）. 北京：中国环境科学出版社.

[6] 国家环境保护总局. 水和废水监测分析方法（第四版）. 北京：中国环境科学出版社，2002.

[7] 《水和废水监测分析方法指南》编委会. 水和废水监测分析方法指南（上册）. 北京：中国环境科学出版社，1990.

[8] 魏复盛，等. 水和废水监测分析方法指南（中册）. 北京：中国环境科学出版社，1997.

[9] 魏复盛，等. 水和废水监测分析方法指南（下册）. 北京：中国环境科学出版社，1997.

[10] 夏青，等. 水质基准与水质标准. 北京：中国标准出版社，2004.

[11] 《环境水质监测质量保证手册》编委会. 环境水质监测质量保证手册. 北京：中国环境科学出版社，1992.

[12] 罗毅. 环境监测科技新进展，北京：化学工业出版社，2011.

[13] 国家地表水自动监测站运行管理办法.（总站水字[2007]182 号）.

[14] 国家环境保护部. 关于印发《2009 年中央财政主要污染物减排专项资金环境监测项目建设方案》的通知.（环办[2010]68 号）.

[15] 关于加快实施 2009 年度国家水质自动监测站建设的通知.（总站水字[2009]140 号文件）.

[16] 关于做好新建国家水质自动监测站站房验收工作的通知.（总站水字[2010]40 号）.

[17] 关于做好国家新建水质自动监测站验收工作的通知.（总站水字[2010]113 号文件）.

[18] 关于组织初选边境地区新建国家水质自动站点位的通知.（总站水字[2010]114 号）.

[19] 刘建康. 高级水生生物学. 北京：科学出版社，2002：241-254.

[20] Beisel J N，Usseglio-Polatera P，Thomas S，et al. Stream community structure in relation to spatial variation：the influence of mesohabitat characteristics. Hydrobiologia，1998，389：73-88.

[21] Beauger A，Lair N，Reyes-Marchant P，et al. The distribution of macroinvertebrate assemblages in a reach of the River Allier（France），in relation to reverbed characteristics. Hydrobiologia，2006，571：63-76.

[22] Verdonschot P F M. Hydrology and substrates：determinants of oligochaete distribution in lowland streams（The Netherlands）. Hydrobiologia，2001，463：249-262.

[23] 尚玉昌. 普通生态学. 北京：北京大学出版社，2004：53，440-445.

[24] 孙伟，章诗芳. 采用人工基质法监测源水中的摇蚊幼虫. 中国给水排水，2003，5：98-99.

[25] Mandaville S M. Benthic Macroinvertebrates in Freshwaters-Taxa Tolerance Values，Metrics，and Protocols. 2002 june. http：//chebucto. ca/Science/SWCS. html.

[26] 段学花，王兆印，徐梦珍. 底栖动物与河流生态评价. 清华大学出版社.

[27] 余国安. 河床结构对推移质运动及下切河流影响的试验研究. 北京：清华大学水利系，2008.

[28] Jowett I G，Richardson J. Microhabitat preferences of benthic invertebrates in a New Zealand river and the development of in-stream flow-habitat models for Deleatidium spp. New Zealand Journal of Marine and Freshwater Research，1990，24：19-30.

[29] Buss D F，Baptista D F，Nessimian J L，et al. Substrate specificity，environmental degradation and disturbance structuring macroinvertebrate assemblages in neotropical streams. Hydrobiologia，2004，518（1）：179-188.

[30] 溪流及浅河快速生物评价方案——着生藻类、大型底栖动物及鱼类. 郑丙辉，刘录三，李黎，译.

[31] 深水型（不可涉）河流生物评价的概念及方法. 刘录三，郑丙辉，汪星，译.

[32] 国家环境保护总局. 水和废水监测分析方法（第四版）. 北京：中国环境科学出版社，2002.

[33] 王国祥. 生物监测若干问题的探讨. 环境监测管理与技术，1994，6（3）：7-10.

[34] 厉以强. 生物监测的意义、现状及展望. 环境导报，1996，2：26-27.

[35] 张土乔、吴小刚，等. 水质生物监测体系建设的若干问题探讨. 水资源保护，2004（1）：136-138.

[36] 中国和各评定国家认可委员会. CNAS-CL01，检测和校准实验室能力认可准则，2006.

[37] 中国和各评定国家认可委员会. CNAS-CL09，检测和校准实验室能力认可准则 在微生物检测领域的应用说明，2006.

[38] 高瑞坤，汤琳，等. 水中粪大肠菌群快速检测方法-固定底物酶底物法. 中国环境监测，2008，6（4）：39-41.

[39] 国家环境保护总局. HJ/T 347—2007. 水质 粪大肠菌群的测定 多管发酵法和滤膜，2007.

[40] 国家环境保护总局. GB 3838—2002. 国家质量监测检验检疫总局. 地表水环境质量标准，2002.

[41] 国家环境保护局. GB/T 3097—1997. 国家技术监督局. 海水水质标准，1997.

[42] 国家技术监督局. GB/T 14848—1993. 地下水质量标准，1993.

[43] 国家环境保护总局，国家质量监督检验检疫总局. GB/T 18536—2001. 禽畜养殖业污染物排放标准，2001.

[44] 国家环境保护总局. GB/T 18918—2002. 国家质量监督检验检疫总局. 城镇污水处理厂污染物排放标准，2002.

[45] 周德庆. 微生物学实验手册，上海：科学技术出版社，1986.

[46] 周德庆. 微生物学教程（第三版）. 北京：高等教育出版社，2012.

[47] 王秀梨，辛明秀. 微生物学教程（第三版）. 北京：高等教育出版社，2010.

[48] 周德庆，徐士菊. 微生物学精要、题解、测试. 北京：化学工业出版社，2012.

[49] 诸葛健，李华种. 微生物学（第二版）. 北京：科学出版社，2012.

[50] J. P. 哈雷著，谢建平译. 图解微生物实验指南. 北京：科学出版社，2012.

[51] 中国环境监测总站. 环境监测人员持证上岗考核试题集. 北京：中国环境科学出版社，2012.

[52] 王晓辉，金静，任洪强，等. 水质生物毒性检测方法研究进展. 河北工业科技，2007，24（1）：58-62.

[53] 方战强，陈中豪，胡勇有，等. 发光细菌法在水质监测中的应用. 重庆环境科学，2003，25（2）：56-58.

[54] 王兆群，徐清波，严刚. 发光细菌法在环境监测中的应用. 仪器仪表与分析监测，2009，3：1-7.

[55] Thomulka KW，McGee DJ，Lange JH. Use of the bioluminescent bacterium Photobacterium phosphoreum to detect potentially biohazardous materials in water. Bulletin of Environmental Contamination and Toxicology，1993，51（4）：538-544.

[56] 杜宗军，王祥红，李海峰，等. 发光细菌的研究和应用. 高技术通讯，2003，13（12）：103-106.

[57] 李伟民，孙峰，米琴，等. 采用生物发光检测法进行 Ames 试验的研究. 应用与环境生物学报，2006，12（5）：722-725.

[58] 彭强辉，陈明强，蔡强，等. 水质生物毒性在线监测技术研究进展. 环境监测管理与技术，2009，21（4）：12-16.

[59] 赵红宁，王学江，夏四清. 水生生态毒理学方法在废水毒性评价中的应用. 净水技术，2008，27（5）：18-24.

[60] 郁建桥，钟声，王经顺. 生物毒性检测技术在水质应急和预警监测过程中的应用. 生命科学仪器，2009，7（12）：16-18.

[61] 李东. 生物毒性快速检测与给水水质预警. 勘察、测绘与测试技术，2007，7：253-254.

[62] 景欣悦，康维钧，张宏伟. 环境污染物的生物测试方法. 国外医学卫生学分册，2005，32（3）：167-170.

[63] 唐伟，隋文义，于波，等. 抚顺市不同行业废水生物毒性监测研究. 环境科学与管理，2006，31（6）：168-170.

[64] 高世荣，潘力军，孙凤英，等. 用水生生物评价环境水体的污染和富营养化. 环境科学与管理，2006，31（6）：174-176.

[65] Barbour MT，Gerritsen J，Snyder BD，et al. Rapid bioassessment protocols for use in streams and wadeable rivers：periphyton，benthic macroinvertebrates and fish，second edition. U. S. Environmental protection agency；office of water，1999.

[66] 王备新，杨莲芳. 大型底栖无脊椎动物水质快速生物评价的研究进展. 南京农业大学学报，2001，24（4）：107-111.

[67] Resh V H，Norris R H，Barbour M T. Design and implementation of rapid assessment approaches for water resource monitoring using benthic macroinvertebrates. Australian Journal of Ecology，1995，20：108-121.

[68] 刘伟成，单乐州，谢起浪. 生物监测在水环境污染监测中的应用. 环境与健康，2008，25（5）：456-458.

[69] 黄玉瑶. 内陆水域污染生态学—原理与应用. 科学出版社，2001.

[70] 陈浒，熊康宁. 利用大型底栖无脊椎动物和底泥汞对南明河水质的评价. 贵州师范大学学报（自然科学版）. 2006，2：10-13.

[71] 崔利峰. 利用底栖动物评价水质的方法. 水产科技. 2010，1：22-24.

[72] 王丽珍，刘永定. 滇池马村湾、海东湾底栖无脊椎动物群落结构及其水质评价. 水利渔业. 2003，23（2）：47-50.

[73] 吴邦灿，费龙. 现代环境监测技术. 北京：中国环境科学出版社，1999.

[74] 张时珍. 地表水生态环境的浮游生物监测与评价. 安徽水利水电职业技术学院学报，2011，11（1）：13-14.

[75] 耿世伟，渠晓东，张远，等. 大型底栖动物生物评价指数比较与应用. 环境科学，2012，33（7）：2281-2287.

[76] 孔繁翔. 环境生物学. 高等教育出版社，2000.

[77] HILSENHOFF W L. Rapid field assessment of organic pollution with a family-levelbiotic index. North American Benthological Society，1988，7（1）：65- 68.
[78] 熊昀青. 水质评价和监测的生物学方法进展. 上海环境科学，2000，19（2）：79-81.
[79] 徐成斌. 辽河流域河流水质生物评价研究. 沈阳：辽宁大学，2006.
[80] 国家环境保护总局. 环境监测技术规范（第四册）. 生物监测部分. 1986.
[81] 国家环保局水生生物监测手册编委会. 水生生物监测手册. 南京：东南大学出版社，1993.
[82] 沈韫芬，章宗涉，龚循矩. 微型生物监测新技术. 北京：中国建筑工业出版社，1990.
[83] 刘健康，等. 高级水生生物学，北京：科学出版社，1999.
[84] 大连水产学院. 淡水生物学（上册 分类学部分）. 北京：中国农业出版社，1982.
[85] 大连水产学院. 淡水生物学（下册 淡水生态学部分）. 北京：中国农业出版社，1985.
[86] 章宗涉，等. 淡水浮游生物研究方法. 北京：科学出版社，1991.
[87] 沈韫芬，等. 河流的污染监测. 北京：中国建筑工业出版社，1995.
[88] 金相灿，等. 湖泊富营养化调查规范（第二版）. 北京：中国环境科学出版社，1996.
[89] 金相灿，等. 中国湖泊环境. 北京：海洋出版社，1995.
[90] 中国科学院南京地理与湖泊研究所编. 中国湖泊概论，北京：科学出版社，1989.
[91] 刘健康，等. 东湖生态学研究（一）. 北京：科学出版社，1990.
[92] 刘健康，等. 东湖生态学研究（二）. 北京：科学出版社，1995.
[93] 陈宜瑜. 洪湖水生生物及其资源开发. 北京：科学出版社，1995.
[94] 梁彦龄，刘伙泉，等. 草型湖泊资源、环境与渔业生态学管理（一）. 北京：科学出版社，1995.
[95] 胡鸿钧，魏印心. 中国淡水藻类——系统、分类及生态. 北京：科学出版社，2006.
[96] 韩茂森，等. 淡水浮游生物图谱，北京：农业出版社，1980.
[97] 周凤霞. 淡水微型生物图谱，北京：化学工业出版社，2005.
[98] 国家环境保护局. 水和废水监测分析方法（第三版）. 北京：中国环境科学出版社，1989.
[99] 蒋燮治，堵南山. 中国动物志（节肢动物门 甲壳纲 淡水枝角类），北京：科学出版社，1979.
[100] 中国科学院动物研究所甲壳动物研究组. 中国动物志（节肢动物门 甲壳纲 淡水桡足类），北京：科学出版社，1979，80.
[101] 王家楫. 中国淡水轮虫志，北京：科学出版社，1961.
[102] 沈韫芬. 原生动物学. 北京：科学出版社，1999.
[103] 杨潼. 中国动物志（环节动物门 蛭纲），北京：科学出版社，1996.
[104] 梁象秋. 中国动物志（无脊椎动物 第三十六卷 甲壳动物亚门 十足目 匙指虾科），北京：科学出版社，2004.
[105] 任先秋. 中国动物志（无脊椎动物 甲壳动物亚门 端足目 钩虾亚目），北京：科学出版社，2006.
[106] 王俊才，王新华. 中国北方摇蚊幼虫，北京：中国言实出版社，2011.
[107] 成庆泰，郑葆珊. 中国鱼类系统检索，北京：科学出版社，1987.
[108] 李明德. 鱼类分类学（第二版），北京：海洋出版社，2011.
[109] 中国科学院水生生物研究所. 长江鱼类. 北京：科学出版社，1976.
[110] 倪勇. 太湖鱼类志. 上海：上海科学技术出版社，2005.
[111] 郑慈英. 珠江鱼类志. 北京：科学出版社，1989.